ANALYSE FONCTIONNELLE

Théorie et applications

CHEZ LE MÊME ÉDITEUR

Dans la même collection

INTRODUCTION À L'ANALYSE NUMÉRIQUE MATRICIELLE ET À L'OPTIMISATION, par P.-G. CIARLET. 1994, 5e tirage, 292 pages.

EXERCICES D'ANALYSE NUMÉRIQUE MATRICIELLE ET D'OPTIMISATION, par P.-G. CIARLET, B. MIARA et J.-M. THOMAS. 1995, 2e édition, 3e tirage, 192 pages.

ANALYSE NUMÉRIQUE DES ÉQUATIONS DIFFÉRENTIELLES, par M. CROUZEIX et A.-L. MIGNOT. 1992, 2e édition révisée et augmentée, 2e tirage, 192 pages.

EXERCICES D'ANALYSE NUMÉRIQUE DES ÉQUATIONS DIFFÉRENTIELLES, par M. CROUZEIX et A.-L. MIGNOT. 1993, 2e tirage, 192 pages.

INTRODUCTION À L'ANALYSE NUMÉRIQUE DES ÉQUATIONS AUX DÉRIVÉES PARTIELLES, par P.-A. RAVIART et J.-M. THOMAS. 1992, 3e tirage, 224 pages.

EXERCICES D'ANALYSE NUMÉRIQUE DES ÉQUATIONS AUX DÉRIVÉES PARTIELLES, par P. RABIER et J.-M. THOMAS. 1993, 2e tirage, 208 pages.

VALEURS PROPRES DE MATRICES, par F. CHATELIN. 1988, 224 pages.

EXERCICES DE VALEURS PROPRES DE MATRICES, par M. AHUÈS et F. CHATELIN. 1989, 176 pages.

INTRODUCTION AU CALCUL SCIENTIFIQUE, par B. LUCQUIN et O. PIRONNEAU. 1996, 376 pages.

Autres ouvrages

ANALYSE NUMÉRIQUE MATRICIELLE APPLIQUÉE À L'ART DE L'INGÉNIEUR, par P. LASCAUX et R. THÉODOR.

Tome 1. — Méthodes directes. 1993, 2e édition, 360 pages.

Tome 2. — Méthodes itératives. 1994, 2e édition, 336 pages.

ANALYSE DE FOURIER ET APPLICATIONS. Filtrage, calcul numérique, ondelettes, par C. GASQUET et P. WITOMSKI. 1990, 368 pages.

ANALYSE RÉELLE ET COMPLEXE, par W. RUDIN. Traduit de l'anglais par N. DHOMBRES et F. HOFFMAN. 1992, 6e tirage, 408 pages.

INITIATION À L'ANALYSE APPLIQUÉE, par J.-P. AUBIN. 1994, 432 pages.

Collection Mathématiques Appliquées pour la Maîtrise
Sous la direction de P. G. CIARLET et J. L. LIONS
Membres de l'Institut

HAÏM BREZIS
Membre de l'Institut
Professeur à l'université Pierre-et-Marie-Curie

ANALYSE FONCTIONNELLE

Théorie et applications

5e tirage

MASSON
Paris Milan Barcelone

ISBN : 2-225-**77198**-7
ISSN : 0754-4405

MASSON S.A. 120, bd Saint-Germain, 75280 Paris Cedex 06

PRÉSENTATION DE LA COLLECTION « MATHÉMATIQUES APPLIQUÉES POUR LA MAITRISE »

La Collection *Mathématiques appliquées pour la maîtrise* a pour but de présenter les principales théories mathématiques générales directement orientées vers les applications, de les développer de manière rigoureuse, et d'indiquer explicitement et avec précision la très grande variété de leurs applications.

Des *théories mathématiques générales orientées vers les applications* sont, notamment, les fondements de l'analyse des *équations différentielles et aux dérivées partielles*, linéaires ou non, qui « gouvernent » tellement de situations en Physique, en Mécanique, en Chimie, etc., et jusqu'en Économétrie! Ce sont aussi les outils principaux de l'*Analyse Numérique*, préalables obligés au traitement sur ordinateur : analyse numérique matricielle, méthodes de l'optimisation, méthodes de différences finies ou d'éléments finis pour l'approximation des solutions d'équations aux dérivées partielles; c'est aussi la *Statistique*, dont les applications sont universelles, et où l'ordinateur a apporté, là encore, une impulsion nouvelle considérable; c'est aussi la *Mécanique des Solides* et la *Mécanique des Fluides* dont une connaissance déjà sérieuse est indispensable à tout mathématicien appliqué.

Ces théories générales sont, dans la Collection, développées de manière rigoureuse, par le biais des solutions les plus synthétiques, les plus élégantes et les plus « confirmées »; elle fournissent ainsi tous les outils nécessaires pour aborder la grande majorité des problèmes posés quotidiennement par les applications. Les théories générales présentées dans cette Collection ont d'ailleurs été élaborées pour faire face précisément aux *applications*, c'est-à-dire à des problèmes posés dans des disciplines parfois très éloignées des mathématiques mais néanmoins susceptibles d'être formalisés de façon mathématique.

Ces mêmes théories devraient également servir de point de départ pour l'étude des *nouveaux* problèmes posés par les applications; il est en effet essentiel de savoir que ces nouveaux problèmes, d'importance fondamentale, se présentent sous la forme de questions complètement « ouvertes ». Après le préalable d'une modélisation mathématique souvent déjà imparfaite, la *seule* façon de les aborder réside alors dans un traitement « massif » sur ordinateur, à *l'aide précisément des méthodes et des outils fondamentaux présentés dans cette Collection.*

C'est pourquoi cette Collection, qui s'adresse à tous les étudiants du Deuxième Cycle de Mathématiques dites « appliquées », mais aussi (au moins pour certains de ses volumes) aux étudiants du Deuxième Cycle de Mathématiques dites « pures », de Mécanique, de Physique, aux élèves des Grandes Écoles d'Ingénieurs, ..., devrait non seulement initier ses lecteurs à des théories rigoureuses et élégantes, tout en leur fournissant un outil déjà utilisable dans de très nombreuses applications, mais aussi, nous l'espérons, leur donner le désir d'aller bien au-delà.

Pour l'accueil compréhensif qu'elle a bien voulu réserver à cette Collection, il nous est particulièrement agréable de remercier la maison Masson, en la personne notamment de M. J. F. Le Grand. Nous tenons également à remercier bien vivement M. A. Warusfel, dont l'activité et le dévouement ont beaucoup contribué à la conception et à l'élaboration de cette Collection.

P. G. CIARLET J. L. LIONS

TABLE DES MATIÈRES

NOTATIONS

Notations générales

E'	espace dual de E
$<\ ,\ >$	produit scalaire dans la dualité E', E
$[f = \alpha] = \{x\,;f(x) = \alpha\}$	
$B(x_0, r) = \{x\,;\ \|x - x_0\| < r\}$	boule ouverte, centrée en x_0 de rayon r
$B_E = \{x \in E;\ \|x\| \leqslant 1\}$	
$\text{epi}\ \varphi = \{(x, \lambda);\ \varphi(x) \leqslant \lambda\}$	épigraphe de φ
φ^*	fonction conjuguée de φ
$\mathscr{L}(E, F)$	espace des opérateurs linéaires continus de E dans F
$M^\perp$	orthogonal de M
$D(A)$	domaine de l'opérateur A
$G(A)$	graphe de l'opérateur A
$N(A)$	noyau de l'opérateur A
$R(A)$	image de l'opérateur A
$\sigma(E, E')$	topologie faible définie sur E
$\sigma(E', E)$	topologie faible $*$ définie sur E'
$\rightharpoonup$	convergence faible
J	injection canonique de E dans E''
p'	exposant conjugué de p, c'est-à-dire $\dfrac{1}{p} + \dfrac{1}{p'} = 1$
p.p.	presque partout
$\|A\|$	mesure (de Lebesgue) de l'ensemble A
$\text{Supp}\ f$	support de la fonction f
$f * g$	produit de convolution
ρ_n	suite régularisante
$(\tau_h f)(x) = f(x + h)$	translaté de la fonction f
$\omega \subset\subset \Omega$	ouvert ω fortement inclus dans Ω, c'est-à-dire $\bar{\omega}$ compact et $\bar{\omega} \subset \Omega$
P_K	projection sur le convexe fermé K
$\|\ \ \|$	norme Hilbertienne
$\rho(T)$	ensemble résolvant de l'opérateur T
$\sigma(T)$	spectre de l'opérateur T
$VP(T)$	valeur propre de l'opérateur T
$J_\lambda = (I + \lambda A)^{-1}$	résolvante de l'opérateur A
$A_\lambda = AJ_\lambda$	régularisée Yosida de l'opérateur A

$$\nabla u = \left(\frac{\partial u}{\partial x_1}, \frac{\partial u}{\partial x_2}, \ldots \frac{\partial u}{\partial x_N}\right) = \text{grad}\ u$$

$$D^\alpha u = \frac{\partial^{\alpha_1 + \alpha_2 + \ldots \alpha_N}}{\partial x_1^{\alpha_1} . x_2^{\alpha_2} \ldots \partial x_N^{\alpha_N}} u, \quad |\alpha| = \sum_{i=1}^{N} \alpha_i$$

$$\Delta u = \sum_{i=1}^{N} \frac{\partial^2 u}{\partial x_i^2} = \text{Laplacien de } u$$

$$\mathbb{R}_+^N = \{x = (x', x_N) \in \mathbb{R}^{N-1} \times \mathbb{R},\ x_N > 0\}$$

$Q \;= \{x = (x', x_N) \in \mathbb{R}^{N-1} \times \mathbb{R};\ |x'| < 1 \text{ et } |x_N| < 1\}$
$Q_+ = Q \cap \mathbb{R}^N_+$
$Q_0 = \{x \in Q;\ x_N = 0\}$
$(D_h u)(x) = \dfrac{1}{|h|}(u(x+h) - u(x))$
$\dfrac{\partial u}{\partial n}$ dérivée normale extérieure

Espaces fonctionnels

$\Omega \subset \mathbb{R}^N$ ouvert,
$\partial\Omega = \Gamma$ = frontière de Ω,
$L^p(\Omega) = \{u$ mesurable sur Ω et $\int_\Omega |u|^p \, dx < \infty\}$, $1 \leqslant p < \infty$,
$L^\infty(\Omega) = \{u$ mesurable sur Ω et il existe C tel que $|u(x)| \leqslant C$ p.p. sur $\Omega\}$
$C_c(\Omega)$ fonctions continues à support compact dans Ω
$C^k(\Omega)$ fonctions k fois continûment différentiables sur Ω (k entier $\geqslant 0$)
$C^\infty(\Omega) = \bigcap_{k \geqslant 0} C^k(\Omega)$
$C^k_c(\Omega) = C^k(\Omega) \cap C_c(\Omega)$
$C^\infty_c(\Omega) = C^\infty(\Omega) \cap C_c(\Omega) = \mathscr{D}(\Omega)$
$C(\bar\Omega)$ fonctions continues sur $\bar\Omega$
$C^k(\bar\Omega)$ fonctions u de $C^k(\Omega)$ telles que pour chaque multi-indice α, $|\alpha| \leqslant k$, l'application $x \in \Omega \mapsto D^\alpha u(x)$ se prolonge continûment sur $\bar\Omega$
$C^\infty(\bar\Omega) = \bigcap_k C^k(\bar\Omega)$
$C^{0,\alpha}(\bar\Omega) = \left\{u \in C(\Omega);\ \sup_{x,y \in \Omega} \dfrac{|u(x) - u(y)|}{|x - y|^\alpha} < \infty\right\}$ avec $0 < \alpha < 1$
$C^{k,\alpha}(\bar\Omega) = \{u \in C^k(\Omega);\ D^j u \in C^{0,\alpha}(\bar\Omega)\ \ \forall j, |j| \leqslant k\}$
$W^{1,p}$, $W^{1,p}_0$, $W^{m,p}$, H^1, H^1_0, H^m espaces de Sobolev.

INTRODUCTION

Cet ouvrage reprend sous une forme sensiblement plus élaborée un cours de Maîtrise enseigné à l'Université Pierre et Marie Curie (Paris VI). Il suppose connus les éléments de base de Topologie générale, d'Intégration et de Calcul différentiel.

La première partie du cours (Chapitres I à VII) développe des résultats « abstraits » d'Analyse Fonctionnelle. La seconde partie (Chapitres VIII à X) concerne l'étude d'espaces fonctionnels « concrets » qui interviennent en théorie des équations aux dérivées partielles ; on y montre comment des théorèmes d'existence « abstraits » permettent de résoudre des équations aux dérivées partielles. Ces deux branches de l'Analyse sont étroitement liées. Historiquement, l'Analyse Fonctionnelle « abstraite » s'est d'abord développée pour répondre à des questions soulevées par la résolution d'équations aux dérivées partielles. Inversement, les progrès de l'Analyse Fonctionnelle « abstraite » ont considérablement stimulé la théorie des équations aux dérivées partielles. Ce cours ne contient aucune référence historique ; nous recommandons au lecteur de consulter l'ouvrage de J. Dieudonné [3]. Nous espérons que ce livre pourra être utile tant aux étudiants intéressés par les « Mathématiques Pures » qu'à ceux qui désirent s'orienter vers les « Mathématiques Appliquées ».

Je remercie

– M. G. Tronel qui m'a suggéré de nombreuses améliorations.

– MM. Ph. Ciarlet et P. Rabinowitz pour leurs précieux conseils et encouragements.

– MM. Berestycki, Gallouet, Kavian, Mc Intosh pour leurs remarques utiles.

– Le Mathematics Research Center, University of Wisconsin, et le Department of Mathematics, University of Chicago, où des parties de ce livre ont été rédigées.

Je dédie ce livre à la mémoire de Guido Stampacchia, en hommage à un Maître de l'Analyse Fonctionnelle, disparu prématurément.

H. BREZIS

Avertissements

1) La notation [EX] fait référence à l'ouvrage de H. Brezis, *Analyse Fonctionnelle, Recueil de Problèmes et Exercices* Masson.

Certains résultats *énoncés* dans ce volume sont *démontrés* en exercices dans [EX].

2) Certains énoncés ou paragraphes sont précédés du symbole •; il s'agit de passages **très importants.** Le symbole ✱ précède certains énoncés qui peuvent être omis en première lecture.

3) Nous avons adopté une numérotation continue pour les propositions, théorèmes et corollaires; seuls les lemmes sont numérotés séparément.

4) Dans tout cet ouvrage nous considérons uniquement des **espaces vectoriels sur** $\mathbb{R}$ (ce qui est regrettable, mais simplifie la présentation). La plupart des énoncés restent valables pour les espaces vectoriels sur $\mathbb{C}$; quelques modifications sont parfois nécessaires. Dans [EX] on dresse la liste des changements à apporter lorsque l'on travaille avec des espaces vectoriels sur $\mathbb{C}$.

I

LES THÉORÈMES DE HAHN-BANACH. INTRODUCTION A LA THÉORIE DES FONCTIONS CONVEXES CONJUGUÉES

I.1. Forme analytique du théorème de Hahn-Banach : prolongement des formes linéaires

Soit E un espace vectoriel sur $\mathbb{R}$. Rappelons qu'une **forme linéaire** est une application linéaire définie sur E, ou sur un sous-espace vectoriel de E, **à valeurs dans** $\mathbb{R}$. Le résultat essentiel du § I.1 concerne le prolongement d'une forme linéaire définie sur un sous-espace vectoriel de E en une forme linéaire définie sur E tout entier.

Théorème I.1 (Hahn-Banach, forme analytique). — *Soit $p : E \to \mathbb{R}$ une application vérifiant*

(1) $$p(\lambda x) = \lambda p(x) \quad \forall x \in E \quad \textit{et} \quad \forall \lambda > 0,$$

(2) $$p(x + y) \leqslant p(x) + p(y) \quad \forall x, y \in E.$$

Soit d'autre part, $G \subset E$ un sous-espace vectoriel et soit $g : G \to \mathbb{R}$ une application linéaire telle que

(3) $$g(x) \leqslant p(x) \quad \forall x \in G.$$

Alors il existe une forme linéaire f définie sur E qui prolonge g, i.e.

$$g(x) = f(x) \quad \forall x \in G$$

et telle que

(4) $$f(x) \leqslant p(x) \quad \forall x \in E.$$

La démonstration du théorème I.1 fait appel au lemme de Zorn dont nous rappelons l'énoncé. Commençons par préciser quelques notions de la théorie des ensembles ordonnés.

Soit P un ensemble muni d'une relation d'ordre (partiel) notée $\leqslant$. On dit qu'un sous-ensemble $Q \subset P$ est **totalement ordonné** si pour tout couple a, b de Q on a (au moins) l'une des relations $a \leqslant b$ ou $b \leqslant a$.

Soit $Q \subset P$ un sous-ensemble de P; on dit que $c \in P$ est un **majorant de Q** si pour tout $a \in Q$ l'on a $a \leqslant c$.

On dit que $m \in P$ est un élément **maximal** de P si pour tout $x \in P$ tel que $m \leqslant x$ on a nécessairement $x = m$.

Enfin, on dit que P est **inductif** si tout sous-ensemble totalement ordonné de P admet un majorant.

Lemme I.1 (Zorn). — ***Tout ensemble ordonné, inductif, non vide, admet un élément maximal.***

On trouvera une démonstration du lemme de Zorn (à partir de l'axiome du choix) dans N. Dunford-J. Schwartz [1] (Vol. 1, Théorème 1.2.7.), P. Dubreil-M. L. Dubreil Jacotin [1] (Chap. 6) ou bien dans Lang [1].

Remarque 1. — Il n'est pas indispensable pour un analyste de connaître la démonstration du lemme de Zorn, par contre il est **essentiel** de bien comprendre l'énoncé et de savoir l'utiliser. Le lemme de Zorn a de nombreuses et très importantes applications en Analyse; c'est un outil indispensable pour établir certains résultats **d'existence.**

Démonstration du théorème I.1. — On considère l'ensemble

$$P = \left\{ h \,\middle|\, \begin{array}{l} h : D(h) \subset E \to \mathbb{R} \text{ avec } D(h) \text{ sous-espace vectoriel de E, } h \text{ linéaire,} \\ G \subset D(h),\ h \text{ prolonge } g \text{ et } h(x) \leqslant p(x) \quad \forall x \in D(h) \end{array} \right\}.$$

P est muni de la relation d'ordre

$$(h_1 \leqslant h_2) \Leftrightarrow (D(h_1) \subset D(h_2) \text{ et } h_2 \text{ prolonge } h_1).$$

Il est clair que P n'est pas vide puisque $g \in P$. D'autre part, P est inductif. En effet soit $Q \subset P$ un sous-ensemble totalement ordonné; on note $Q = (h_i)_{i \in I}$. On définit

$$D(h) = \bigcup_{i \in I} D(h_i) \qquad \text{et} \qquad h(x) = h_i(x) \qquad \text{si} \qquad x \in D(h_i).$$

On vérifie que cette définition a bien un sens, que $h \in P$ et que h est un majorant de Q. Il résulte du lemme de Zorn que P admet un élément maximal noté f. Prouvons que $D(f) = E$ — ce qui achèvera la démonstration du théorème I.1. Raisonnons par l'absurde et supposons que $D(f) \neq E$. Soit $x_0 \notin D(f)$; posons $D(h) = D(f) + \mathbb{R}x_0$ et, pour $x \in D(f)$, $h(x + tx_0) = f(x) + t\alpha$ ($t \in \mathbb{R}$) où α est une constante qui sera fixée ultérieurement de manière à ce que $h \in P$. On doit donc s'assurer que

$$f(x) + t\alpha \leqslant p(x + tx_0) \qquad \forall x \in D(f), \quad \forall t \in \mathbb{R}.$$

Grâce à (1) il suffit de vérifier que

$$\begin{cases} f(x) + \alpha \leqslant p(x + x_0) & \forall x \in D(f) \\ f(x) - \alpha \leqslant p(x - x_0) & \forall x \in D(f). \end{cases}$$

Autrement dit, il faut choisir α tel que

$$\sup_{y \in D(f)} \{f(y) - p(y - x_0)\} \leqslant \alpha \leqslant \inf_{x \in D(f)} \{p(x + x_0) - f(x)\}.$$

Un tel choix est possible puisque

$$f(y) - p(y - x_0) \leqslant p(x + x_0) - f(x) \qquad \forall x \in D(f), \quad \forall y \in D(f);$$

en effet on notera que

$$f(x) + f(y) \leqslant p(x + y) \leqslant p(x + x_0) + p(y - x_0)$$

grâce à (2).
On conclut que f est majorée par h et que $f \neq h$; ceci contredit la maximalité de f.

Indiquons maintenant quelques applications simples du théorème I.1 lorsque E est un **espace vectoriel normé** (e.v.n.) de norme $\|\ \|$.
Notation : On désigne par E′ le dual (topologique) ([1]) de E i.e. l'espace des **formes linéaires et continues sur E ;** E′ est muni de la **norme duale** ([2])

$$(5) \qquad \|f\|_{E'} = \sup_{\substack{x \in E \\ \|x\| \leqslant 1}} |f(x)| = \sup_{\substack{x \in E \\ \|x\| \leqslant 1}} f(x).$$

Lorsque $f \in E'$ et $x \in E$ on notera généralement $\langle f, x \rangle$ au lieu de $f(x)$; on dit que $\langle\ ,\ \rangle$ est le **produit scalaire dans la dualité** E′, E.

• **Corollaire I.2.** — *Soit* G *un sous-espace vectoriel de* E *et soit* $g : G \to \mathbb{R}$ *une application linéaire et continue de norme*

$$\|g\|_{G'} = \sup_{\substack{x \in G \\ \|x\| \leqslant 1}} g(x).$$

Alors il existe $f \in E'$ ***qui prolonge*** g ***et tel que***

$$\|f\|_{E'} = \|g\|_{G'}.$$

Démonstration. — Appliquer le théorème I.1 avec $p(x) = \|g\|_{G'}\|x\|$.

• **Corollaire I.3.** — ***Pour tout*** $x_0 \in E$ ***il existe*** $f_0 \in E'$ ***tel que***

$$\|f_0\| = \|x_0\| \qquad et \qquad \langle f_0, x_0 \rangle = \|x_0\|^2.$$

Démonstration. — Appliquer le corollaire I.2 avec $G = \mathbb{R}x_0$ et $g(tx_0) = t\|x_0\|^2$ de sorte que $\|g\|_{G'} = \|x_0\|$.

Remarque 2. — L'élément f_0 défini au corollaire I.3 n'est pas unique en général (essayer de fabriquer un exemple ou voir [EX]). Néanmoins si E′ est **strictement convexe** ([3]) — ce qui est le cas par exemple si E est un espace de Hilbert (voir chapitre V) ou bien si $E = L^p(\Omega)$ avec $1 < p < \infty$ (voir chapitre IV) — alors f_0 est unique. De manière générale on note, pour chaque $x_0 \in E$,

$$F(x_0) = \{f_0 \in E' ;\ \|f_0\| = \|x_0\| \text{ et } \langle f_0, x_0 \rangle = \|x_0\|^2\}.$$

([1]) Dans la littérature américaine le dual topologique de E est désigné par E*. Attention aux confusions !

([2]) En général on écrira simplement $\|f\|$ au lieu de $\|f\|_{E'}$ sauf s'il y a une ambiguité.

([3]) On dit qu'un espace vectoriel normé E est **strictement convexe** si $\forall x, y \in E$ avec $\|x\| = \|y\| = 1$ et $x \neq y$ on a $\|tx + (1 - t)y\| < 1$ $\forall t \in]0, 1[$.

L'application (multivoque) $x_0 \longmapsto F(x_0)$ est **l'application de dualité** de E dans E'; on trouvera certaines de ses propriétés dans [EX].

• **Corollaire I.4.** — ***Pour tout*** $x \in E$ ***on a***

(6) $$\|x\| = \sup_{\substack{f \in E' \\ \|f\| \leqslant 1}} |\langle f, x\rangle| = \max_{\substack{f \in E' \\ \|f\| \leqslant 1}} |\langle f, x\rangle|.$$

DÉMONSTRATION. — Supposons que $x \neq 0$. Il est clair que

$$\sup_{\substack{f \in E' \\ \|f\| \leqslant 1}} |\langle f, x\rangle| \leqslant \|x\|.$$

D'autre part (corollaire I.3) on sait qu'il existe $f_0 \in E'$ tel que $\|f_0\| = \|x\|$ et $\langle f_0, x\rangle = \|x\|^2$. On pose $f_1 = \|x\|^{-1} f_0$ de sorte que $\|f_1\| = 1$ et $\langle f_1, x\rangle = \|x\|$.

REMARQUE 3. — Il convient de distinguer la formule (5) qui est une **définition** et la formule (6) qui est un **résultat.** En général, le « Sup » qui apparaît dans (5) n'est pas un « Max » i.e. il n'**est pas atteint** (voir un exemple dans [EX]). Toutefois ce « Sup » est atteint si E est un espace de Banach réflexif (voir chapitre III); un théorème difficile dû à R. C. James affirme la réciproque : si E est un espace de Banach tel que pour tout $f \in E'$ le « Sup » en (5) est atteint, alors E est réflexif (voir par exemple Diestel [1], chapitre I ou Holmes [1]).

I.2. Formes géométriques du théorème de Hahn-Banach : séparation des ensembles convexes

Commençons par quelques préliminaires sur les hyperplans. Dans toute la suite E désigne un e.v.n.

Définition. — *Un* **hyperplan** (*affine*) *est un ensemble de la forme*

$$H = \{x \in E \, ; \, f(x) = \alpha\}$$

où f est une forme linéaire (1) *sur* E, **non identiquement nulle** *et* $\alpha \in \mathbb{R}$. *On dit que* H *est l'***hyperplan d'équation** $[f = \alpha]$.

Proposition I.5. — ***L'hyperplan d'équation*** $[f = \alpha]$ ***est fermé si et seulement si*** f ***est continue.***

DÉMONSTRATION. — Il est clair que si f est continue alors H est fermé. Réciproquement, supposons que H est fermé. Le complémentaire $\complement H$ de H est ouvert et non vide (puisque

(1) Pas nécessairement continue (lorsque E est de dimension infinie il existe toujours des formes linéaires non continues; voir [EX]).

$f \not\equiv 0$). Soit $x_0 \in \complement H$ et supposons (pour fixer les idées) que $f(x_0) < \alpha$. Soit $r > 0$ tel que $B(x_0, r) \subset \complement H$ où

$$B(x_0, r) = \{x \in E ;\ \|x - x_0\| < r\}.$$

On a

$$f(x) < \alpha \qquad \forall x \in B(x_0, r). \tag{7}$$

En effet supposons que $f(x_1) > \alpha$ pour un certain $x_1 \in B(x_0, r)$. Le segment

$$\{x_t = (1 - t)x_0 + tx_1 ;\ t \in [0, 1]\}$$

est contenu dans $B(x_0, r)$ et donc $f(x_t) \neq \alpha$ $\forall t \in [0, 1]$; par ailleurs $f(x_t) = \alpha$ pour $t = \dfrac{f(x_1) - \alpha}{f(x_1) - f(x_0)}$, ce qui est absurde et donc (7) est démontré. Il résulte de (7) que

$$f(x_0 + rz) < \alpha \qquad \forall z \in B(0, 1).$$

Par conséquent f est continue et $\|f\| \leqslant \dfrac{1}{r}(\alpha - f(x_0))$.

Définition. — Soient $A \subset E$ et $B \subset E$. On dit que l'hyperplan H d'équation $[f = \alpha]$ **sépare A et B au sens large** si l'on a

$$\boxed{f(x) \leqslant \alpha \quad \forall x \in A \qquad \text{et} \qquad f(x) \geqslant \alpha \quad \forall x \in B.}$$

On dit que H **sépare A et B au sens strict** s'il existe $\varepsilon > 0$ tel que

$$\boxed{f(x) \leqslant \alpha - \varepsilon \quad \forall x \in A \qquad \text{et} \qquad f(x) \geqslant \alpha + \varepsilon \quad \forall x \in B.}$$

Géométriquement la séparation exprime que A et B se situent « **de part et d'autre de H** ».

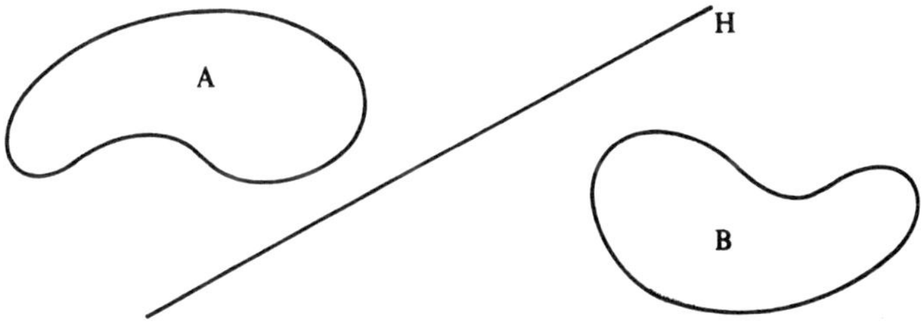

Rappelons enfin qu'un ensemble $A \subset E$ est **convexe** si

$$tx + (1 - t)y \in A \qquad \forall x, y \in A, \qquad \forall t \in [0, 1].$$

• **Théorème I.6 (Hahn-Banach, première forme géométrique).** — *Soient* $A \subset E$ *et* $B \subset E$ *deux ensembles convexes, non vides et disjoints. On suppose que* A *est* **ouvert.** *Alors il existe un hyperplan fermé qui sépare* A *et* B *au sens large.*

La démonstration du théorème I.6 est basée sur les deux lemmes suivants

Lemme I.2 (Jauge d'un convexe). — *Soit* $C \subset E$ *un convexe ouvert avec* $0 \in C$. *Pour tout* $x \in E$ *on pose :*

$$p(x) = \operatorname{Inf}\{\alpha > 0 ;\ \alpha^{-1}x \in C\} \tag{8}$$

(on dit que p *est la jauge de* C*).*

Alors p vérifie **(1), (2)** ***et***

(9) $\quad$ ***il existe*** $\mathbf{M}$ ***tel que*** $\quad \mathbf{0 \leqslant p(x) \leqslant M\|x\|} \qquad \forall x \in \mathbf{E},$

(10) $$\mathbf{C = \{x \in E\,;\ p(x) < 1\}}.$$

Démonstration du lemme I.2. — Soit $r > 0$ tel que $B(0, r) \subset C$; il est clair que

$$p(x) \leqslant \frac{1}{r}\,\|x\| \qquad \forall x \in E.$$

D'où (9).

La propriété (1) est évidente.

Prouvons (10). Supposons d'abord que $x \in C$; comme C est ouvert, $(1 + \varepsilon)x \in C$ pour $\varepsilon > 0$ assez petit. Donc $p(x) \leqslant \dfrac{1}{1 + \varepsilon} < 1$. Inversement si $p(x) < 1$ il existe $0 < \alpha < 1$ tel que $\alpha^{-1}x \in C$ et donc $x = \alpha(\alpha^{-1}x) + (1 - \alpha)0 \in C$.

Prouvons (2). Soient $x, y \in E$ et soit $\varepsilon > 0$. D'après (1) et (10) on sait que $\dfrac{x}{p(x) + \varepsilon} \in C$ et $\dfrac{y}{p(y) + \varepsilon} \in C$. Donc $\dfrac{tx}{p(x) + \varepsilon} + \dfrac{(1 - t)y}{p(y) + \varepsilon} \in C$ pour tout $t \in [0, 1]$. En particulier pour $t = \dfrac{p(x) + \varepsilon}{p(x) + p(y) + 2\varepsilon}$ on obtient $\dfrac{x + y}{p(x) + p(y) + 2\varepsilon} \in C$. On en déduit, grâce à (1) et (10), que $p(x + y) < p(x) + p(y) + 2\varepsilon \ \forall \varepsilon > 0$. D'où (2).

Lemme I.3. — ***Soit*** $\mathbf{C \subset E}$ ***un convexe ouvert non vide et soit*** $\mathbf{x_0 \in E}$ ***avec*** $\mathbf{x_0 \notin C}$. ***Alors il existe*** $\mathbf{f \in E'}$ ***tel que*** $\mathbf{f(x) < f(x_0)\ \forall x \in C}$. ***En particulier l'hyperplan d'équation*** $\mathbf{[f = f(x_0)]}$ ***sépare*** $\mathbf{\{x_0\}}$ ***et*** $\mathbf{C}$ ***au sens large.***

Démonstration du lemme I.3. — Par translation on peut toujours supposer que $0 \in C$ et introduire la jauge de C (lemme I.2) notée p. On considère $G = \mathbb{R}x_0$ et la forme linéaire g définie sur G par

$$g(tx_0) = t, \qquad t \in \mathbb{R}.$$

Il est clair que

$$g(x) \leqslant p(x) \qquad \forall x \in G$$

(prendre $x = tx_0$ et distinguer les cas $t > 0$ et $t \leqslant 0$). Grâce au théorème I.1, il existe une forme linéaire f sur E, qui prolonge g, et telle que

$$f(x) \leqslant p(x) \qquad \forall x \in E.$$

En particulier on a $f(x_0) = 1$ et f est continue grâce à (9). D'autre part on déduit de (10) que $f(x) < 1$ pour tout $x \in C$.

Démonstration du théorème I.6. — On pose $C = A - B$ de sorte que C est convexe (vérification facile), C est ouvert (noter que $C = \bigcup_{y \in B} (A - y)$) et $0 \notin C$ (puisque $A \cap B = \varnothing$). D'après le lemme I.3 il existe $f \in E'$ tel que

$$f(z) < 0 \qquad \forall z \in C$$

c'est-à-dire

$$f(x) < f(y) \quad \forall x \in A, \qquad \forall y \in B.$$

On fixe $\alpha \in \mathbb{R}$ avec

$$\operatorname*{Sup}_{x \in A} f(x) \leqslant \alpha \leqslant \operatorname*{Inf}_{y \in B} f(y)$$

et donc l'hyperplan d'équation $[f = \alpha]$ sépare au sens large A et B.

• **Théorème I.7 (Hahn-Banach, deuxième forme géométrique).** — ***Soient* A ⊂ E *et* B ⊂ E *deux ensembles convexes, non vides, disjoints. On suppose que* A *est* fermé *et que* B *est* compact. *Alors il existe un hyperplan fermé qui sépare* A *et* B *au sens strict.***

DÉMONSTRATION. — Pour $\varepsilon > 0$ on pose $A_\varepsilon = A + B(0, \varepsilon)$ et $B_\varepsilon = B + B(0, \varepsilon)$ de sorte que A_ε et B_ε sont convexes, ouverts et non vides. De plus, pour $\varepsilon > 0$ assez petit, A_ε et B_ε sont disjoints (sinon on pourrait trouver des suites $\varepsilon_n \to 0$, $x_n \in A$ et $y_n \in B$ telles que $\|x_n - y_n\| < 2\varepsilon_n$; on pourrait ensuite extraire une sous-suite $y_{n_k} \to y \in A \cap B$). D'après le théorème I.6, il existe un hyperplan fermé d'équation $[f = \alpha]$ qui sépare A_ε et B_ε au sens large. On a donc

$$f(x + \varepsilon z) \leqslant \alpha \leqslant f(y + \varepsilon z) \qquad \forall x \in A, \quad \forall y \in B, \quad \forall z \in B(0, 1).$$

Il en résulte que

$$f(x) + \varepsilon\|f\| \leqslant \alpha \leqslant f(y) - \varepsilon\|f\|, \qquad \forall x \in A, \qquad \forall y \in B.$$

On conclut que A et B sont séparés au sens strict par l'hyperplan $[f = \alpha]$ puisque $\|f\| \neq 0$.

REMARQUE 4. — Soient A ⊂ E et B ⊂ E deux ensembles convexes, non vides, disjoints. **Sans hypothèse supplémentaire** on ne peut pas toujours séparer A et B au sens large par un hyperplan fermé. On peut même construire un exemple où A et B sont deux convexes fermés, non vides, disjoints tels qu'il n'existe aucun hyperplan fermé séparant A et B au sens large; voir [EX]. Toutefois si E est un espace de **dimension finie** on peut **toujours** séparer au sens large deux convexes A et B, non vides, disjoints (sans hypothèse supplémentaire !); voir [EX].

Indiquons enfin un corollaire **très utile** lorsque l'on cherche à prouver qu'un sous-espace vectoriel est **dense.**

• **Corollaire I.8.** — ***Soit* F ⊂ E *un sous-espace vectoriel tel que* $\overline{F} \neq E$. *Alors il existe* $f \in E'$, $f \neq 0$ *tel que***

$$\langle f, x\rangle = 0 \qquad \forall x \in F.$$

DÉMONSTRATION. — Soit $x_0 \in E$, $x_0 \notin \overline{F}$. On applique le théorème I.7 avec $A = \overline{F}$ et $B = \{x_0\}$. Il existe donc $f \in E'$, $f \neq 0$ tel que l'hyperplan d'équation $[f = \alpha]$ sépare au sens strict $\overline{F}$ et $\{x_0\}$. On a

$$\langle f, x\rangle < \alpha < \langle f, x_0\rangle \qquad \forall x \in F.$$

D'où il résulte que $\langle f, x\rangle = 0$ $\forall x \in F$, puisque $\lambda \langle f, x\rangle < \alpha$ pour tout $\lambda \in \mathbb{R}$.

• REMARQUE 5. — On applique souvent le corollaire I.8 pour montrer qu'un sous-espace vectoriel F ⊂ E est **dense.** On considère une forme linéaire et continue f sur E telle que $f = 0$ sur F et **on prouve** que f est identiquement nulle sur E.

I.3. Introduction à la théorie des fonctions convexes conjuguées

Commençons par quelques préliminaires sur les fonctions semi-continues inférieurement et sur les fonctions convexes.
Dans cette section on considère des fonctions φ définies sur un ensemble E à valeurs dans $]-\infty, +\infty]$; donc φ peut prendre la valeur $+\infty$, (mais la valeur $-\infty$ est exclue). On désigne par $D(\varphi)$ le **domaine de** φ c'est-à-dire l'ensemble

$$\boxed{D(\varphi) = \{x \in E; \quad \varphi(x) < +\infty\}.}$$

Notation. **L'épigraphe** de φ est l'ensemble

$$\boxed{\text{epi}\,\varphi = \{[x, \lambda] \in E \times \mathbb{R}; \quad \varphi(x) \leqslant \lambda\}\ (^1).}$$

On suppose maintenant que E est un **espace topologique.** Rappelons la

Définition. — Une fonction $\varphi : E \to]-\infty, +\infty]$ est dite **semi-continue inférieurement (s.c.i.)** si pour tout $\lambda \in \mathbb{R}$ l'ensemble $[\varphi \leqslant \lambda] = \{x \in E; \varphi(x) \leqslant \lambda\}$ est fermé.

Nous utiliserons quelques propriétés élémentaires des fonctions s.c.i. (voir Choquet [1] ou Dixmier [1]) :

(*a*) Si φ est s.c.i., alors epi φ est fermé dans $E \times \mathbb{R}$; et réciproquement.

(*b*) Si φ est s.c.i., alors pour tout $x \in E$ et tout $\varepsilon > 0$ il existe un voisinage V de x tel que :

$$\varphi(y) \geqslant \varphi(x) - \varepsilon \qquad \forall y \in V;$$

et réciproquement.

Il en résulte en particulier que si φ est s.c.i. et si $x_n \to x$, alors :

$$\boxed{\liminf \varphi(x_n) \geqslant \varphi(x).}$$

(*c*) Si φ_1 et φ_2 sont s.c.i. alors $\varphi_1 + \varphi_2$ est s.c.i.

(*d*) Si $(\varphi_i)_{i \in I}$ est une famille de fonctions s.c.i. alors **l'enveloppe supérieure** des (φ_i) est s.c.i. c'est-à-dire la fonction φ définie par

$$\varphi(x) = \operatorname*{Sup}_{i \in I} \varphi_i(x)$$

est s.c.i.

(*e*) Si E est **compact** et si φ est s.c.i., alors φ atteint sa borne inférieure sur E.

On suppose maintenant que E est un **espace vectoriel.** Rappelons la

Définition. — Une fonction $\varphi : E \to]-\infty, +\infty]$ est dite **convexe** si

$$\boxed{\varphi(tx + (1-t)y) \leqslant t\varphi(x) + (1-t)\varphi(y) \qquad \forall x, y \in E, \quad \forall t \in]0, 1[.}$$

Nous utiliserons quelques propriétés élémentaires des fonctions convexes :

(*a*) Si φ est une fonction convexe, alors epi φ est un ensemble convexe dans $E \times \mathbb{R}$; et réciproquement.

(*b*) Si φ est une fonction convexe, alors pour tout $\lambda \in \mathbb{R}$ l'ensemble $[\varphi \leqslant \lambda]$ est convexe; mais la réciproque n'est pas vraie.

---

(1) Insistons sur le fait que $\mathbb{R} =]-\infty, +\infty[$ et donc ici λ ne prend pas la valeur $+\infty$.

(*c*) Si φ_1 et φ_2 sont des fonctions convexes, alors $\varphi_1 + \varphi_2$ est convexe.

(*d*) Si $(\varphi_i)_{i \in I}$ est une famille de fonctions convexes alors l'enveloppe supérieure des (φ_i) est convexe.

On suppose dans toute la suite que E est un **e.v.n.**

Définition. Étant donnée une fonction $\varphi : E \to]-\infty, +\infty]$ telle que $\varphi \not\equiv +\infty$ (i.e. $D(\varphi) \neq \emptyset$) on définit la fonction $\varphi^* : E' \to]-\infty, +\infty]$, **conjuguée** de φ par

$$\boxed{\varphi^*(f) = \operatorname*{Sup}_{x \in E} \{\langle f, x\rangle - \varphi(x)\} \quad (f \in E').}$$

Notons que φ^* est une fonction convexe s.c.i. sur E'. En effet, pour chaque $x \in E$ **fixé** l'application $f \longmapsto \langle f, x\rangle - \varphi(x)$ est convexe et continue, donc s.c.i. Par suite, l'enveloppe supérieure de ces fonctions (lorsque x parcourt l'ensemble d'indices E) est convexe et s.c.i.

Proposition I.9. — ***On suppose que φ est convexe, s.c.i. et $\varphi \not\equiv +\infty$. Alors $\varphi^* \not\equiv +\infty$.***

Démonstration. — Soit $x_0 \in D(\varphi)$ et soit $\lambda_0 < \varphi(x_0)$. On applique le théorème I.7 (Hahn-Banach, deuxième forme géométrique) dans l'espace $E \times \mathbb{R}$ avec $A = \text{epi}\,\varphi$ et $B = \{[x_0, \lambda_0]\}$.

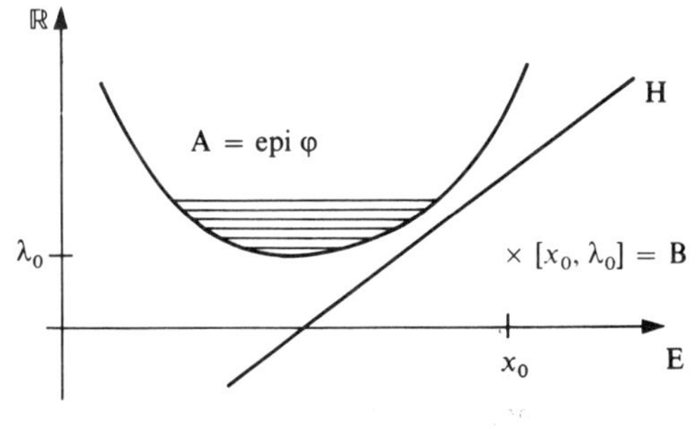

Il existe donc un hyperplan fermé H dans $E \times \mathbb{R}$ d'équation $[\Phi = \alpha]$ qui sépare strictement A et B. Noter que l'application $x \in E \mapsto \Phi([x, 0])$ est une forme linéaire et continue sur E et donc $\Phi([x, 0]) = \langle f, x\rangle$ pour un certain $f \in E'$. Posant $k = \Phi([0, 1])$ on a alors

$$\Phi([x, \lambda]) = \langle f, x\rangle + k\lambda \quad \text{pour tout} \quad [x, \lambda] \in E \times \mathbb{R}.$$

Écrivant que $\Phi > \alpha$ sur A et $\Phi < \alpha$ sur B on obtient :

$$\langle f, x\rangle + k\lambda > \alpha, \qquad \forall [x, \lambda] \in \text{epi}\,\varphi$$

et

$$\langle f, x_0\rangle + k\lambda_0 < \alpha.$$

En particulier on a

(11) $$\langle f, x\rangle + k\varphi(x) > \alpha \qquad \forall x \in D(\varphi)$$

et donc

$$\langle f, x_0\rangle + k\varphi(x_0) > \alpha > \langle f, x_0\rangle + k\lambda_0.$$

D'où $k > 0$. On déduit de (11) que

$$\langle -\frac{1}{k}f, x\rangle - \varphi(x) < -\frac{\alpha}{k} \qquad \forall x \in D(\varphi)$$

et par suite $\varphi^*\left(-\frac{1}{k}f\right) < +\infty$.

On définit maintenant, lorsque $\varphi^* \not\equiv +\infty$, la fonction $\varphi^{**} : E \to]-\infty, +\infty]$ par

$$\boxed{\varphi^{**}(x) = \operatorname*{Sup}_{f \in E'} \{\langle f, x\rangle - \varphi^*(f)\}.}$$

• **Théorème I.10 (Fenchel-Moreau).** — ***On suppose que*** φ ***est convexe, s.c.i. et*** $\varphi \not\equiv +\infty$. ***Alors*** $\varphi^{**} = \varphi$.

DÉMONSTRATION. — On procède en deux étapes :

1re étape. On suppose, de plus, que $\varphi \geqslant 0$. D'abord, il est clair que $\varphi^{**} \leqslant \varphi$; en effet d'après la définition de φ^* on a

$$\langle f, x\rangle \leqslant \varphi(x) + \varphi^*(f) \qquad \forall x \in E, \quad \forall f \in E'.$$

Pour prouver que $\varphi^{**} = \varphi$ on raisonne par l'absurde et on suppose qu'il existe un $x_0 \in E$ tel que

$$\varphi^{**}(x_0) < \varphi(x_0).$$

Éventuellement on a $\varphi(x_0) = +\infty$, mais on a toujours $\varphi^{**}(x_0) < +\infty$. On applique le théorème I.7 (Hahn-Banach, deuxième forme géométrique) dans l'espace $E \times \mathbb{R}$ avec $A = \operatorname{epi} \varphi$ et $B = [x_0, \varphi^{**}(x_0)]$. Il existe donc — comme dans la démonstration de la proposition I.9 — $f \in E'$, $k \in \mathbb{R}$ et $\alpha \in \mathbb{R}$ tels que

(12) $$\langle f, x\rangle + k\lambda > \alpha, \quad \forall [x, \lambda] \in \operatorname{epi} \varphi$$

(13) $$\langle f, x_0\rangle + k\varphi^{**}(x_0) < \alpha.$$

Il en résulte que $k \geqslant 0$ (choisir dans (12), $x \in D(\varphi)$ et $\lambda = n \to \infty$). [Ici, on ne peut pas conclure comme dans la démonstration de la proposition I.9 que $k > 0$; on pourrait éventuellement avoir $k = 0$, ce qui correspondrait à un hyperplan H « vertical » dans $E \times \mathbb{R}$]. Soit $\varepsilon > 0$; comme $\varphi \geqslant 0$ on a grâce à (12) :

$$\langle f, x\rangle + (k + \varepsilon)\varphi(x) \geqslant \alpha \qquad \forall x \in D(\varphi).$$

D'où $\varphi^*\left(-\frac{f}{k+\varepsilon}\right) \leqslant -\frac{\alpha}{k+\varepsilon}$; d'après la définition de $\varphi^{**}(x_0)$, il vient

$$\varphi^{**}(x_0) \geqslant \langle -\frac{f}{k+\varepsilon}, x_0\rangle - \varphi^*\left(-\frac{f}{k+\varepsilon}\right) \geqslant \langle -\frac{f}{k+\varepsilon}, x_0\rangle + \frac{\alpha}{k+\varepsilon}.$$

Par suite

$$\langle f, x_0\rangle + (k + \varepsilon)\varphi^{**}(x_0) \geqslant \alpha \quad \forall \varepsilon > 0,$$

ce qui contredit (13).

2e étape : Le cas général. Soit $f_0 \in D(\varphi^*)$ ($D(\varphi^*) \neq \varnothing$ d'après la proposition I.9). Pour se ramener au cas précédent on introduit la fonction

$$\bar{\varphi}(x) = \varphi(x) - \langle f_0, x\rangle + \varphi^*(f_0)$$

de sorte que $\bar{\varphi}$ est convexe s.c.i., $\bar{\varphi} \not\equiv +\infty$ et $\bar{\varphi} \geqslant 0$. Grâce à la 1re étape on sait que $(\bar{\varphi})^{**} = \bar{\varphi}$. Calculons maintenant $(\bar{\varphi})^*$ et $(\bar{\varphi})^{**}$. On a

$$(\bar{\varphi})^*(f) = \varphi^*(f + f_0) - \varphi^*(f_0)$$

et

$$(\bar{\varphi})^{**}(x) = \varphi^{**}(x) - \langle f_0, x\rangle + \varphi^*(f_0).$$

D'où $\varphi^{**} = \varphi$.

Un exemple. — Prenons $\varphi(x) = \|x\|$. On vérifie aisément que

$$\varphi^*(f) = \begin{cases} 0 & \text{si } \|f\| \leqslant 1 \\ +\infty & \text{si } \|f\| > 1. \end{cases}$$

Donc

$$\varphi^{**}(x) = \sup_{\substack{f \in E' \\ \|f\| \leqslant 1}} \langle f, x\rangle.$$

Écrivant l'égalité $\varphi^{**} = \varphi$ on retrouve (partiellement) le corollaire I.4.

Terminons ce chapitre avec une autre propriété des fonctions conjuguées.

$*$ **Théorème I.11 (Fenchel-Rockafellar).** — ***Soient φ et ψ deux fonctions convexes. On suppose qu'il existe $x_0 \in E$ tel que $\varphi(x_0) < +\infty$, $\psi(x_0) < +\infty$ et φ est continue en x_0. Alors***

$$\operatorname*{Inf}_{x \in E} \{\varphi(x) + \psi(x)\} = \operatorname*{Sup}_{f \in E'} \{-\varphi^*(-f) - \psi^*(f)\} = \operatorname*{Max}_{f \in E'} \{-\varphi^*(-f) - \psi^*(f)\}.$$

La démonstration du théorème I.11 utilise le

Lemme I.4. — ***Soit* C ⊂ E *un ensemble convexe; alors* Int C *est convexe* (1). *Si de plus* Int C ≠ ∅, *alors on a***

$$\overline{C} = \overline{\text{Int } C}.$$

Pour la démonstration du lemme I.4 voir par exemple L. Schwartz [2], Bourbaki [1] ou bien [EX].

Démonstration du théorème I.11. — On pose

$$a = \operatorname*{Inf}_{x \in E} \{\varphi(x) + \psi(x)\}$$

$$b = \operatorname*{Sup}_{f \in E'} \{-\varphi^*(-f) - \psi^*(f)\}$$

On vérifie aisément que $b \leqslant a$. D'autre part, on a **ou bien** $a \in \mathbb{R}$, **ou bien** $a = -\infty$. Si $a = -\infty$ la conclusion du théorème I.11 est évidente.
Supposons donc que $a \in \mathbb{R}$. On note

$$C = \text{epi } \varphi.$$

Il est clair que Int C ≠ ∅ (puisque φ est continue en x_0). On va maintenant appliquer le

(1) Int C désigne l'intérieur de C.

théorème de Hahn-Banach, première forme géométrique, avec $A = \operatorname{Int} C$ et

$$B = \{[x, \lambda] \in E \times \mathbb{R}; \qquad \lambda \leqslant a - \psi(x)\}.$$

A et B sont convexes, non vides; vérifions qu'ils sont disjoints : si $[x, \lambda] \in A$ on a

$$\lambda > \varphi(x) \geqslant a - \psi(x)$$

(d'après la définition de a) et donc $[x, \lambda] \notin B$. Par conséquent il existe un hyperplan fermé H qui sépare A et B au sens large. Donc H sépare aussi $\bar{A}$ et B au sens large. Or $\bar{A} = \bar{C}$ d'après le lemme I.4. Par suite il existe $f \in E'$, $k \in \mathbb{R}$ et $\alpha \in \mathbb{R}$ tels que l'hyperplan H d'équation $[\Phi = \alpha]$ dans $E \times \mathbb{R}$ où

$$\Phi([x, \lambda]) = \langle f, x \rangle + k\lambda$$

sépare C et B au sens large.
On a donc

$$\langle f, x \rangle + k\lambda \geqslant \alpha \qquad \forall [x, \lambda] \in C \tag{14}$$
$$\langle f, x \rangle + k\lambda \leqslant \alpha \qquad \forall [x, \lambda] \in B. \tag{15}$$

En choisissant $x = x_0$ et $\lambda \to +\infty$ dans (14) on voit que $k \geqslant 0$. Montrons que

$$k > 0. \tag{16}$$

Rappelons d'abord que $\Phi \neq 0$ ce qui s'écrit $\|f\| + |k| \neq 0$. Raisonnons par l'absurde et supposons que $k = 0$. On aurait (d'après (14) et (15))

$$\langle f, x \rangle \geqslant \alpha \qquad \forall x \in D(\varphi)$$
$$\langle f, x \rangle \leqslant \alpha \qquad \forall x \in D(\psi).$$

Or $B(x_0, \varepsilon_0) \subset D(\varphi)$ pour $\varepsilon_0 > 0$ assez petit et donc

$$\langle f, x_0 + \varepsilon_0 z \rangle \geqslant \alpha \qquad \forall z \in B(0, 1).$$

Il en résulte que $\langle f, x_0 \rangle \geqslant \alpha + \varepsilon_0 \|f\|$. Par ailleurs on a

$$\langle f, x_0 \rangle \leqslant \alpha \qquad \text{puisque} \qquad x_0 \in D(\psi).$$

Donc $f = 0$ — ce qui est absurde (car $k = 0$). On a donc prouvé (16).
On déduit de (14) et (15) que

$$\varphi^*\left(-\frac{f}{k}\right) \leqslant -\frac{\alpha}{k}$$
$$\psi^*\left(\frac{f}{k}\right) \leqslant \frac{\alpha}{k} - a$$

et par suite

$$-\varphi^*\left(-\frac{f}{k}\right) - \psi^*\left(\frac{f}{k}\right) \geqslant a.$$

Comme par ailleurs on a (d'après la définition de b)

$$-\varphi^*\left(-\frac{f}{k}\right) - \psi^*\left(\frac{f}{k}\right) \leqslant b$$

On conclut que

$$a = b = -\varphi^*\left(-\frac{f}{k}\right) - \psi^*\left(\frac{f}{k}\right).$$

UN EXEMPLE. — Soit $K \subset E$ un convexe fermé non vide. On pose

$$I_K(x) = \begin{cases} 0 & \text{si} \quad x \in K \\ +\infty & \text{si} \quad x \notin K. \end{cases}$$

I_K est appelée la **fonction indicatrice** de K. Noter que I_K est convexe, s.c.i. et $I_K \not\equiv +\infty$. La fonction conjuguée I_K^* est appelée **fonction d'appui** de K. Montrons que pour tout $x_0 \in E$ on a

$$\text{(17)} \qquad \operatorname{dist}(x_0, K) = \operatorname*{Inf}_{x \in K} \|x - x_0\| = \operatorname*{Max}_{\substack{f \in E' \\ \|f\| \leq 1}} \{\langle f, x_0 \rangle - I_K^*(f)\}.$$

En effet on a $\operatorname*{Inf}_{x \in K} \|x - x_0\| = \operatorname*{Inf}_{x \in E} \{\varphi(x) + \psi(x)\}$ avec

$$\varphi(x) = \|x - x_0\| \quad \text{et} \quad \psi(x) = I_K(x).$$

On applique le théorème I.11.

REMARQUE 6. — L'égalité (17) peut apporter des renseignements intéressants dans les situations où $\operatorname*{Inf}_{x \in K} \|x - x_0\|$ n'est **pas** atteint ; voir un exemple dans [EX].
La théorie des surfaces minima fournit un cadre très instructif où le **problème primal** n'admet (en général) pas de solution (i.e. $\operatorname*{Inf}_{x \in E} \{\varphi(x) + \psi(x)\}$ n'est pas atteint) alors que le **problème dual** (i.e. $\operatorname*{Max}_{f \in E'} \{-\varphi^*(-f) - \psi^*(f)\}$) admet une solution ; voir Ekeland-Temam [1].

Commentaires sur le chapitre I

1) Généralisations et variantes des théorèmes de Hahn-Banach.

La première forme géométrique du théorème de Hahn-Banach s'étend aux espaces vectoriels topologiques généraux. La deuxième forme géométrique s'étend aux **espaces localement convexes** — espaces qui jouent un rôle important, entre autres en **théorie des distributions** (voir L. Schwartz [1]). Le lecteur intéressé pourra consulter N. Bourbaki [1], Kelley-Namioka [1], G. Choquet [2] (Volume 2) et Taylor-Lay [1].

2) Applications des théorèmes de Hahn-Banach.

Elles sont nombreuses et variées. Nous en signalons quelques-unes :

a) Le théorème de Krein-Milman

Rappelons d'abord quelques définitions. Soit E un e.v.n. et soit $A \subset E$. L'**enveloppe convexe fermée** de A — notée $\overline{\text{conv}}\, A$ — est le plus petit ensemble convexe fermé contenant A. Soit $K \subset E$ un ensemble convexe. On dit qu'un point $x \in K$ est **extrémal** si

$$\left(x = (1 - t)x_0 + tx_1 \quad \text{avec} \quad t \in]0, 1[\text{ et } x_0, x_1 \in K\right) \Rightarrow \left(x_0 = x_1 = x\right)$$

• **Théorème I.12 (Krein-Milman).** — ***Soit* K $\subset$ E *un ensemble convexe compact. Alors* K *coïncide avec l'enveloppe convexe fermée de ses points extrémaux.***

Le théorème de Krein-Milman a lui-même beaucoup d'applications et de prolongements (théorème de représentation intégrale de Choquet, théorème de Bochner, théorème de Bernstein, etc.). Sur ce sujet, consulter Bourbaki [1], Choquet [2] (Volume 2), Phelps [1], Dunford-Schwartz [1] (Volume 1), Rudin [1], Larsen [1], Kelley-Namioka [1], Edwards [1], Dellacherie-Meyer [1] (Chapitre X), Taylor-Lay [1], Diestel [2] et [EX].

b) En théorie des équations aux dérivées partielles.

Citons en particulier, **l'existence d'une solution élémentaire** pour tout opérateur différentiel P(D) à coefficients constants, non identiquement nul (**théorème de Malgrange-Ehrenpreis**); voir par exemple Hörmander [1], Yosida [1], Rudin [1], Treves [2], Reed-Simon [1] (Volume 2). Dans le même esprit, citons la démonstration de **l'existence d'une fonction de Green** pour le Laplacien par la méthode de Garabedian et Lax; voir Garabedian [1].

3) Fonctions convexes.

La théorie des fonctions convexes et des **problèmes en dualité** s'est **considérablement développée** depuis une trentaine d'années; voir Moreau [1], Rockafellar [1] Ekeland-Temam [1]. Parmi les applications citons entre autres :

a) La théorie des jeux, l'économie, l'optimisation, la programmation convexe; voir Aubin [1], [2], Karlin [1], Balakrishnan [1], Barbu-Precupanu [1], Moulin-Fogelman [1], Stoer-Witzgall [1].

b) La mécanique; voir Moreau [2], Duvaut-Lions [1], Germain [1], l'article de Temam-Strang [1] et les commentaires de Germain qui font suite à cet article. Noter aussi l'utilisation de la dualité dans un problème intervenant en *théorie des plasmas* (voir Damlamian [1] et les références citées).

c) La théorie des *opérateurs monotones* et des *semi-groupes non linéaires*, voir Brezis [1].

d) Les problèmes variationnels liés à la recherche de *solutions périodiques pour les systèmes hamiltoniens et les équations non linéaires de cordes vibrantes*, voir les travaux récents de Clarke, Ekeland, Lasry, Brezis, Coron, Nirenberg (citons par exemple Clarke-Ekeland [1], Brezis-Coron-Nirenberg [1] et les références de ces articles).

4) Prolongement d'opérateurs linéaires continus. — Soient E et F deux espaces de Banach. Soit $G \subset E$ un sous-espace vectoriel fermé et soit $g : G \to F$ un **opérateur** linéaire continu. On peut se poser la question de savoir s'il existe $f : E \to F$ opérateur linéaire continu qui prolonge g. Noter que le corollaire I.2 résout le problème seulement si $F = \mathbb{R}$. La réponse est affirmative dans **certains cas :**

a) Si $\dim F < \infty$, on peut choisir une base dans F et appliquer le corollaire I.2 à chaque composante de g.

b) Si G admet un supplémentaire topologique (voir chapitre II); ceci est le cas par exemple si $\dim G < \infty$ ou bien si $\operatorname{codim} G < \infty$, ou bien si E est un espace de Hilbert.

La réponse est **négative** dans le cas général, même si E et F sont des espaces réflexifs (voir [EX]).

Bien entendu on peut aussi se poser la question de savoir quand il existe un prolongement f de g tel que $\|f\|_{\mathscr{L}(E,F)} = \|g\|_{\mathscr{L}(G,F)}$. Ce problème est difficile.

II

LES THÉORÈMES DE BANACH-STEINHAUS ET DU GRAPHE FERMÉ. RELATIONS D'ORTHOGONALITÉ. OPÉRATEURS NON-BORNÉS. NOTION D'ADJOINT. CARACTÉRISATION DES OPÉRATEURS SURJECTIFS

II.1. Rappel du lemme de Baire

Le lemme suivant est un résultat classique qui joue un rôle essentiel dans les démonstrations du chapitre II.

Lemme II.1 (Baire). — ***Soit* X *un espace métrique complet. Soit* $(X_n)_{n\geq 1}$ *une* suite *de fermés. On suppose que***

$$\text{Int } X_n = \varnothing \quad \textit{pour chaque} \quad n \geqslant 1.$$

Alors

$$\text{Int}\left(\bigcup_{n=1}^{\infty} X_n\right) = \varnothing .$$

Remarque 1. — Le lemme de Baire est en général utilisé sous la forme suivante. Soit X un espace métrique complet non vide. Soit $(X_n)_{n\geq 1}$ une suite de fermés telle que $\bigcup_{n=1}^{\infty} X_n = X$. Alors il existe n_0 tel que $\text{Int } X_{n_0} \neq \varnothing$.

Démonstration. — On pose $O_n = \complement X_n$ de sorte que O_n est un ouvert dense. Il s'agit de montrer que $G = \bigcap_{n=1}^{\infty} O_n$ est dense dans X.
Soit ω un ouvert non vide de X ; on va prouver que $\omega \cap G \neq \varnothing$.
On note

$$B(x, r) = \{y \in X ;\quad d(y, x) < r\}.$$

On choisit $x_0 \in \omega$ et $r_0 > 0$ arbitraires tels que

$$\overline{B}(x_0, r_0) \subset \omega.$$

On choisit ensuite $x_1 \in B(x_0, r_0) \cap O_1$ et $r_1 > 0$ tels que

$$\begin{cases} \overline{B}(x_1, r_1) \subset B(x_0, r_0) \cap O_1 \\ 0 < r_1 < \dfrac{r_0}{2} \end{cases}$$

ceci est possible puisque O_1 est ouvert et dense. Ainsi de suite, on construit par récurrence deux suites (x_n) et (r_n) telles que

$$\begin{cases} \overline{B}(x_{n+1}, r_{n+1}) \subset B(x_n, r_n) \cap O_{n+1} \qquad \forall n \geqslant 0 \\ 0 < r_{n+1} < \dfrac{r_n}{2}. \end{cases}$$

Il en résulte que la suite (x_n) est de Cauchy ; soit $x_n \to l$. Comme $x_{n+p} \in B(x_n, r_n)$ pour tout $n \geqslant 0$ et tout $p \geqslant 0$, on obtient à la limite (quand $p \to \infty$) :

$$l \in \overline{B}(x_n, r_n) \qquad \forall n \geqslant 0.$$

En particulier $l \in \omega \cap G$.

II.2. Le théorème de Banach-Steinhaus

Notation. – Soient E et F deux e.v.n. On désigne par $\mathscr{L}(E, F)$ l'espace des opérateurs **linéaires** et **continus** de E dans F muni de la norme

$$\|T\|_{\mathscr{L}(E,F)} = \operatorname*{Sup}_{\substack{x \in E \\ \|x\| \leqslant 1}} \|Tx\|$$

On pose $\mathscr{L}(E) = \mathscr{L}(E, E)$.

• **Théorème II.1 (Banach-Steinhaus).** – ***Soient* E *et* F *deux espaces de Banach. Soit* $(T_i)_{i \in I}$ *une famille (non nécessairement dénombrable) d'opérateurs linéaires et continus de* E *dans* F. *On suppose que***

(1) $$\operatorname*{Sup}_{i \in I} \|T_i x\| < \infty \qquad \forall x \in E.$$

Alors

(2) $$\operatorname*{Sup}_{i \in I} \|T_i\|_{\mathscr{L}(E,F)} < \infty.$$

Autrement dit, il existe une constante c telle que

$$\|T_i x\| \leqslant c\|x\| \qquad \forall x \in E, \qquad \forall i \in I.$$

Remarque 2. – Dans la littérature américaine le théorème II.1 est souvent désigné sous le nom de **Principle of Uniform Boundedness** – ce qui exprime bien le contenu du résultat : on déduit une **estimation uniforme** à partir d'**estimations ponctuelles.**

DÉMONSTRATION. — Pour chaque entier $n \geqslant 1$ on pose

$$X_n = \{x \in E; \quad \forall i \in I \quad \|T_i x\| \leqslant n\}$$

de sorte que X_n est fermé et grâce à (1) on a

$$\bigcup_{n=1}^{\infty} X_n = E.$$

Il résulte du lemme de Baire que $\operatorname{Int} X_{n_0} \neq \varnothing$ pour un certain $n_0 \geqslant 0$. Soient $x_0 \in E$ et $r > 0$ tels que $B(x_0, r) \subset X_{n_0}$. On a

$$\|T_i(x_0 + rz)\| \leqslant n_0 \qquad \forall i \in I, \qquad \forall z \in B(0, 1).$$

Par conséquent il vient

$$r\|T_i\|_{\mathscr{L}(E, F)} \leqslant n_0 + \|T_i x_0\|;$$

d'où (2).

Indiquons quelques corollaires immédiats du théorème de Banach-Steinhaus.

Corollaire II.2. — *Soient* E *et* F *deux espaces de Banach. Soit* (T_n) *une suite d'opérateurs linéaires et continus de* E *dans* F *tels que pour chaque* $x \in E$, $T_n x$ *converge quand* $n \to \infty$ *vers une limite notée* Tx.

Alors on a

(*a*) $$\operatorname{Sup}_n \|T_n\|_{\mathscr{L}(E, F)} < \infty$$

(*b*) $$T \in \mathscr{L}(E, F)$$

(*c*) $$\|T\|_{\mathscr{L}(E, F)} \leqslant \liminf_{n \to \infty} \|T_n\|_{\mathscr{L}(E, F)}.$$

DÉMONSTRATION. — **(a)** résulte directement du théorème II.1. Il existe donc une constante c telle que

$$\|T_n x\| \leqslant c\|x\| \qquad \forall n, \qquad \forall x \in E.$$

A la limite on obtient

$$\|Tx\| \leqslant c\|x\| \qquad \forall x \in E.$$

D'autre part il est clair que T est linéaire; d'où **(b)**.

Enfin on a

$$\|T_n x\| \leqslant \|T_n\|_{\mathscr{L}(E, F)} \|x\| \qquad \forall x \in E$$

et **(c)** s'en déduit.

• **Corollaire II.3.** — *Soit* **G** *un espace de Banach et soit* **B** *un sous-ensemble de* **G**. *On suppose que :*

(3) *pour tout* $f \in G'$ *l'ensemble* $f(B) = \bigcup_{x \in B} \langle f, x \rangle$ *est borné* (*dans* $\mathbb{R}$).

Alors

(4) **B** *est borné.*

DÉMONSTRATION. — On applique le théorème II.1 avec $E = G'$, $F = \mathbb{R}$ et $I = B$. Pour chaque $b \in B$ on pose

$$T_b(f) = \langle f, b \rangle, \qquad f \in E = G'$$

de sorte que

$$\operatorname*{Sup}_{b \in B} |T_b(f)| < \infty \qquad \forall f \in E.$$

Grâce au théorème II.1 il existe une constante c telle que

$$|\langle f, b \rangle| \leqslant c\|f\| \qquad \forall f \in G' \qquad \forall b \in B.$$

Par conséquent on a

$$\|b\| \leqslant c \qquad \forall b \in B$$

(voir corollaire I.4).

REMARQUE 3. — Pour vérifier qu'un ensemble est borné il suffit de le « regarder » à travers toutes les formes linéaires continues : c'est ce que l'on fait en général en dimension finie en utilisant les composantes sur une base. Le corollaire II.3 remplace en dimension infinie le recours à une base. On exprime aussi la conclusion du corollaire II.3 en disant que « faiblement borné » $\Rightarrow$ « fortement borné » (voir chapitre III).

On a un énoncé « dual » du corollaire II.3 :

Corollaire II.4. — *Soit* **G** *un espace de Banach et soit* **B'** *un sous-ensemble de* **G'**. *On suppose que*

(5) *pour tout* $x \in G$ *l'ensemble* $\langle B', x \rangle = \bigcup_{f \in B'} \langle f, x \rangle$ *est borné (dans* $\mathbb{R}$*).*

Alors

(6) **B'** *est borné.*

DÉMONSTRATION. — On applique le théorème II.1 avec $E = G$, $F = \mathbb{R}$, $I = B'$. Pour chaque $b \in B'$ on pose

$$T_b(x) = \langle b, x \rangle \qquad (x \in G = E)$$

et on conclut qu'il existe une constante c telle que

$$|\langle b, x \rangle| \leqslant c\|x\| \qquad \forall b \in B', \qquad \forall x \in G.$$

Donc (par définition de la norme duale)

$$\|b\| \leqslant c \qquad \forall b \in B'.$$

II.3. Théorème de l'application ouverte et théorème du graphe fermé

Les résultats fondamentaux suivants sont dûs à Banach.

• **Théorème II.5 (Théorème de l'application ouverte).** — *Soient* **E** *et* **F** *deux espaces de Banach et soit* **T** *un opérateur linéaire continu et* **surjectif** *de* **E** *sur* **F**.
Alors il existe une constante $c > 0$ *telle que*

(7) $$T(B_E(0, 1)) \supset B_F(0, c).$$

REMARQUE 4. — La propriété (7) entraîne que **T transforme tout ouvert de E en un ouvert de** F (d'où le nom de ce théorème !). En effet soit U un ouvert de E ; montrons que T(U) est ouvert. Soit $y_0 \in T(U)$, de sorte que $y_0 = Tx_0$ avec $x_0 \in U$. Soit $r > 0$ tel que $B(x_0, r) \subset U$ i.e. $x_0 + B(0, r) \subset U$. On a alors

$$y_0 + T(B(0, r)) \subset T(U).$$

Or, d'après (7) on a

$$T(B(0, r)) \supset B(0, rc)$$

et par conséquent

$$B(y_0, rc) \subset T(U).$$

On déduit immédiatement du théorème II.5 le

• **Corollaire II.6.** — *Soient* E *et* F *deux espaces de Banach et soit* T *un opérateur linéaire continu et* **bijectif** *de* E *sur* F. *Alors* T^{-1} *est continu de* F *dans* E.

DÉMONSTRATION DU COROLLAIRE II.6. — La relation (7) exprime que pour tout $x \in E$ tel que $\|Tx\| < c$, alors $\|x\| < 1$. Par homogénéité il vient

$$\|x\| \leqslant \frac{1}{c}\|Tx\| \qquad \forall x \in E$$

et donc T^{-1} est continu.

• REMARQUE 5. — Soit E un espace vectoriel muni de deux normes $\|x\|_1$ et $\|x\|_2$. On suppose que E muni de **chacune** des normes $\| \ \|_1$ et $\| \ \|_2$ est un espace de Banach. On suppose de plus qu'il existe une constante $C \geqslant 0$ telle que

$$\|x\|_2 \leqslant C\|x\|_1 \qquad \forall x \in E.$$

Alors il existe une constante $c > 0$ telle que

$$\|x\|_1 \leqslant c\|x\|_2 \qquad \forall x \in E.$$

Autrement dit les deux normes sont **équivalentes.** Il suffit d'appliquer le corollaire II.6 avec

$$E = (E, \| \ \|_1), \qquad F = (E, \| \ \|_2) \quad \text{et} \quad T = \mathrm{Id}.$$

DÉMONSTRATION DU THÉORÈME II.5. — La démonstration se fait en deux étapes :

Première étape. — Soit T un opérateur linéaire et surjectif de E sur F. Alors il existe $c > 0$ tel que

$$\overline{T(B(0, 1))} \supset B(0, 2c). \tag{8}$$

DÉMONSTRATION. — On pose $X_n = n\overline{T(B(0, 1))}$; comme T est surjectif on a $\bigcup_{n=1}^{\infty} X_n = F$ et grâce au lemme de Baire on sait qu'il existe n_0 tel que $\mathrm{Int}\, X_{n_0} \neq \varnothing$. Il en résulte que

$$\mathrm{Int}\, [\overline{T(B(0, 1))}] \neq \varnothing.$$

Soient $c > 0$ et $y_0 \in F$ tels que

$$B(y_0, 4c) \subset \overline{T(B(0, 1))}. \tag{9}$$

En particulier $y_0 \in \overline{T(B(0, 1))}$, et par symétrie on a

$$-y_0 \in \overline{T(B(0, 1))}. \tag{10}$$

Par addition de (9) et (10) on obtient

$$B(0, 4c) \subset \overline{T(B(0, 1))} + \overline{T(B(0, 1))}.$$

Enfin, comme $\overline{T(B(0, 1))}$ est convexe on a

$$\overline{T(B(0, 1))} + \overline{T(B(0, 1))} = 2\overline{T(B(0, 1))}.$$

D'où (8).

Deuxième étape. – Soit T un opérateur linéaire et continu de E dans F qui vérifie (8). Alors on a

$$T(B(0, 1)) \supset B(0, c). \tag{11}$$

Démonstration. – Fixons $y \in F$ avec $\|y\| < c$. On cherche $x \in E$ tel que

$$\|x\| < 1 \quad \text{et} \quad Tx = y.$$

D'après (8) on sait que

$$\forall \varepsilon > 0 \quad \exists z \in E \quad \text{avec} \quad \|z\| < \frac{1}{2} \quad \text{et} \quad \|y - Tz\| < \varepsilon. \tag{12}$$

On choisit $\varepsilon = \frac{c}{2}$ et on obtient un $z_1 \in E$ avec

$$\|z_1\| < \frac{1}{2} \quad \text{et} \quad \|y - Tz_1\| < \frac{c}{2}.$$

Appliquant le même procédé avec $y - Tz_1$ (au lieu de y) et avec $\varepsilon = \frac{c}{4}$, on obtient un $z_2 \in E$ tel que

$$\|z_2\| < \frac{1}{4} \quad \text{et} \quad \|(y - Tz_1) - Tz_2\| < \frac{c}{4}.$$

Ainsi de suite, on construit par récurrence une suite (z_n) telle que

$$\|z_n\| < \frac{1}{2^n} \quad \text{et} \quad \|y - T(z_1 + z_2 + \cdots + z_n)\| < \frac{c}{2^n} \quad \forall n.$$

Donc la suite $x_n - z_1 + z_2 + \cdots + z_n$ est de Cauchy. Soit $x_n \to x$; on a $\|x\| < 1$ et $y = Tx$ puisque T est continue.

• **Théorème II.7. – (Théorème du graphe fermé).** – ***Soient* E *et* F *deux espaces de Banach. Soit* T *un opérateur linéaire de* E *dans* F. *On suppose que le graphe de* T, G(T), *est fermé dans* E × F. *Alors***

T *est continu.*

Remarque 6. – Bien entendu la réciproque est vraie puisque toute application continue (linéaire ou non linéaire) a un graphe fermé.

Démonstration du théorème II.7. – On applique la remarque 5. On considère sur E les deux normes

$$\|x\|_1 = \|x\|_E + \|Tx\|_F \text{ (1)} \quad \text{et} \quad \|x\|_2 = \|x\|_E.$$

(1) Cette norme est appelée la **norme du graphe.**

Comme G(T) est fermé, E muni de la norme $\| \ \|_1$ est un espace de Banach. D'autre part $\|x\|_2 \leqslant \|x\|_1$. Par conséquent ces deux normes sont équivalentes : il existe une constante $c > 0$ telle que $\|x\|_1 \leqslant c\|x\|_2$. Donc $\|\mathrm{T}x\|_\mathrm{F} \leqslant c\|x\|_\mathrm{E}$.

* II.4. Supplémentaire topologique. Opérateurs inversibles à droite (resp. à gauche)

Commençons par décrire quelques propriétés géométriques des sous-espaces **fermés** d'un espace de Banach qui résultent du théorème de l'application ouverte.

∗ Théorème II.8. — ***Soit* E *un espace de Banach. Soient* G *et* L *deux sous-espaces vectoriels* fermés *tels que***

$$\mathrm{G} + \mathrm{L} \ \textit{est}\ \textbf{fermé}.$$

Alors il existe une constante* C ⩾ 0 *telle que

$$(13) \quad \begin{cases} \textit{tout } z \in \mathrm{G} + \mathrm{L} \textit{ admet une décomposition de la forme} \\ z = x + y \textit{ avec } x \in \mathrm{G},\ y \in \mathrm{L},\ \|x\| \leqslant \mathrm{C}\,\|z\| \textit{ et } \|y\| \leqslant \mathrm{C}\,\|z\|. \end{cases}$$

Démonstration. — On considère l'espace produit G × L muni de la norme

$$\|[x, y]\| = \|x\| + \|y\|$$

et l'espace G + L muni de la norme de E. L'application $\mathrm{T} : \mathrm{G} \times \mathrm{L} \to \mathrm{G} + \mathrm{L}$ définie par $\mathrm{T}[x, y] = x + y$ est linéaire continue et surjective. D'après le théorème de l'application ouverte il existe une constante $c > 0$ telle que tout $z \in \mathrm{G} + \mathrm{L}$ avec $\|z\| < c$ s'écrive $z = x + y$ avec $x \in \mathrm{G}$, $y \in \mathrm{L}$ et $\|x\| + \|y\| < 1$. Par homogénéité tout $z \in \mathrm{G} + \mathrm{L}$ s'écrit

$$z = x + y \quad \text{avec} \quad x \in \mathrm{G}, \quad y \in \mathrm{L} \quad \text{et} \quad \|x\| + \|y\| \leqslant \frac{1}{c}\|z\|.$$

∗ Corollaire II.9. — ***Mêmes hypothèses qu'au théorème* II.8. *Alors il existe une constante* C *telle que***

$$(14) \qquad \mathbf{dist}\,(x, \mathrm{G} \cap \mathrm{L}) \leqslant \mathrm{C}[\mathbf{dist}\,(x, \mathrm{G}) + \mathbf{dist}\,(x, \mathrm{L})] \qquad \forall x \in \mathrm{E}.$$

Démonstration. — Soient $x \in \mathrm{E}$ et $\varepsilon > 0$. Il existe $a \in \mathrm{G}$ et $b \in \mathrm{L}$ tels que

$$\|x - a\| \leqslant \operatorname{dist}(x, \mathrm{G}) + \varepsilon, \qquad \|x - b\| \leqslant \operatorname{dist}(x, \mathrm{L}) + \varepsilon.$$

La propriété (13) appliquée à $z = a - b$ montre qu'il existe $a' \in \mathrm{G}$, $b' \in \mathrm{L}$ tels que

$$a - b = a' + b', \qquad \|a'\| \leqslant \mathrm{C}\|a - b\|, \qquad \|b'\| \leqslant \mathrm{C}\|a - b\|.$$

Par suite $a - a' \in \mathrm{G} \cap \mathrm{L}$ et

$$\begin{aligned} \operatorname{dist}(x, \mathrm{G} \cap \mathrm{L}) &\leqslant \|x - (a - a')\| \leqslant \|x - a\| + \|a'\| \\ &\leqslant \|x - a\| + \mathrm{C}\|a - b\| \leqslant \|x - a\| + \mathrm{C}(\|x - a\| + \|x - b\|) \\ &\leqslant (1 + \mathrm{C})\,[\operatorname{dist}(x, \mathrm{G}) + \operatorname{dist}(x, \mathrm{L})] + (1 + 2\mathrm{C})\varepsilon. \end{aligned}$$

On en déduit (14) en faisant tendre ε vers 0.

REMARQUE 7. — La réciproque du corollaire II.9 est vraie : si G et L sont deux sous-espaces fermés vérifiant (14) alors G + L est fermé (voir [EX]).

Définition. — Soit $G \subset E$ un sous-espace **fermé** d'un espace de Banach E. On dit qu'un sous-espace L de E est un **supplémentaire topologique** de G si :

(i) L est **fermé**

(ii) $G \cap L = \{0\}$ et $G + L = E$.

Dans ce cas tout $z \in E$ s'écrit de façon unique $z = x + y$ avec $x \in G$, $y \in L$. Il résulte du théorème II.8 que les **projecteurs** $z \longmapsto x$ et $z \longmapsto y$ sont des opérateurs linéaires et **continus.** (Cette propriété pourrait servir à définir les supplémentaires topologiques).

EXEMPLES.

1) Tout sous-espace G de **dimension finie** admet un supplémentaire topologique. En effet soit $e_1, e_2, \dots, e_n$ une base de G. Pour $x \in G$ on écrit $x = \sum_{i=1}^{n} x_i e_i$ et on définit $\varphi_i(x) = x_i$. On prolonge chaque φ_i en une forme linéaire et continue $\tilde{\varphi}_i$ sur E (grâce au théorème de Hahn-Banach, forme analytique — ou plus précisément corollaire I.2). On vérifie aisément que $L = \bigcap_{i=1}^{n} (\tilde{\varphi}_i)^{-1}(0)$ est un supplémentaire topologique de G.

2) Tout sous-espace fermé G de **codimension finie** admet un supplémentaire topologique. En effet il suffit de choisir n'importe quel supplémentaire algébrique (il est automatiquement fermé puisque de dimension finie).

Voici un exemple typique de cette situation. Soit $N \subset E'$ un sous-espace de dimension p. Alors

$$G = \{x \in E\,;\quad \langle f, x\rangle = 0 \quad \forall f \in N\}$$

est fermé et de codimension p.
En effet, soit $f_1, f_2, \dots, f_p$ une base de N. Alors il existe $e_1, e_2, \dots, e_p \in E$ tels que

$$\langle f_i, e_j\rangle = \delta_{ij} \qquad \forall i, j = 1, 2, \dots, p.$$

[Considérer l'application $\vec{\Phi} : E \to \mathbb{R}^p$ définie par

$$x \in E \mapsto \vec{\Phi}(x) = (\langle f_1, x\rangle, \langle f_2, x\rangle, \dots, \langle f_p, x\rangle).$$

L'application $\vec{\Phi}$ est surjective — sinon par Hahn-Banach (deuxième forme géométrique) on pourrait trouver $\vec{\alpha} = (\alpha_1, \alpha_2, \dots \alpha_p) \neq 0$ tel que

$$\vec{\alpha} \,.\, \vec{\Phi}(x) = \langle \sum_{i=1}^{p} \alpha_i f_i, x\rangle = 0 \qquad \forall x \in E,$$

ce qui est absurde].

On vérifie aisément que les $(e_i)_{1 \leqslant i \leqslant p}$ sont linéairement indépendants et que l'espace vectoriel engendré par les $(e_i)_{1 \leqslant i \leqslant p}$ est un supplémentaire de G.

3) Dans un espace de **Hilbert** tout sous-espace fermé G admet un supplémentaire topologique (voir chapitre V.2).

REMARQUE 8. — Même dans les espaces réflexifs on peut construire des sous-espaces fermés qui ne possèdent aucun supplémentaire topologique. Un résultat remarquable de Lindenstrauss et Tzafriri [1] affirme que **tout** espace de Banach non isomorphe à un Hilbert possède des sous-espaces fermés sans supplémentaire topologique.

Soit T un opérateur linéaire continu et surjectif de E sur F. Le théorème de l'application ouverte montre que :

$$\forall f \in \mathrm{F}, \quad \exists x \in \mathrm{E} \quad \text{tel que} \quad \mathrm{T}x = f \quad \text{et} \quad \|x\| \leqslant \mathrm{C}\|f\|.$$

Il est naturel de se poser la question de savoir si l'on peut construire un opérateur linéaire continu S de F dans E tel que $\mathrm{T} \circ \mathrm{S} = \mathrm{Id}_\mathrm{F}$. On dit alors que S est un **inverse à droite** de T.

∗ **Théorème II.10.** — ***Soit* T *un opérateur linéaire, continu et* surjectif *de* E *sur* F.**
Les propriétés suivantes sont équivalentes :

(i) T *admet un inverse à droite.*

(ii) $\mathrm{N(T)} = \mathrm{T}^{-1}(0)$ *admet un supplémentaire topologique dans* E.

DÉMONSTRATION.

(i) ⇒ (ii). Soit S un inverse à droite de T. On vérifie aisément que $\mathrm{R(S)} = \mathrm{S(F)}$ est un supplémentaire topologique de N(T).

(ii) ⇒ (i) Soit L un supplémentaire topologique de N(T). On désigne par P la projection de E sur L (P est opérateur linéaire continu). Étant donné $f \in \mathrm{F}$, on désigne par x l'une des solutions de l'équation $\mathrm{T}x = f$ et on pose $\mathrm{S}f = \mathrm{P}x$; on notera que S est indépendant du choix de x. On vérifie aisément que S est un opérateur linéaire continu tel que $\mathrm{T} \circ \mathrm{S} = \mathrm{Id}_\mathrm{F}$.

REMARQUE 9. — On peut construire des exemples d'espaces E et F réflexifs et d'opérateurs surjectifs qui ne possèdent pas d'inverse à droite. Considérer par exemple $\mathrm{G} \subset \mathrm{E}$ sous-espace fermé sans supplémentaire topologique (remarque 8), $\mathrm{F} = \mathrm{E/G}$ et T la projection canonique de E sur F (pour la définition et les propriétés de l'espace quotient E/G voir par exemple [EX]).

De manière analogue on dit que S est un **inverse à gauche** de T si S est un opérateur linéaire continu de F sur E tel que $\mathrm{S} \circ \mathrm{T} = \mathrm{Id}_\mathrm{E}$.

∗ **Théorème II.11.** — ***Soit* T *un opérateur linéaire, continu et* injectif *de* E *dans* F.**
Les propriétés suivantes sont équivalentes :

(i) T *admet un inverse à gauche.*

(ii) $\mathrm{R(T)} = \mathrm{T(E)}$ *est fermé et admet un supplémentaire topologique dans* F.

DÉMONSTRATION.

(i) ⇒ (ii) Il est facile de vérifier que R(T) est fermé et que N(S) est un supplémentaire topologique de R(T).

(ii) ⇒ (i) Soit P un projecteur continu de F sur R(T). Soit $f \in \mathrm{F}$; comme $\mathrm{P}f \in \mathrm{R(T)}$, il existe $x \in \mathrm{E}$ unique tel que $\mathrm{P}f = \mathrm{T}x$. On définit $\mathrm{S}f = x$. Il est clair que $\mathrm{S} \circ \mathrm{T} = \mathrm{Id}_\mathrm{E}$; d'autre part S est continu grâce au corollaire II.6.

II.5. Relations d'orthogonalité

Notations. — Soit X un espace de Banach.
Si $\mathbf{M} \subset \mathbf{X}$ est un sous-espace vectoriel on pose

$$\boxed{\mathrm{M}^\perp = \{f \in \mathrm{X}';\ \langle f, x\rangle = 0 \quad \forall x \in \mathrm{M}\}.}$$

Si $\mathbf{N} \subset \mathbf{X}'$ est un sous-espace vectoriel on pose

$$\boxed{\mathrm{N}^\perp = \{x \in \mathrm{X};\ \langle f, x\rangle = 0 \quad \forall f \in \mathrm{N}\}.}$$

On dit que $M^\perp$ (resp $N^\perp$) est **l'orthogonal** de M (resp N). Remarquons que $M^\perp$ (resp $N^\perp$) est un sous-espace vectoriel fermé de X′ (resp X).

Commençons par un résultat simple :

• **Proposition II.12.** — *Soit* $M \subset X$ *un sous-espace vectoriel. Alors on a*

$$\boxed{(M^\perp)^\perp = \overline{M}}$$

Soit $N \subset X'$ *un sous-espace vectoriel. Alors on a*

$$(N^\perp)^\perp \supset \overline{N}.$$

Remarque 10. — Il peut se produire que $(N^\perp)^\perp \neq \overline{N}$; voir un exemple dans [EX]. On verra au chapitre III que si X est réflexif alors $(N^\perp)^\perp = \overline{N}$. Plus généralement on verra que si X est un espace de Banach quelconque alors $(N^\perp)^\perp$ coïncide avec la fermeture de N pour la topologie $\sigma(X', X)$.

Démonstration de la proposition II.12. — Il est clair que $M \subset (M^\perp)^\perp$ et comme $(M^\perp)^\perp$ est fermé, on a $\overline{M} \subset (M^\perp)^\perp$.

Inversement montrons que $(M^\perp)^\perp \subset \overline{M}$. Raisonnons par l'absurde et supposons qu'il existe $x_0 \in (M^\perp)^\perp$ tel que $x_0 \notin \overline{M}$. On sépare alors $\{x_0\}$ et $\overline{M}$ au sens strict par un hyperplan fermé. Donc il existe $f \in X'$ et $\alpha \in \mathbb{R}$ tels que

$$\langle f, x\rangle < \alpha < \langle f, x_0\rangle \qquad \forall x \in M. \tag{15}$$

Comme M est un sous-espace vectoriel, il en résulte que $\langle f, x\rangle = 0 \;\; \forall x \in M$. Donc $f \in M^\perp$; et par suite $\langle f, x_0\rangle = 0$ — ce qui contredit (15).

De même il est clair que $N \subset (N^\perp)^\perp$ et donc $\overline{N} \subset (N^\perp)^\perp$.

Remarque 11. — Il est instructif d'essayer de poursuivre la démonstration pour tenter de prouver que $(N^\perp)^\perp = \overline{N}$. Supposons, par l'absurde, qu'il existe $f_0 \in (N^\perp)^\perp$ tel que $f_0 \notin \overline{N}$. On sépare alors $\{f_0\}$ et $\overline{N}$ au sens strict par un hyperplan fermé dans X′. Donc il existe $\varphi \in X''$ et $\alpha \in \mathbb{R}$ tels que

$$\varphi(f) < \alpha < \varphi(f_0) \qquad \forall f \in N.$$

On a encore $\varphi(f) = 0 \quad \forall f \in N$, mais on ne peut pas poursuivre — sauf si « par hasard » il existe $x_0 \in X$ tel que

$$\varphi(f) = \langle f, x_0\rangle \qquad \forall f \in X'$$

(c'est exactement ce qui se produit lorsque X est réflexif !).

Proposition II.13. — *Soient* G *et* L *deux sous-espaces fermés de* X. *On a*

$$G \cap L = (G^\perp + L^\perp)^\perp \tag{16}$$

$$G^\perp \cap L^\perp = (G + L)^\perp. \tag{17}$$

Démonstration. — **Preuve de (16).** Il est clair que $G \cap L \subset (G^\perp + L^\perp)^\perp$; en effet si $x \in G \cap L$ et $f \in G^\perp + L^\perp$, alors $\langle f, x\rangle = 0$. Inversement on a $G^\perp \subset G^\perp + L^\perp$ et donc $(G^\perp + L^\perp)^\perp \subset G^{\perp\perp} = G$ (noter que si $N_1 \subset N_2$ alors $N_2^\perp \subset N_1^\perp$) ; de même $(G^\perp + L^\perp)^\perp \subset L$. Donc $(G^\perp + L^\perp)^\perp \subset G \cap L$.

Preuve de (17). — Évident.

Corollaire II.14. – *Soient* G *et* L *deux sous-espaces fermés de* X. *On a*

(18) $$(G \cap L)^{\perp} \supset \overline{G^{\perp} + L^{\perp}}$$

(19) $$(G^{\perp} \cap L^{\perp})^{\perp} = \overline{G + L}$$

Démonstration. – Appliquer les propositions II.12 et II.13.

Voici maintenant un résultat plus profond :

$\ast$ **Théorème II.15.** – *Soient* G *et* L *deux sous-espaces fermés de* X.
Les propriétés suivantes sont équivalentes :

(*a*) $G + L$ *est fermé dans* X

(*b*) $G^{\perp} + L^{\perp}$ *est fermé dans* X′

(*c*) $G + L = (G^{\perp} \cap L^{\perp})^{\perp}$

(*d*) $G^{\perp} + L^{\perp} = (G \cap L)^{\perp}$.

Démonstration.

(*a*) $\Leftrightarrow$ **(*c*)** résulte de (17).
(*d*) $\Rightarrow$ **(*b*)** est trivial.
Reste donc à montrer que **(*a*)** $\Rightarrow$ **(*d*)** et **(*b*)** $\Rightarrow$ **(*a*)**.
(*a*) $\Rightarrow$ **(*d*)**. Grâce à (16) il suffit de prouver que $(G \cap L)^{\perp} \subset G^{\perp} + L^{\perp}$. Soit donc $f \in (G \cap L)^{\perp}$. On définit une application $\varphi : G + L \to \mathbb{R}$ de la manière suivante. Soit $x \in G + L$, de sorte que $x = a + b$ avec $a \in G$ et $b \in L$. On pose

$$\varphi(x) = \langle f, a \rangle.$$

On notera que φ est indépendant de la décomposition de x et que φ est linéaire. D'autre part (théorème II.8) on peut choisir une décomposition de x telle que $\|a\| \leqslant C\|x\|$ et donc

$$|\varphi(x)| \leqslant C\|x\| \qquad \forall x \in G + L.$$

On prolonge φ en une forme linéaire continue $\tilde{\varphi}$ sur X. On obtient ainsi

$$f = (f - \tilde{\varphi}) + \tilde{\varphi} \qquad \text{avec} \qquad f - \tilde{\varphi} \in G^{\perp} \qquad \text{et} \qquad \tilde{\varphi} \in L^{\perp}.$$

(*b*) $\Rightarrow$ **(*a*)**. On sait, grâce au corollaire II.9, qu'il existe une constante C telle que

(20) $$\text{dist}\,(f, G^{\perp} \cap L^{\perp}) \leqslant C\,[\text{dist}\,(f, G^{\perp}) + \text{dist}\,(f, L^{\perp})] \qquad \forall f \in X'.$$

D'autre part on a

(21) $$\text{dist}\,(f, G^{\perp}) = \sup_{\substack{x \in G \\ \|x\| \leqslant 1}} \langle f, x \rangle \qquad \forall f \in X'$$

[Appliquer le théorème I.11 avec $\varphi(x) = I_{\overline{B_X(0,1)}}(x) - \langle f, x \rangle$ et $\psi(x) = I_G(x)$].
De même on a

(22) $$\text{dist}\,(f, L^{\perp}) = \sup_{\substack{x \in L \\ \|x\| \leqslant 1}} \langle f, x \rangle \quad \forall f \in X'$$

et

(23) $$\text{dist}\,(f, G^{\perp} \cap L^{\perp}) = \text{dist}\,(f, (G + L)^{\perp}) = \sup_{\substack{x \in \overline{G+L} \\ \|x\| \leqslant 1}} \langle f, x \rangle \quad \forall f \in X'$$

(grâce à (17)).

Combinant (20) (21) (22) et (23) on obtient

$$\sup_{\substack{x\in \overline{G+L}\\ \|x\|\leqslant 1}} \langle f, x\rangle \leqslant C\,[\sup_{\substack{x\in G\\ \|x\|\leqslant 1}} \langle f, x\rangle + \sup_{\substack{x\in L\\ \|x\|\leqslant 1}} \langle f, x\rangle] \qquad \forall f\in X'. \tag{24}$$

Il résulte de (24) que

$$\overline{B_G(0,1) + B_L(0,1)} \supset \frac{1}{C}\, B_{\overline{G+L}}(0,1). \tag{25}$$

En effet, supposons – par l'absurde – qu'il existe $x_0 \in \overline{G+L}$ avec

$$\|x_0\| < \frac{1}{C} \qquad \text{et} \qquad x_0 \notin \overline{B_G(0,1) + B_L(0,1)}.$$

On pourrait alors séparer strictement $\{x_0\}$ et $\overline{B_G(0,1) + B_L(0,1)}$ par un hyperplan fermé dans X : il existerait $f\in X'$ et $\alpha\in\mathbb{R}$ tels que

$$\langle f, x\rangle < \alpha < \langle f, x_0\rangle \qquad \forall x\in B_G(0,1) + B_L(0,1).$$

Par conséquent on obtiendrait

$$\sup_{\substack{x\in G\\ \|x\|\leqslant 1}} \langle f, x\rangle + \sup_{\substack{x\in L\\ \|x\|\leqslant 1}} \langle f, x\rangle \leqslant \alpha < \langle f, x_0\rangle$$

ce qui est en contradiction avec (24). On a donc établi (25).
On considère enfin l'espace $E = G\times L$ muni de la norme

$$\|[x, y]\| = \operatorname{Max}\,\{\|x\|, \|y\|\}$$

et l'espace $F = \overline{G+L}$ muni de la norme de X.
L'application $T : E \to F$ définie par $T([x, y]) = x + y$ est linéaire continue, et d'après (25) on sait que $\overline{T(B_E(0,1))} \supset B_F\left(0, \frac{1}{C}\right)$. On conclut [voir la démonstration du théorème II.5 (théorème de l'application ouverte), 2e étape] que

$$T(B_E(0,1)) \supset B_F\left(0, \frac{1}{2C}\right).$$

En particulier T est surjective de E sur F i.e. $G + L = \overline{G+L}$.

II.6. Introduction aux opérateurs linéaires non-bornés. Définition de l'adjoint

Définitions. – Soient E et F deux espaces de Banach. On appelle **opérateur linéaire non-borné** de E dans F toute application linéaire $A : D(A) \subset E \to F$ définie sur un sous-espace vectoriel $D(A)\subset E$, à valeurs dans F. D(A) est le **domaine** de A.
On dit que A est **borné** s'il existe une constante $c \geqslant 0$ telle que

$$\boxed{\|Au\| \leqslant c\|u\| \qquad \forall u\in D(A).}$$

REMARQUE 12. — Il peut donc arriver qu'un opérateur non-borné soit borné. La terminologie n'est pas très heureuse, mais elle est communément répandue et elle n'engendre pas de confusions !

Précisons quelques notations et définitions importantes

Graphe de A $= G(A) = \bigcup_{u \in D(A)} [u, Au] \subset E \times F$

Image de A $= R(A) = \bigcup_{u \in D(A)} Au \subset F$

Noyau de A $= N(A) = \{u \in D(A) ;\ Au = 0\} \subset E$.

Définition. — On dit qu'un opérateur A est **fermé** si G(A) est fermé dans $E \times F$.

• REMARQUE 13. — Pour prouver qu'un opérateur A est fermé on procède en général de la manière suivante. On prend une suite (u_n) dans D(A) telle que $u_n \to u$ dans E et $Au_n \to f$ dans F. Il s'agit ensuite de vérifier que

(*a*) $u \in D(A)$

(*b*) $f = Au$.

REMARQUE 14. — Si A est fermé, alors N(A) est fermé.

REMARQUE 15. — En pratique, la **plupart** des opérateurs non-bornés que l'on rencontrera sont **fermés** et à domaine D(A) **dense** dans E.

Définition de l'adjoint A*. — Soit $A : D(A) \subset E \to F$ un opérateur non-borné à domaine **dense.** On va définir un opérateur non-borné $A^* : D(A^*) \subset F' \to E'$ comme suit. On pose

$$D(A^*) = \{v \in F' ;\ \exists c \geqslant 0 \text{ tel que } |\langle v, Au\rangle| \leqslant c\|u\| \ \forall u \in D(A)\}.$$

Il est clair que $D(A^*)$ est un sous-espace vectoriel de F'. On va maintenant définir A^*v pour $v \in D(A^*)$. Étant donné $v \in D(A^*)$ on considère l'application $g : D(A) \to \mathbb{R}$ définie par

$$g(u) = \langle v, Au\rangle, \qquad u \in D(A).$$

On a

$$|g(u)| \leqslant c\|u\| \qquad \forall u \in D(A).$$

Grâce au théorème I.1 (Hahn-Banach, forme analytique) on sait que g peut être prolongée en une application linéaire $f : E \to \mathbb{R}$ telle que

$$|f(u)| \leqslant c\|u\| \qquad \forall u \in E.$$

Par suite $f \in E'$. On remarquera que le prolongement de g est **unique** puisque f est continue sur E et que D(A) est **dense.**
On **pose**

$$A^*v = f.$$

Il est clair que A* est linéaire. L'opérateur $A^* : D(A^*) \subset F' \to E'$ est appelé l'**adjoint** de A. On a par conséquent la relation fondamentale suivante qui lie A et A* :

$$\boxed{\langle v, Au\rangle_{F',F} = \langle A^*v, u\rangle_{E',E} \qquad \forall u \in D(A), \quad \forall v \in D(A^*)}$$

REMARQUE 16. — Il n'est pas nécessaire de faire appel au théorème de Hahn-Banach pour prolonger g. Il suffit d'utiliser le prolongement « par continuité » de g (puisque g est défini sur D(A) dense, g est uniformément continue et $\mathbb{R}$ est complet); voir par exemple Choquet [1], théorème 20-14 du chapitre V.

∗ Remarque 17. — Il peut se produire que D(A*) n'est pas dense dans F', même si A est fermé ; voir un exemple dans [EX]. Toutefois on montre que si A est fermé, alors D(A*) est dense dans F' pour la topologie $\sigma(F', F)$ définie au chapitre III ; voir [EX]. En particulier si F est réflexif, alors D(A*) est dense dans F' pour la topologie usuelle associée à la norme ; voir § III.5.

•**Proposition II.16.** — *Soit* $A : D(A) \subset E \to F$ *un opérateur non-borné à domaine dense. Alors* A^* *est fermé, i.e.* $G(A^*)$ *est fermé dans* $F' \times E'$.

Démonstration. — Soit $v_n \in D(A^*)$ tel que $v_n \to v$ dans F' et $A^*v_n \to f$ dans E'. Il s'agit de prouver que (*a*) $v \in D(A^*)$ et (*b*) $A^*v = f$. Or on a

$$\langle v_n, Au \rangle = \langle A^*v_n, u \rangle \qquad \forall u \in D(A).$$

D'où, à la limite il vient

$$\langle v, Au \rangle = \langle f, u \rangle \qquad \forall u \in D(A).$$

Par conséquent $v \in D(A^*)$ (d'après la définition de D(A*)) et $A^*v = f$.

Les graphes de A et A* sont liés par une relation d'orthogonalité très simple. En effet, considérons l'application $J : F' \times E' \to E' \times F'$ définie par

$$J([v, f]) = [-f, v].$$

Soit A un opérateur non-borné, $A : D(A) \subset E \to F$ avec $\overline{D(A)} = E$. Alors on a

$$\boxed{J[G(A^*)] = G(A)^{\perp}}$$

En effet, soit $[v, f] \in F' \times E'$; alors

$$\begin{aligned} [v, f] \in G(A^*) &\Leftrightarrow \langle f, u \rangle = \langle v, Au \rangle \qquad \forall u \in D(A) \\ &\Leftrightarrow -\langle f, u \rangle + \langle v, Au \rangle = 0 \qquad \forall u \in D(A) \\ &\Leftrightarrow [-f, v] \in G(A)^{\perp}. \end{aligned}$$

Il est commode d'introduire l'espace $X = E \times F$ de sorte que $X' = E' \times F'$ et de considérer les sous-espaces $G = G(A)$ et $L = E \times \{0\}$ dans X. On peut décrire N(A), N(A*), R(A) et R(A*) en termes de G et L.

On vérifie très facilement que

(26) $$N(A) \times \{0\} = G \cap L$$

(27) $$E \times R(A) = G + L$$

(28) $$\{0\} \times N(A^*) = G^{\perp} \cap L^{\perp}$$

(29) $$R(A^*) \times F' = G^{\perp} + L^{\perp}.$$

• **Corollaire II.17.** — *Soit* $A : D(A) \subset E \to F$ *un opérateur non-borné, fermé, avec* $\overline{D(A)} = E$. *Alors on a*

(i) $N(A) = R(A^*)^{\perp}$

(ii) $N(A^*) = R(A)^{\perp}$

(iii) $N(A)^{\perp} \supset \overline{R(A^*)}$

(iv) $N(A^*)^{\perp} = \overline{R(A)}$.

DÉMONSTRATION. — **Preuve de (i).** — D'après (29) on a

$$R(A^*)^{\perp} \times \{0\} = (G^{\perp} + L^{\perp})^{\perp} = G \cap L \text{ (grâce à (16))}$$
$$= N(A) \times \{0\} \text{ (grâce à (26))}.$$

Preuve de (ii). — D'après (27) on a

$$\{0\} \times R(A)^{\perp} = (G + L)^{\perp} = G^{\perp} \cap L^{\perp} \text{ (grâce à (17))}$$
$$= \{0\} \times N(A^*) \text{ (grâce à (28))}.$$

Preuve de (iii) et (iv). — Utiliser **(i)** (resp **(ii)**), passer à l'orthogonal et appliquer la proposition II.12.

REMARQUE 18. — A titre d'exercice on cherchera une démonstration **directe** de **(i)** et **(ii)** sans introduire G et L; voir [EX].

$*$ REMARQUE 19. — Il peut se produire, même si A est un opérateur linéaire et continu de E dans F que $N(A)^{\perp} \neq \overline{R(A^*)}$; voir un exemple dans [EX]. Toutefois (cf. remarque 10) on peut montrer que $N(A)^{\perp}$ coïncide toujours avec la fermeture de $R(A^*)$ pour la topologie $\sigma(E', E)$; en particulier si E est réflexif on a toujours $N(A)^{\perp} = \overline{R(A^*)}$.

II.7. Caractérisation des opérateurs à image fermée. Opérateurs surjectifs. Opérateurs bornés

$*$ **Théorème II.18.** — ***Soit*** $A : D(A) \subset E \to F$ ***un opérateur non-borné, fermé, avec*** $\overline{D(A)} = E$. ***Les propriétés suivantes sont équivalentes :***

(i) $R(A)$ *est fermé*

(ii) $R(A^*)$ *est fermé*

(iii) $R(A) = N(A^*)^{\perp}$

(iv) $R(A^*) = N(A)^{\perp}$.

DÉMONSTRATION. — On reprend les notations introduites au § II.6. De sorte que

(i) $\Leftrightarrow$ $G + L$ est fermé dans X (cf. (27))

(ii) $\Leftrightarrow$ $G^{\perp} + L^{\perp}$ est fermé dans X' (cf. (29))

(iii) $\Leftrightarrow$ $G + L = (G^{\perp} \cap L^{\perp})^{\perp}$ (cf. (27) et (28))

(iv) $\Leftrightarrow$ $(G \cap L)^{\perp} = G^{\perp} + L^{\perp}$ (cf. (26) et (29)).

On conclut grâce au théorème (II.15).

REMARQUE 20. — Soit $A : D(A) \subset E \to F$ un opérateur non-borné, fermé. Alors $R(A)$ est fermé si et seulement s'il existe une constante C telle que

$$\text{dist}(u, N(A)) \leqslant C\|Au\| \qquad \forall u \in D(A);$$

voir [EX].

Le résultat qui suit est une caractérisation utile des opérateurs **surjectifs.**

$*$ **Théorème II.19.** — ***Soit*** $A : D(A) \subset E \to F$ ***un opérateur non-borné, fermé, avec*** $\overline{D(A)} = E$. ***Les propriétés suivantes sont équivalentes :***

(*a*) **A** *est surjectif i.e.* $R(A) = F$,

(*b*) ***il existe une constante*** $\mathbf{C \geqslant 0}$ ***telle que***

$$\|v\| \leqslant C\|A^*v\| \qquad \forall v \in D(A^*)$$

(*c*) $\mathbf{N(A^*) = \{0\}}$ ***et*** $\mathbf{R(A^*)}$ ***est fermé.***

Remarque 21. — En pratique si l'on cherche à établir qu'un opérateur A est surjectif, on utilise l'implication (*b*) $\Rightarrow$ (*a*) de la manière suivante. On considère l'équation $A^*v = f$ avec $f \in E'$ et on montre que $\|v\| \leqslant C\|f\|$ avec C indépendante de f. Cette technique s'appelle la méthode des **estimations a priori :** on ne se préoccupe pas de savoir si l'équation $A^*v = f$ possède ou non une solution; on se donne **a priori** une solution de cette équation, et on cherche à estimer sa norme.

Démonstration.

(*a*) $\Leftrightarrow$ **(*c*).** C'est une conséquence directe du corollaire II.17 et du théorème II.18.

(*b*) $\Rightarrow$ **(*c*)** est évident (raisonner par les suites de Cauchy)

(*c*) $\Rightarrow$ **(*b*)** Grâce à (28) et (29) on sait que $G^\perp \cap L^\perp = \{0\}$ et que $G^\perp + L^\perp$ est fermé. On peut appliquer le théorème II.8 : il existe une constante C telle que tout $z \in G^\perp + L^\perp$ se décompose de manière unique (puisque $G^\perp \cap L^\perp = \{0\}$) en

$$z = a + b \qquad \text{avec} \qquad a \in G^\perp, \qquad b \in L^\perp, \qquad \|a\| \leqslant C\|z\| \qquad \text{et} \qquad \|b\| \leqslant C\|z\|.$$

Soit $v \in D(A^*)$, alors $z = [A^*v,\ 0]$ s'écrit $z = a + b$ avec

$$a = [A^*v,\ -v] \in G^\perp \qquad \text{et} \qquad b = [0,\ v] \in L^\perp.$$

On a donc

$$\|b\| = \|v\| \leqslant C\|z\| = C\|A^*v\|.$$

Remarque 22. — A titre d'exercice on établira l'implication (a) $\Rightarrow$ (b) par une autre démonstration. On montrera que — sous l'hypothèse (a) — l'ensemble $\{v \in D(A^*);\ \|A^*v\| \leqslant 1\}$ est borné dans F' à l'aide du théorème de Banach-Steinhaus.

« Symétriquement » on a le :

*** Théorème II.20.** — ***Soit*** $\mathbf{A : D(A) \subset E \to F}$ ***un opérateur non-borné, fermé, avec*** $\mathbf{\overline{D(A)} = E}$. ***Les propriétés suivantes sont équivalentes :***

(*a*) $\mathbf{A^*}$ ***est surjectif i.e.*** $\mathbf{R(A^*) = E'}$

(*b*) ***il existe une constante*** **C** ***telle que***

$$\|u\| \leqslant C\|Au\| \qquad \forall u \in D(A)$$

(*c*) $\mathbf{N(A) = \{0\}}$ ***et*** $\mathbf{R(A)}$ ***est fermé.***

Démonstration. — Elle est en tous points semblable à celle du théorème II.19. Le lecteur pourra rédiger les détails à titre d'exercice.

Remarque 23. — Si l'on suppose que dim E $< \infty$ ou bien que dim F $< \infty$ alors on a les équivalences :

A surjectif $\Leftrightarrow$ A* injectif

A* surjectif $\Leftrightarrow$ A injectif.

En effet R(A) et R(A*) sont alors de dimension finie et donc fermés.
Dans le cas **général** on a seulement les implications

$$\begin{aligned} A \ \text{surjectif} &\Rightarrow A^* \ \text{injectif} \\ A^* \ \text{surjectif} &\Rightarrow A \ \text{injectif}. \end{aligned}$$

La réciproque est fausse comme le montre l'exemple suivant :

$E = F = l^2$; à tout $x \in l^2$, $x = (x_n)_{n \geq 1}$ on associe $Ax = \left(\frac{1}{n} x_n\right)_{n \geq 1}$ de sorte que $A = A^*$.

A* (resp A) est injectif mais A (resp A*) n'est **pas** surjectif; A (resp A*) est d'image dense, non fermée.

Indiquons enfin une caractérisation des opérateurs bornés :

Théorème II.21. — ***Soit*** **$A : D(A) \subset E \to F$** ***un opérateur non-borné, fermé, avec*** **$\overline{D(A)} = E$.** ***Les propriétés suivantes sont équivalentes :***

(i) **$D(A) = E$**

(ii) **A** ***est borné***

(iii) **$D(A^*) = F'$**

(iv) **A*** ***est borné.***

Dans ces conditions on a

$$\|A\|_{\mathscr{L}(E,F)} = \|A^*\|_{\mathscr{L}(F',E')}.$$

DÉMONSTRATION. — **(i)** $\Rightarrow$ **(ii)** Appliquer le théorème du graphe fermé.

(ii) $\Rightarrow$ **(iii)** Appliquer la définition de $D(A^*)$.

(iii) $\Rightarrow$ **(iv)** Appliquer la proposition II.16 et le théorème du graphe fermé.

∗ **(iv)** $\Rightarrow$ **(i)** est plus délicat. Notons d'abord que $D(A^*)$ est fermé. En effet soit $v_n \in D(A^*)$ avec $v_n \to v$ dans F'. On a

$$\|A^*(v_n - v_m)\| \leqslant c\|v_n - v_m\|;$$

par conséquent (A^*v_n) converge vers une limite f. Comme A* est fermé, $v \in D(A^*)$ et $A^*v = f$. Dans l'espace $X = E \times F$, on considère les sous-espaces $G = G(A)$ et $L = \{0\} \times F$ de sorte que

$$G + L = D(A) \times F \qquad \text{et} \qquad G^\perp + L^\perp = E' \times D(A^*).$$

Par conséquent $G^\perp + L^\perp$ est fermé dans X'. Le théorème II.15 permet de conclure que $G + L$ est fermé; donc D(A) est fermé. Comme $\overline{D(A)} = E$ on en déduit que $D(A) = E$.

Prouvons maintenant que $\|A\|_{\mathscr{L}(E,F)} = \|A^*\|_{\mathscr{L}(F',E')}$. On a

$$\langle v, Au \rangle = \langle A^*v, u \rangle \qquad \forall u \in E, \quad \forall v \in F'.$$

Donc

$$|\langle v, Au \rangle| \leqslant \|A^*\| \, \|v\| \, \|u\|$$

et

$$\|Au\| = \sup_{\|v\| \leqslant 1} |\langle v, Au \rangle| \leqslant \|A^*\| \, \|u\|$$

(grâce au corollaire I.4). Par suite $\|A\| \leqslant \|A^*\|$. Inversement on a

$$\|A^*v\| \overset{\text{déf}}{=} \operatorname*{Sup}_{\|u\| \leqslant 1} |\langle A^*v, u\rangle| = \operatorname*{Sup}_{\|u\| \leqslant 1} |\langle v, Au\rangle| \leqslant \|A\|\,\|v\|.$$

Par conséquent $\|A^*\| \leqslant \|A\|$.

Commentaires sur le chapitre II

1) On peut décrire **explicitement** certains sous-espaces fermés qui ne possèdent aucun supplémentaire topologique. Par exemple, c_0 ne possède aucun supplémentaire topologique dans l^∞ (voir De Vito [1]); rappelons que l^∞ désigne l'espace des suites $x = (x_n)$ bornées de $\mathbb{R}$ muni de la norme $\|x\| = \operatorname*{Sup}_n |x_n|$ et c_0 est le sous-espace fermé des suites telles que $\lim_{n\to\infty} x_n = 0$. On trouvera d'autres exemples dans Rudin [1] (un sous-espace de L^1) ou dans Köthe [1] et Beauzamy [1] (un sous-espace de l^p, $p \neq 2$).

2) La plupart des résultats du chapitre II s'étendent aux **espaces de Fréchet** (espaces localement convexes, métrisables, complets). De nombreuses généralisations sont possibles; voir par exemple Schaefer [1], Horvath [1], Edwards [1], Treves [1], [3], Kothe [1]. Ces extensions sont motivées par la **théorie des distributions** (voir L. Schwartz [1]) où beaucoup d'espaces importants ne sont **pas** des espaces de Banach. Pour les applications à la théorie des équations aux dérivées partielles on pourra consulter Hörmander [1], Treves [1] [2] [3].

3) On trouvera dans Kato [1] quelques prolongements des résultats du § II.5.

III

TOPOLOGIES FAIBLES. ESPACES RÉFLEXIFS. ESPACES SÉPARABLES. ESPACES UNIFORMÉMENT CONVEXES

III.1. Rappel sur la topologie la moins fine rendant continues une famille d'applications

Commençons par un rappel de topologie générale. Soit X un ensemble et soit $(Y_i)_{i \in I}$ une famille d'espaces topologiques. Pour chaque $i \in I$ on se donne une application $\varphi_i : X \to Y_i$.

Problème 1. – Munir X d'une topologie qui rende continues toutes les applications $(\varphi_i)_{i \in I}$. Si possible, construire la topologie $\mathscr{T}$ la **moins fine** i.e. avec le **minimum d'ouverts** [autrement dit la topologie la plus « économique »] qui rende continue toutes les $(\varphi_i)_{i \in I}$.

Notons que si X est muni de la topologie discrète [i.e. tout sous-ensemble de X est ouvert], alors chaque φ_i est continue; bien entendu cette topologie est loin d'être « économique » – c'est même la moins économique ! Soit $\omega_i \subset Y_i$ un ouvert, alors $\varphi_i^{-1}(\omega_i)$ est **nécessairement** un ouvert pour la topologie $\mathscr{T}$. Lorsque ω_i décrit la famille des ouverts de Y_i et que i décrit I, les $\varphi_i^{-1}(\omega_i)$ constituent une famille de sous-ensembles de X qui sont nécessairement des ouverts de la topologie $\mathscr{T}$; désignons cette famille par $(U_\lambda)_{\lambda \in \Lambda}$. La topologie $\mathscr{T}$ est la topologie la moins fine telle que les $(U_\lambda)_{\lambda \in \Lambda}$ soient des ouverts. On est donc ramené au problème suivant :

Problème 2. – Construire la famille $\mathscr{F}$ de sous-ensembles de X, la plus économique possible, qui soit stable par $\bigcap\limits_{\text{finie}}$ et $\bigcup\limits_{\text{quelconque}}$ et telle que $U_\lambda \in \mathscr{F}$ pour tout $\lambda \in \Lambda$. La réponse au problème 2 est donnée par la construction suivante :

On considère d'abord les intersections finies i.e. $\bigcap\limits_{\lambda \in \Gamma} U_\lambda$, $\Gamma \subset \Lambda$, Γ fini. On obtient ainsi une famille Φ de sous-ensembles de X, stable par $\bigcap\limits_{\text{finie}}$. On considère ensuite la famille $\mathscr{F}$ obtenue à l'aide des réunions quelconques d'éléments de Φ. Il est clair que la famille $\mathscr{F}$

est stable par réunion quelconque ; par contre, il n'est pas évident que la famille $\mathscr{F}$ soit stable par $\bigcap\limits_{\text{finie}}$. C'est l'objet du

Lemme III.1. — ***La famille $\mathscr{F}$ est stable par $\bigcap\limits_{\text{finie}}$.***

La démonstration du lemme III.1 est laissée au lecteur. Elle constitue un agréable (!) divertissement en théorie des ensembles.

REMARQUE 1. — **On ne peut pas inverser l'ordre des opérations dans la construction de $\mathscr{F}$.** Il eût été tout aussi naturel de **commencer** par envisager les $\bigcup\limits_{\text{quelconque}}$ d'ensembles (U_λ) et **ensuite** de prendre les $\bigcap\limits_{\text{finie}}$.

La famille ainsi obtenue est bien entendu stable par $\bigcap\limits_{\text{finie}}$, mais elle n'est **pas stable** par $\bigcup\limits_{\text{quelconque}}$. Il faudrait prendre **encore une fois** des réunions quelconques.

Récapitulons : les ouverts de la topologie $\mathscr{T}$ s'obtiennent en considérant d'abord des intersections finies d'ensembles de la forme $\varphi_i^{-1}(\omega_i)$, ω_i ouvert de Y_i et ensuite des réunions quelconques.

Étant donné un point $x \in X$ on obtient donc une base de voisinages de x pour la topologie $\mathscr{T}$ en considérant les ensembles de la forme $\bigcap\limits_{\text{finie}} \varphi_i^{-1}(V_i)$ où V_i est un voisinage de $\varphi_i(x)$ dans Y_i.

Dans la suite on munit X de la topologie $\mathscr{T}$; rappelons quelques propriétés élémentaires de cette topologie.

• **Proposition III.1.** — ***Soit (x_n) une suite de* X.**
Alors $x_n \to x$ si et seulement si $\varphi_i(x_n) \to \varphi_i(x)$ pour tout $i \in I$.

DÉMONSTRATION. — Si $x_n \to x$, alors $\varphi_i(x_n) \to \varphi_i(x)$ pour tout $i \in I$ puisque chaque φ_i est continue.
Réciproquement, soit U un voisinage de x. D'après ce qui précède on peut toujours supposer que U est de la forme $U = \bigcap\limits_{i \in J} \varphi_i^{-1}(V_i)$, $J \subset I$ fini. Pour chaque $i \in J$ il existe un entier N_i tel que $\varphi_i(x_n) \in V_i$ pour $n \geqslant N_i$. Soit $N = \operatorname{Max}\limits_{i \in J} N_i$. On a donc $x_n \in U$ pour $n \geqslant N$.

• **Proposition III.2.** — ***Soit Z un espace topologique et soit ψ une application de Z dans X. Alors ψ est continue si et seulement si $\varphi_i \circ \psi$ est continue de Z dans Y_i pour chaque $i \in I$.***

DÉMONSTRATION. — Si ψ est continue, alors $\varphi_i \circ \psi$ est aussi continue pour chaque $i \in I$. Inversement, soit U un ouvert de X ; montrons que $\psi^{-1}(U)$ est un ouvert de Z. On sait que U est de la forme $U = \bigcup\limits_{\text{quelconque}} \bigcap\limits_{\text{finie}} \varphi_i^{-1}(\omega_i)$ avec ω_i ouvert de Y_i. Par conséquent

$$\psi^{-1}(U) = \bigcup_{\text{quelconque}} \bigcap_{\text{finie}} \psi^{-1}[\varphi_i^{-1}(\omega_i)] = \bigcup_{\text{quelconque}} \bigcap_{\text{finie}} (\varphi_i \circ \psi)^{-1}(\omega_i) ;$$

ceci est un ouvert de Z puisque chaque application $\varphi_i \circ \psi$ est continue.

III.2. Définition et propriétés élémentaires de la topologie faible $\sigma(E, E')$

Soit E un espace de Banach et soit $f \in E'$. On désigne par $\varphi_f : E \to \mathbb{R}$ l'application définie par $\varphi_f(x) = \langle f, x \rangle$. Lorsque f décrit E′ on obtient une famille $(\varphi_f)_{f \in E'}$ d'applications de E dans $\mathbb{R}$.

Définition. – La **topologie faible** σ**(E, E′)** sur E est la topologie la moins fine sur E rendant continues toutes les applications $(\varphi_f)_{f \in E'}$ (au sens du § III.1 avec $X = E$, $Y_i = \mathbb{R}$ et $I = E'$).

Proposition III.3. – ***La topologie faible*** σ**(E, E′)** ***est séparée.***

DÉMONSTRATION. – Soient $x_1, x_2 \in E$ avec $x_1 \neq x_2$. On cherche à construire O_1 et O_2 ouverts pour la topologie faible $\sigma(E, E')$ tels que $x_1 \in O_1$, $x_2 \in O_2$ et $O_1 \cap O_2 = \emptyset$. D'après le théorème de Hahn-Banach (deuxième forme géométrique) il existe un hyperplan fermé séparant $\{x_1\}$ et $\{x_2\}$ au sens strict. Donc il existe $f \in E'$ et $\alpha \in \mathbb{R}$ tels que

$$\langle f, x_1 \rangle < \alpha < \langle f, x_2 \rangle.$$

On pose

$$O_1 = \{x \in E ; \langle f, x \rangle < \alpha\} = \varphi_f^{-1}(]-\infty, \alpha[)$$
$$O_2 = \{x \in E ; \langle f, x \rangle > \alpha\} = \varphi_f^{-1}(]\alpha, +\infty[).$$

O_1 et O_2 sont des ouverts pour $\sigma(E, E')$ qui vérifient $x_1 \in O_1$, $x_2 \in O_2$ et $O_1 \cap O_2 = \emptyset$.

Proposition III.4. – ***Soit*** $x_0 \in E$ ***; on obtient une base de voisinages de*** x_0 ***pour la topologie*** σ**(E, E′)** ***en considérant tous les ensembles de la forme***

$$V = \{x \in E ; \quad |\langle f_i, x - x_0 \rangle| < \varepsilon \quad \forall i \in I\}$$

***où* I *est* fini, $f_i \in E'$ *et* $\varepsilon > 0$.**

DÉMONSTRATION. – Il est clair que $V = \bigcap_{i \in I} \varphi_{f_i}^{-1}(]a_i - \varepsilon, a_i + \varepsilon[)$ avec $a_i = \langle f_i, x_0 \rangle$ est un ouvert pour la topologie $\sigma(E, E')$ et contient x_0. Inversement soit U un voisinage de x_0 pour $\sigma(E, E')$. On sait (cf. § III.1) qu'il existe un voisinage W de x_0, $W \subset U$ de la forme $W = \bigcap_{i \in I} \varphi_{f_i}^{-1}(\omega_i)$, I fini, et ω_i voisinage (dans $\mathbb{R}$) de $\langle f_i, x_0 \rangle = a_i$. Donc il existe $\varepsilon > 0$ tel que $]a_i - \varepsilon, a_i + \varepsilon[\subset \omega_i$ pour chaque $i \in I$. Par suite $x_0 \in V \subset W \subset U$.

Notation. – Étant donnée une suite (x_n) de E, on désigne par $x_n \rightharpoonup x$ la convergence de x_n vers x pour la topologie faible $\sigma(E, E')$. Afin d'éviter les confusions on précisera souvent « $x_n \rightharpoonup x$ faiblement pour $\sigma(E, E')$ ». En cas d'ambiguité on insistera en disant « $x_n \to x$ fortement » pour signifier que $\|x_n - x\| \to 0$.

• **Proposition III.5.** – ***Soit*** (x_n) ***une suite de* E. *On a***

(i) $[x_n \rightharpoonup x$ ***pour*** $\sigma(E, E')] \Leftrightarrow [\langle f, x_n \rangle \to \langle f, x \rangle \quad \forall f \in E']$

(ii) ***Si*** $x_n \to x$ ***fortement, alors*** $x_n \rightharpoonup x$ ***faiblement pour*** $\sigma(E, E')$

(iii) ***Si*** $x_n \rightharpoonup x$ ***faiblement pour*** $\sigma(E, E')$, ***alors*** $\|x_n\|$ ***est bornée et*** $\|x\| \leqslant \liminf \|x_n\|$.

(iv) ***Si*** $x_n \rightharpoonup x$ ***faiblement pour*** $\sigma(E, E')$ ***et si*** $f_n \to f$ ***fortement dans*** E′ (i.e. $\|f_n - f\|_{E'} \to 0$), ***alors*** $\langle f_n, x_n \rangle \to \langle f, x \rangle$.

DÉMONSTRATION.
(i) résulte de la proposition III.1 et de la définition de la topologie faible $\sigma(E, E')$.
(ii) résulte de **(i)** puisque $|\langle f, x_n\rangle - \langle f, x\rangle| \leqslant \|f\| \|x_n - x\|$.

Preuve de (iii). — On applique le corollaire II.3 — qui est une conséquence du théorème de Banach-Steinhaus. Il suffit donc de vérifier que pour chaque $f \in E'$ l'ensemble $(\langle f, x_n\rangle)_n$ est borné. Or, pour chaque $f \in E'$, la suite $\langle f, x_n\rangle$ converge vers $\langle f, x\rangle$ (en particulier elle est bornée). Soit $f \in E'$; on a

$$|\langle f, x_n\rangle| \leqslant \|f\| \|x_n\|$$

et à la limite

$$|\langle f, x\rangle| \leqslant \|f\| \text{ lim inf } \|x_n\|.$$

Par conséquent (corollaire I.4)

$$\|x\| = \sup_{\|f\| \leqslant 1} |\langle f, x\rangle| \leqslant \text{lim inf } \|x_n\|.$$

Preuve de (iv). — On a

$$|\langle f_n, x_n\rangle - \langle f, x\rangle| \leqslant |\langle f_n - f, x_n\rangle| + |\langle f, x_n - x\rangle| \leqslant \|f_n - f\| \|x_n\| + |\langle f, x_n - x\rangle|.$$

On conclut grâce à (i) et (iii).

Proposition III.6. — ***Lorsque* E *est de* dimension finie, *la topologie faible* σ(E, E′) *et la topologie usuelle* coïncident. *En particulier une suite* (x_n) *converge faiblement si et seulement si elle converge fortement.***

DÉMONSTRATION. — La topologie faible a **toujours** moins d'ouverts que la topologie forte. Inversement nous devons vérifier qu'un ouvert fort est un ouvert faible. Soit $x_0 \in E$ et soit U un voisinage de x_0 pour la topologie forte. Il faut construire un voisinage V de x_0 pour la topologie faible $\sigma(E, E')$ tel que $V \subset U$. Autrement dit, il faut trouver une partie **finie** $(f_i)_{i \in I}$ de E′ et $\varepsilon > 0$ tels que

$$V = \{x \in E ; |\langle f_i, x - x_0\rangle| < \varepsilon, \forall i \in I\} \subset U.$$

Supposons que $B(x_0, r) \subset U$. On choisit une base $e_1, e_2, \dots e_n$ de E avec $\|e_i\| = 1, \forall i$. Pour tout $x \in E$, on a une décomposition $x = \sum_{i=1}^{n} x_i e_i$; les applications $x \longmapsto x_i$ définissent n formes linéaires continues sur E notées f_i. On a alors

$$\|x - x_0\| \leqslant \sum_{i=1}^{n} |\langle f_i, x - x_0\rangle| < n\varepsilon$$

pour $x \in V$. Choisissant $\varepsilon = \frac{r}{n}$, on obtient $V \subset U$.

REMARQUE 2. — Les ouverts (resp. les fermés) de la topologie faible $\sigma(E, E')$ sont aussi ouverts (resp. fermés) pour la topologie forte. Lorsque E est de **dimension infinie** la topologie faible $\sigma(E, E')$ est **strictement moins fine** que la topologie forte i.e. il existe des ouverts (resp. des fermés) pour la topologie forte qui ne sont pas ouverts (resp. fermés) pour la topologie faible. Voici deux exemples :

Exemple 1. – L'ensemble $S = \{x \in E\,;\ \|x\| = 1\}$ n'est **jamais** fermé pour la topologie faible $\sigma(E, E')$. Plus précisément montrons que

$$\overline{S}^{\sigma(E,E')} = \{x \in E\,;\ \|x\| \leqslant 1\} \tag{1}$$

[$\overline{S}^{\sigma(E,E')}$ désigne la fermeture de S pour la topologie $\sigma(E, E')$].

Soit $x_0 \in E$ avec $\|x_0\| < 1$; vérifions que $x_0 \in \overline{S}^{\sigma(E,E')}$. Soit donc V un voisinage de x_0 pour $\sigma(E, E')$; on va prouver que $V \cap S \neq \varnothing$. On peut toujours supposer que V est de la forme

$$V = \{x \in E\,;\ |\langle f_i, x - x_0\rangle| < \varepsilon \quad \forall i = 1, 2 \ldots n\}$$

avec

$$\varepsilon > 0 \qquad \text{et} \qquad f_1, f_2, \ldots f_n \in E'.$$

Fixons $y_0 \in E$, $y_0 \neq 0$ tel que

$$\langle f_i, y_0\rangle = 0 \qquad \forall i = 1, 2, \ldots n$$

[un tel y_0 existe; sinon l'application $\varphi : E \to \mathbb{R}^n$ définie par

$$\varphi(z) = (\langle f_i, z\rangle)_{1 \leqslant i \leqslant n}$$

serait injective et φ serait isomorphisme de E sur $\varphi(E)$ – d'où $\dim E \leqslant n$].

La fonction $g(t) = \|x_0 + ty_0\|$ est continue sur $[0, +\infty[$ avec

$$g(0) < 1 \qquad \text{et} \qquad \lim_{t \to +\infty} g(t) = +\infty.$$

Donc il existe $t_0 > 0$ tel que $\|x_0 + t_0 y_0\| = 1$. Par conséquent $x_0 + t_0 y_0 \in V \cap S$ ([1]).

On vient de vérifier que

$$S \subset \{x \in E\,;\ \|x\| \leqslant 1\} \subset \overline{S}^{\sigma(E,E')}$$

On en déduit (1) si l'on sait que $\{x \in E\,;\ \|x\| \leqslant 1\}$ est fermé pour la topologie $\sigma(E, E')$ – ceci résulte du théorème III.7.

Exemple 2. – L'ensemble $U = \{x \in E\,;\ \|x\| < 1\}$ n'est **jamais** ouvert pour la topologie faible $\sigma(E, E')$. Plus précisément on va vérifier que l'intérieur de U pour $\sigma(E, E')$ est vide. En effet supposons – par l'absurde – qu'il existe $x_0 \in U$ et un voisinage V de x_0 pour $\sigma(E, E')$ tel que $V \subset U$. D'après ce qui précède on sait que V contient une droite passant par x_0 – ce qui contredit $V \subset U$.

REMARQUE 3. – Lorsque E est de dimension infinie la topologie faible $\sigma(E, E')$ n'est **pas métrisable,** i.e. il n'existe pas de métrique (et a fortiori pas de norme) définie sur E et qui induise sur E la topologie faible; voir [EX]. Toutefois on verra que si E′ est **séparable** on peut construire une métrique définie sur $B = \{x \in E\,;\ \|x\| \leqslant 1\}$ et qui induit sur B la même topologie que la topologie faible $\sigma(E, E')$; voir théorème III.25′.

∗ REMARQUE 4. – Lorsque E est de dimension infinie il existe **en général** des suites qui convergent faiblement mais qui ne convergent pas fortement. Par exemple si E′ est **séparable** (cf. § III.6) – ou bien si E est **réflexif** (cf. § III.5) – on peut **toujours** construire une suite (x_n) dans E telle que $\|x_n\| = 1$ et $x_n \rightharpoonup 0$ pour la topologie $\sigma(E, E')$; voir [EX]. Néanmoins il existe des espaces de Banach de dimension infinie où toute suite faiblement

---

([1]) L'interprétation géométrique de cette construction est la suivante. En dimension **infinie** tout voisinage V de x_0 pour la topologie $\sigma(E, E')$ contient une droite passant par x_0 – et même un « énorme » espace affine passant par x_0.

convergente est fortement convergente. Par exemple $E = l^1$ possède cette propriété « choquante » ; voir [EX]. Toutefois ces espaces sont plutôt rares et « **pathologiques** ». Bien entendu ceci ne contredit pas le fait qu'en dimension infinie la topologie faible et la topologie forte sont **toujours** distinctes (cf. remarque 2). [Rappelons que deux espaces **métriques** qui possèdent les mêmes suites convergentes, ont la même topologie. Toutefois deux espaces **topologiques** qui possèdent les mêmes suites convergentes n'ont **pas nécessairement** la même topologie].

III.3. Topologie faible, ensembles convexes, et opérateurs linéaires

Tout ensemble fermé pour la topologie faible $\sigma(E, E')$ est fermé pour la topologie forte. On a vu (remarque 2) que la réciproque est fausse en dimension infinie. Toutefois on va montrer que pour les ensembles **convexes** ces deux notions coïncident.

• **Théorème III.7.** — ***Soit*** **C ⊂ E** ***convexe. Alors*** **C** ***est faiblement fermé pour*** $\sigma(E, E')$ ***si et seulement s'il est fortement fermé.***

Démonstration. — Supposons que C est fortement fermé et montrons qu'il est faiblement fermé. Vérifions que $\complement C$ est ouvert pour la topologie $\sigma(E, E')$. Soit donc $x_0 \notin C$. D'après le théorème de Hahn-Banach il existe un hyperplan fermé séparant au sens strict $\{x_0\}$ et C. Donc il existe $f \in E'$ et $\alpha \in \mathbb{R}$ tels que

$$\langle f, x_0 \rangle < \alpha < \langle f, y \rangle \qquad \forall y \in C.$$

Posons

$$V = \{x \in E ;\ \langle f, x \rangle < \alpha\} ;$$

de sorte que $x_0 \in V$, $V \cap C = \varnothing$ (i.e. $V \subset \complement C$) et V est ouvert pour $\sigma(E, E')$.

Remarque 5. — La démonstration précédente montre qu'un convexe fermé coïncide avec l'intersection des demi-espaces fermés qui le contiennent. D'autre part, le théorème III.7 implique que si une suite (x_n) converge *faiblement* vers x, alors il existe une suite de *combinaisons convexes* des x_n qui converge *fortement* vers x (théorème de Mazur); voir [EX].

• **Corollaire III.8.** — ***Soit*** $\varphi : E \to]-\infty, +\infty]$ ***une fonction convexe, s.c.i. (pour la topologie forte). Alors,*** φ ***est s.c.i. pour la topologie faible*** $\sigma(E, E')$.
En particulier si $x_n \rightharpoonup x$ ***pour*** $\sigma(E, E')$, ***alors***

$$\varphi(x) \leqslant \liminf \varphi(x_n).$$

Démonstration. — Il suffit de vérifier que pour tout $\lambda \in \mathbb{R}$ l'ensemble

$$A = \{x \in E ;\ \varphi(x) \leqslant \lambda\}$$

est fermé pour $\sigma(E, E')$. Or A est convexe (puisque φ est convexe) et A est fortement fermé (puisque φ est s.c.i. pour la topologie forte). D'après le théorème III.7 l'ensemble A est aussi fermé pour $\sigma(E, E')$.

Remarque 6. — On retrouve en particulier que si $x_n \rightharpoonup x$ pour $\sigma(E, E')$ alors $\|x\| \leqslant \liminf \|x_n\|$. En effet la fonction $\varphi(x) = \|x\|$ est convexe et continue pour la topologie forte, donc a fortiori φ est s.c.i. pour la topologie forte — et par conséquent φ est s.c.i. pour la topologie faible $\sigma(E, E')$.

Théorème III.9. — ***Soient* E *et* F *deux espaces de Banach. Soit* T *un opérateur linéaire et continu de* E *dans* F. *Alors* T *est continu de* E *faible* $\sigma(E, E')$ *dans* F *faible* $\sigma(F, F')$. *Et réciproquement.***

DÉMONSTRATION. — D'après la proposition III.2 il suffit de vérifier que pour tout $f \in F'$ l'application $x \longmapsto \langle f, Tx\rangle$ est continue de E faible $\sigma(E, E')$ dans $\mathbb{R}$. Or l'application $x \longmapsto \langle f, Tx\rangle$ est une forme linéaire et continue sur E. Par conséquent elle est aussi continue pour la topologie faible $\sigma(E, E')$.

Réciproquement supposons que T est linéaire et continu de E faible dans F faible. Alors G(T) est fermé dans $E \times F$ pour la topologie $\sigma(E \times F, E' \times F')$ et a fortiori G(T) est fermé dans $E \times F$ pour la topologie forte. On conclut à l'aide du théorème du graphe fermé (théorème II.7) que T est continu de E (fort) dans F (fort). Le même raisonnement montre que si T est linéaire et continu de E (fort) dans F faible, alors T est continu de E (fort) dans F (fort).

REMARQUE 7. — L'hypothèse « T linéaire » au théorème III.9 joue un rôle essentiel dans la démonstration. Une application **non linéaire** continue de E fort dans F fort n'est en général pas continue de $\sigma(E, E')$ dans $\sigma(F, F')$; voir [EX].

III.4. La topologie faible $*$ $\sigma(E', E)$

Soit E un espace de Banach, soit E′ son dual (muni de la norme duale $\|f\| = \sup_{\substack{x \in E \\ \|x\| \leq 1}} |\langle f, x\rangle|$) et soit E″ son bidual, i.e. le dual de E′, muni de la norme

$$\|\xi\| = \sup_{\substack{f \in E' \\ \|f\| \leq 1}} |\langle \xi, f\rangle|.$$

On a une **injection canonique** $J : E \to E''$ définie comme suit : soit $x \in E$ fixé, l'application $f \longmapsto \langle f, x\rangle$ de E′ dans $\mathbb{R}$ constitue une forme linéaire continue sur E′ i.e. un élément de E″ noté Jx (¹). On a donc,

$$\langle Jx, f\rangle_{E'', E'} = \langle f, x\rangle_{E', E} \qquad \forall x \in E, \quad \forall f \in E'.$$

Il est clair que J est linéaire et que J est une isométrie i.e. $\|Jx\|_{E''} = \|x\|_E$ pour tout $x \in E$; en effet

$$\|Jx\| = \sup_{\|f\| \leq 1} |\langle Jx, f\rangle| = \sup_{\|f\| \leq 1} |\langle f, x\rangle| = \|x\|$$

(grâce au corollaire I.4). Il peut arriver que J ne soit **pas surjective** (²); voir par exemple [EX]. A l'aide de J on peut toujours **identifier E à un sous-espace de E″**.
Sur l'espace E′ sont déjà définies deux topologies :

a) la topologie forte (associée à la norme de E′),
b) la topologie faible $\sigma(E', E'')$ (introduite au § III.3).

(¹) Surtout ne pas confondre avec l'application de dualité, $F : E \to E'$, introduite à la remarque I.2, qui est en général non linéaire (sauf cas Hilbertien).

(²) Lorsque J est surjective on dit que E est **réflexif**; voir § III.5.

On va définir maintenant une **troisième topologie** sur E' : la topologie faible $*$ que l'on note $\sigma(E', E)$ [1]. Pour chaque $x \in E$ on considère l'application $\varphi_x : E' \to \mathbb{R}$ définie par $f \longmapsto \varphi_x(f) = \langle f, x\rangle$. Lorsque x parcourt E on obtient une famille d'applications $(\varphi_x)_{x \in E}$ de E' dans $\mathbb{R}$.

Définition. – La **topologie faible** $*$ désignée aussi par $\sigma(E', E)$ est la topologie la moins fine sur E' rendant continues toutes les applications $(\varphi_x)_{x \in E}$.

Comme $E \subset E''$, il est clair que la topologie $\sigma(E', E)$ est moins fine que la topologie $\sigma(E', E'')$. Autrement dit la topologie $\sigma(E', E)$ possède moins d'ouverts (resp. fermés) que la topologie $\sigma(E', E'')$ [qui à son tour possède moins d'ouverts (resp. fermés) que la topologie forte].

Remarque 8. – Le lecteur s'étonnera peut-être de cet « acharnement » à vouloir appauvrir les topologies. La raison est la suivante : si une topologie possède **moins d'ouverts** elle possède par contre **plus de compacts.** On verra, par exemple, que la boule unité de E' a la propriété remarquable d'être compacte pour la topologie faible $*$ $\sigma(E', E)$. Or les ensembles compacts jouent un rôle fondamental quand on cherche à établir des théorèmes d'**existence.** D'où l'importance de cette topologie.

Proposition III. 10. – ***La topologie faible*** $*$ $\sigma(E', E)$ ***est séparée.***

Démonstration. – Soient f_1 et f_2 dans E' avec $f_1 \neq f_2$. Il existe donc $x \in E$ tel que $\langle f_1, x\rangle \neq \langle f_2, x\rangle$ (ici on n'utilise pas le théorème de Hahn-Banach, mais la définition de $f_1 \neq f_2$). Supposons, pour fixer les idées, que $\langle f_1, x\rangle < \langle f_2, x\rangle$;on introduit α tel que

$$\langle f_1, x\rangle < \alpha < \langle f_2, x\rangle.$$

On pose

$$O_1 = \{f \in E' ; \langle f, x\rangle < \alpha\} = \varphi_x^{-1}(]-\infty, \alpha[)$$
$$O_2 = \{f \in E' ; \langle f, x\rangle > \alpha\} = \varphi_x^{-1}(]\alpha, +\infty[).$$

O_1 et O_2 sont des ouverts – pour $\sigma(E', E)$ – qui vérifient $f_1 \in O_1$, $f_2 \in O_2$ et $O_1 \cap O_2 = \emptyset$.

Proposition III.11. – ***On obtient une base de voisinages d'un point*** $f_0 \in E'$ ***pour la topologie*** $\sigma(E', E)$ ***en considérant tous les ensembles de la forme***

$$V = \{f \in E' ; \quad |\langle f - f_0, x_i\rangle| < \varepsilon \quad \forall i \in I\}$$

où I est fini, $x_i \in E$ ***et*** $\varepsilon > 0$.

Démonstration. – Copier la démonstration de la proposition III.4.

Notation. – Étant donnée une suite (f_n) de E' on désigne par $f_n \overset{*}{\rightharpoonup} f$ la convergence de f_n vers f pour la topologie faible $*$ $\sigma(E', E)$. Afin d'éviter les confusions on précisera souvent « $f_n \overset{*}{\rightharpoonup} f$ pour $\sigma(E', E)$ », « $f_n \rightharpoonup f$ pour $\sigma(E', E'')$ » et « $f_n \to f$ fortement ».

• **Proposition III.12.** – ***Soit*** (f_n) ***une suite de*** E'. ***On a***

(i) $[f_n \overset{*}{\rightharpoonup} f$ ***pour*** $\sigma(E', E)] \Leftrightarrow [\langle f_n, x\rangle \to \langle f, x\rangle \ \forall x \in E]$

(ii) ***Si*** $f_n \to f$ ***fortement, alors*** $f_n \rightharpoonup f$ ***pour*** $\sigma(E', E'')$.
Si $f_n \rightharpoonup f$ ***pour*** $\sigma(E', E'')$, ***alors*** $f_n \overset{*}{\rightharpoonup} f$ ***pour*** $\sigma(E', E)$.

---

[1] La terminologie faible $*$ est une traduction de l'anglais **weak** $*$; l'étoile rappelle que l'on travaille sur le dual désigné par E* dans la littérature américaine.

(iii) ***Si*** $f_n \stackrel{*}{\rightharpoonup} f$ ***pour*** $\sigma(E', E)$ ***alors*** $\|f_n\|$ ***est bornée et*** $\|f\| \leqslant \liminf \|f_n\|$.

(iv) ***Si*** $f_n \stackrel{*}{\rightharpoonup} f$ ***pour*** $\sigma(E', E)$ ***et si*** $x_n \to x$ ***fortement dans*** E, ***alors*** $\langle f_n, x_n\rangle \to \langle f, x\rangle$.

DÉMONSTRATION. — Calquer la démonstration de la proposition III.5.

REMARQUE 9. — Si $f_n \stackrel{*}{\rightharpoonup} f$ pour $\sigma(E', E)$ (ou même si $f_n \rightharpoonup f$ pour $\sigma(E', E'')$) et si $x_n \rightharpoonup x$ pour $\sigma(E, E')$ **on ne peut pas conclure** que $\langle f_n, x_n\rangle \to \langle f, x\rangle$ (chercher à construire un exemple dans un espace de Hilbert).

REMARQUE 10. — Lorsque E est de dimension finie les trois topologies (forte, $\sigma(E', E'')$ et $\sigma(E', E)$) coïncident ; en effet J est alors surjective de E sur E″ puisque $\dim E = \dim E' = \dim E''$ et par conséquent $\sigma(E', E) = \sigma(E', E'')$.

*** Proposition III.13.** — ***Soit*** $\varphi : E' \to \mathbb{R}$ ***une application linéaire et continue pour la topologie*** $\sigma(E', E)$. ***Alors il existe*** $x \in E$ ***tel que***

$$\varphi(f) = \langle f, x\rangle \qquad \forall f \in E'.$$

La démonstration fait appel à un lemme algébrique très utile.

Lemme III.2. — ***Soit*** X ***un espace vectoriel et soient*** $\varphi, \varphi_1, \varphi_2, \ldots \varphi_n$ ***des formes linéaires sur*** X ***telles que***

$$[\varphi_i(v) = 0 \quad \forall i = 1, 2, \ldots n] \Rightarrow [\varphi(v) = 0]. \tag{2}$$

Alors il existe $\lambda_1, \lambda_2, \ldots \lambda_n \in \mathbb{R}$ ***tels que*** $\varphi = \sum_{i=1}^{n} \lambda_i \varphi_i$.

DÉMONSTRATION DU LEMME III.2. — On considère l'application $F : X \to \mathbb{R}^{n+1}$ définie par

$$F(u) = [\varphi(u), \varphi_1(u), \varphi_2(u), \ldots \varphi_n(u)].$$

Il résulte de l'hypothèse (2) que $a = [1, 0, 0, \ldots 0]$ n'appartient pas à R(F). On peut donc séparer strictement $\{a\}$ et R(F) par un hyperplan dans $\mathbb{R}^{n+1}$ i.e. il existe $\lambda, \lambda_1, \lambda_2, \ldots \lambda_n \in \mathbb{R}$ et $\alpha \in \mathbb{R}$ tels que

$$\lambda < \alpha < \lambda\varphi(u) + \sum_{i=1}^{n} \lambda_i \varphi_i(u) \qquad \forall u \in X.$$

Par suite, on a

$$\lambda\varphi(u) + \sum_{i=1}^{n} \lambda_i \varphi_i(u) = 0 \qquad \forall u \in X$$

et $\lambda < 0$ (d'où $\lambda \neq 0$).

DÉMONSTRATION DE LA PROPOSITION III.13. — Comme φ est continue pour $\sigma(E', E)$ il existe un voisinage V de 0 pour $\sigma(E', E)$ tel que

$$|\varphi(f)| < 1 \qquad \forall f \in V.$$

On peut supposer que V est de la forme

$$V = \{f \in E' ; |\langle f, x_i\rangle| < \varepsilon \quad \forall i = 1, 2 \ldots n\}$$

avec $x_i \in E$ et $\varepsilon > 0$. En particulier si $\langle f, x_i \rangle = 0 \quad \forall i = 1, 2, \dots n$, alors $\varphi(f) = 0$. Appliquant le lemme III.2 on voit que

$$\varphi(f) = \sum_{i=1}^{n} \lambda_i \langle f, x_i \rangle = \langle f, \sum_{i=1}^{n} \lambda_i x_i \rangle \qquad \forall f \in E'.$$

∗ **Corollaire III.14.** – *Soit* H *un hyperplan de* E′ *fermé pour la topologie* $\sigma(E', E)$. *Alors* H *est de la forme*

$$\mathbf{H} = \{f \in \mathbf{E}'; \quad \langle f, x \rangle = \alpha\}$$

pour un certain $x \in \mathbf{E}$, $x \neq 0$ *et un certain* $\alpha \in \mathbb{R}$.

Démonstration. – L'ensemble H est de la forme

$$H = \{f \in E'; \ \varphi(f) = \alpha\}$$

où φ est une application linéaire de E′ dans $\mathbb{R}$, $\varphi \not\equiv 0$. Soit $f_0 \notin H$ et soit V un voisinage de f_0 pour la topologie $\sigma(E', E)$ tel que $V \subset \complement H$. On peut supposer que

$$V = \{f \in E'; \ |\langle f - f_0, x_i \rangle| < \varepsilon \quad \forall i = 1, 2, \dots n\}$$

Grâce à la convexité de V, on a
ou bien

$$\varphi(f) < \alpha \qquad \forall f \in V \tag{3}$$

ou bien

$$\varphi(f) > \alpha \qquad \forall f \in V. \tag{3'}$$

On déduit de (3) que

$$\varphi(g) < \alpha - \varphi(f_0) \qquad \forall g \in W =: V - f_0,$$

et comme $-W = W$ on obtient

$$|\varphi(g)| \leqslant |\alpha - \varphi(f_0)| \qquad \forall g \in W. \tag{4}$$

On aboutit à la même conclusion sous l'hypothèse (3′). Il résulte de (4) que φ est continue en 0 pour la topologie $\sigma(E', E)$ (puisque W est un voisinage de 0). On peut alors appliquer la proposition III.13 : il existe $x \in E$ tel que

$$\varphi(f) = \langle f, x \rangle \qquad \forall f \in E'.$$

Remarque 11. – Lorsque J n'est pas surjective de E sur E″ (i.e. $E \neq E''$) alors la topologie $\sigma(E', E)$ est **strictement** moins fine que la topologie $\sigma(E', E'')$. Il existe même des **convexes** fermés pour $\sigma(E', E'')$ qui ne sont pas fermés pour $\sigma(E', E)$. Par exemple si $\xi \in E''$ et $\xi \notin J(E)$, alors

$$H = \{f \in E'; \ \langle \xi, f \rangle = 0\}$$

est un hyperplan fermé pour $\sigma(E', E'')$, mais il n'est pas fermé pour $\sigma(E', E)$ (voir corollaire III.14). Retenons qu'il existe **deux types de convexes fermés** dans E′ :

a) les convexes fortement fermés [ou fermés pour $\sigma(E', E'')$ – ce qui revient au même d'après le théorème III.7],

b) les convexes fermés pour $\sigma(E', E)$.

• **Théorème III.15 (Banach-Alaoglu-Bourbaki).** – *L'ensemble* $\mathbf{B}_{E'} = \{f \in \mathbf{E}'; \|f\| \leqslant 1\}$ *est compact pour la topologie faible* ∗ $\sigma(\mathbf{E}', \mathbf{E})$.

Remarque 12. — On verra dans la suite (théorème VI.5) que la **boule unité fermée d'un espace normé de dimension infinie n'est jamais compacte pour la topologie forte.** On comprend alors l'importance **fondamentale** de la topologie $\sigma(E', E)$ et du théorème III.15.

Démonstration. — On considère l'espace produit $Y = \mathbb{R}^E$; on désigne les éléments de Y par $\omega = (\omega_x)_{x \in E}$ avec $\omega_x \in \mathbb{R}$. L'espace Y est muni de la **topologie produit** (voir par exemple Dixmier [1] ou L. Schwartz [2]) i.e. la topologie la moins fine sur Y rendant continues toutes les applications $\omega \longmapsto \omega_x$ (lorsque x varie dans E). Dans la suite on munit systématiquement E' de la topologie $\sigma(E', E)$. On considère l'application $\Phi : E' \to Y$ définie par $\Phi(f) = (\langle f, x \rangle)_{x \in E}$. Il est clair que Φ est continue de E' dans Y (noter que pour chaque $x \in E$ fixé, l'application $f \longmapsto (\Phi(f))_x = \langle f, x \rangle$ est continue et utiliser la proposition III.2). Montrons que Φ est un homéomorphisme de E' sur $\Phi(E')$. Il est clair que Φ est injective; vérifions que Φ^{-1} est continue. Il suffit (grâce à la proposition III.2) de prouver que pour tout $x \in E$ fixé, l'application $\omega \longmapsto \langle \Phi^{-1}(\omega), x \rangle$ est continue sur $\Phi(E')$; ce qui est évident puisque $\langle \Phi^{-1}(\omega), x \rangle = \omega_x$.
D'autre part il est clair que $\Phi(B_{E'}) = K$ où

$$K = \{\omega \in Y ; |\omega_x| \leqslant \|x\|, \ \omega_{x+y} = \omega_x + \omega_y, \ \omega_{\lambda x} = \lambda \omega_x \quad \forall \lambda \in \mathbb{R}, \forall x, \ y \in E\}.$$

Il suffit alors de montrer que K est un compact de Y pour conclure que $B_{E'}$ est un compact de E'.
Or $K = K_1 \cap K_2$ avec

$$K_1 = \{\omega \in Y ; |\omega_x| \leqslant \|x\| \ \forall x \in E\}$$
$$K_2 = \{\omega \in Y ; \omega_{x+y} = \omega_x + \omega_y \text{ et } \omega_{\lambda x} = \lambda \omega_x \quad \forall \lambda \in \mathbb{R}, \forall x, \ y \in E\}.$$

L'ensemble $K_1 = \prod_{x \in E} [-\|x\|, +\|x\|]$ est compact (comme produit d'intervalles compacts — rappelons que le produit d'espaces compacts est compact, voir par exemple Dixmier [1], L. Schwartz [2]). Enfin K_2 est fermé; en effet, pour chaque $\lambda \in \mathbb{R}$, $x, y \in E$ **fixés** les ensembles

$$A_{x,y} = \{\omega \in Y ; \omega_{x+y} - \omega_x - \omega_y = 0\}$$
$$B_{\lambda,x} = \{\omega \in Y ; \omega_{\lambda x} - \lambda \omega_x = 0\}$$

sont fermés (puisque les applications $\omega \longmapsto \omega_{x+y} - \omega_x - \omega_y$ et $\omega \longmapsto \omega_{\lambda x} - \lambda \omega_x$ sont continues) et

$$K_2 = \left(\bigcap_{x, y \in E} A_{x,y} \right) \cap \left(\bigcap_{\substack{x \in E \\ \lambda \in \mathbb{R}}} B_{\lambda, x} \right).$$

III.5. Espaces réflexifs

Définition. — Soit E un espace de Banach et soit J l'injection canonique de E dans E'' (voir § III.4). On dit que E est **réflexif** si $J(E) = E''$.

Lorsque E est réflexif on identifie implicitement E et E'' (à l'aide de l'isomorphisme J).

* Remarque 13. — Il est essentiel d'utiliser J dans la définition précédente. On peut construire (voir James [1]) un exemple surprenant d'espace non réflexif E pour lequel il existe une isométrie surjective de E sur E''.

Le résultat suivant énonce une caractérisation importante des espaces réflexifs.

• **Théorème III.16 (Kakutani).** — ***Soit* E *un espace de Banach. Alors* E *est réflexif si et seulement si***

$$B_E = \{x \in E\,;\quad \|x\| \leqslant 1\}$$

***est compact pour la topologie* $\sigma(E, E')$.**

Démonstration. — Supposons d'abord que E est réflexif. Alors $J(B_E) = B_{E''}$. D'autre part (théorème III.15) $B_{E''}$ est compact pour la topologie $\sigma(E'', E')$. Il suffit donc de vérifier que J^{-1} est continu de E'' muni de $\sigma(E'', E')$ à valeurs dans E muni de $\sigma(E, E')$. Il reste à prouver (cf. proposition III.2) que pour tout $f \in E'$ fixé l'application $\xi \longmapsto \langle f, J^{-1}\xi\rangle$ est continue sur E'' muni de $\sigma(E'', E')$. Or $\langle f, J^{-1}\xi\rangle = \langle \xi, f\rangle$ et l'application $\xi \longmapsto \langle \xi, f\rangle$ est bien continue sur E'' muni de $\sigma(E'', E')$.

Pour établir la réciproque nous aurons besoin de deux lemmes :

Lemme III.3 (Helly). — ***Soient* E *un espace de Banach,* $f_1, f_2, \ldots f_n \in E'$ *et* $\alpha_1, \alpha_2, \ldots \alpha_n \in \mathbb{R}$ *fixés.***

Les propriétés suivantes sont équivalentes :

(i) $\forall \varepsilon > 0\ \exists x_\varepsilon \in E$ ***tel que*** $\|x_\varepsilon\| \leqslant 1$ ***et***

$$|\langle f_i, x_\varepsilon\rangle - \alpha_i| < \varepsilon \qquad \forall i = 1, 2 \ldots n,$$

(ii) $\left|\sum_{i=1}^n \beta_i\alpha_i\right| \leqslant \left\|\sum_{i=1}^n \beta_i f_i\right\| \quad \forall \beta_1, \beta_2 \ldots \beta_n \in \mathbb{R}.$

Démonstration.

(i) ⇒ (ii). Fixons $\beta_1, \beta_2 \ldots \beta_n$ et posons $S = \sum_{i=1}^n |\beta_i|$. Il résulte de *i*) que

$$\left|\sum_{i=1}^n \beta_i\langle f_i, x_\varepsilon\rangle - \sum_{i=1}^n \beta_i\alpha_i\right| < \varepsilon S$$

et donc

$$\left|\sum_{i=1}^n \beta_i\alpha_i\right| \leqslant \left\|\sum_{i=1}^n \beta_i f_i\right\| \|x_\varepsilon\| + \varepsilon S \leqslant \left\|\sum_{i=1}^n \beta_i f_i\right\| + \varepsilon S, \qquad \forall \varepsilon > 0.$$

D'où **(ii)**.

(ii) ⇒ (i). Posons $\vec{\alpha} = (\alpha_1, \alpha_2, \ldots \alpha_n) \in \mathbb{R}^n$ et considérons l'application $\vec{\varphi} : E \to \mathbb{R}^n$ définie par $\vec{\varphi}(x) = (\langle f_1, x\rangle, \langle f_2, x\rangle \ldots \langle f_n, x\rangle)$. La propriété **(i)** exprime que $\vec{\alpha} \in \overline{\varphi(B_E)}$. Raisonnons par l'absurde et supposons que $\vec{\alpha} \notin \overline{\varphi(B_E)}$. On peut alors séparer strictement dans $\mathbb{R}^n$, $\{\vec{\alpha}\}$ et $\overline{\varphi(B_E)}$ i.e. il existe $\vec{\beta} = (\beta_1, \beta_2 \ldots \beta_n) \in \mathbb{R}^n$ et il existe $\gamma \in \mathbb{R}$ tels que

$$\vec{\varphi}(x) . \vec{\beta} < \gamma < \vec{\alpha} . \vec{\beta} \qquad \forall x \in B_E .$$

Par conséquent

$$\left|\left\langle \sum_{i=1}^n \beta_i f_i, x\right\rangle\right| \leqslant \gamma < \sum_{i=1}^n \alpha_i\beta_i \qquad \forall x \in B_E$$

$$\text{i.e.} \quad \left\|\sum_{i=1}^n \beta_i f_i\right\| \leqslant \gamma < \sum_{i=1}^n \alpha_i\beta_i$$

ce qui contredit **(ii)**.

Lemme III.4 (Goldstine). — ***Soit* E *un espace de Banach. Alors* $J(B_E)$ *est dense dans* $B_{E''}$ *pour la topologie* $\sigma(E'', E')$.**

DÉMONSTRATION. — Soit $\xi \in B_{E''}$ et soit V un voisinage de ξ pour la topologie $\sigma(E'', E')$. On cherche à prouver que $J(B_E) \cap V \neq \emptyset$. On peut supposer que V est de la forme

$$V = \{\eta \in E''; |\langle \eta - \xi, f_i \rangle| < \varepsilon, \quad \forall i = 1, 2 \ldots n\}.$$

Il s'agit donc de trouver $x \in B_E$ tel que

$$|\langle f_i, x \rangle - \langle \xi, f_i \rangle| < \varepsilon, \quad \forall i = 1, 2 \ldots n.$$

Posons $\alpha_i = \langle \xi, f_i \rangle$ et notons que $\forall \beta_1, \beta_2 \ldots \beta_n \in \mathbb{R}$ on a

$$\left| \sum_{i=1}^{n} \beta_i \alpha_i \right| = \left| \langle \xi, \sum_{i=1}^{n} \beta_i f_i \rangle \right| \leqslant \left\| \sum_{i=1}^{n} \beta_i f_i \right\|$$

(puisque $\|\xi\| \leqslant 1$). D'après le lemme III.3 il existe $x_\varepsilon \in B_E$ tel que $|\langle f_i, x_\varepsilon \rangle - \alpha_i| < \varepsilon$ $\forall i = 1, 2 \ldots n$ i.e. $J(x_\varepsilon) \in J(B_E) \cap V$.

REMARQUE 14. — On notera que $J(B_E)$ est **fermé** dans $B_{E''}$ pour la topologie **forte** (utiliser le fait que B_E est complet et que J est une isométrie). Donc, en général, $J(B_E)$ n'est pas dense dans $B_{E''}$ pour la topologie forte — sauf bien entendu si E est réflexif, auquel cas $J(B_E) = B_{E''}$.

REMARQUE 15. — On trouvera dans [EX] une démonstration directe du lemme III.4 basée sur une application du théorème de Hahn-Banach dans E''.

REMARQUE 16. — Bien entendu, les espaces de dimension finie sont réflexifs.

FIN DE LA DÉMONSTRATION DU THÉORÈME III.16. — Supposons maintenant que B_E est compact pour la topologie $\sigma(E, E')$.
Notons d'abord que $J : E \to E''$ est continu pour les topologies fortes et donc (théorème III.9) J est aussi continu pour les topologies faibles $\sigma(E, E') \to \sigma(E'', E''')$. A fortiori J est continu pour les topologies $\sigma(E, E') \to \sigma(E'', E')$. Par conséquent $J(B_E)$ est compact pour la topologie $\sigma(E'', E')$. Comme $J(B_E)$ est dense dans $B_{E''}$ pour la topologie $\sigma(E'', E')$ (lemme III.4), on conclut que

$$J(B_E) = B_{E''} \quad \text{et} \quad \text{donc } J(E) = E''.$$

Indiquons maintenant quelques propriétés élémentaires des espaces réflexifs.

• **Proposition III.17.** — ***Soit* E *un espace de Banach réflexif et soit* M ⊂ E *un sous-espace vectoriel fermé. Alors* M — *muni de la norme induite par* E — *est réflexif.***

DÉMONSTRATION. — Notons d'abord que sur M sont définis deux topologies faibles :

a) La topologie $\sigma(M, M')$.

b) La trace sur M de la topologie $\sigma(E, E')$.

On vérifie aisément (en « jouant » avec des restrictions et des prolongements de formes linéaires) que ces deux topologies coïncident.
Il faut montrer (d'après le théorème III.16) que B_M est compact pour la topologie $\sigma(M, M')$. Or B_E est compact pour la topologie $\sigma(E, E')$ et M est fermé pour la topologie $\sigma(E, E')$ (théorème III.7). Par suite B_M est compact pour la topologie $\sigma(E, E')$, et donc aussi pour la topologie $\sigma(M, M')$.

Corollaire III.18. — ***Soit* E *un espace de Banach.***
Alors* E *est réflexif si et seulement si* E' *est réflexif.

DÉMONSTRATION. — **E réflexif ⇒ E′ réflexif.** On sait (théorème III.15) que $B_{E'}$ est compact pour $\sigma(E', E)$. D'autre part on a $\sigma(E', E) = \sigma(E', E'')$ puisque E est réflexif. Par conséquent $B_{E'}$ est compact pour $\sigma(E', E'')$, et donc E′ est réflexif (théorème III.16).

E′ réflexif ⇒ E réflexif. On sait (d'après l'étape précédente) que E″ est réflexif. Comme J(E) est un sous-espace fermé de E″ il en résulte que J(E) est réflexif. Par conséquent E est réflexif [1].

• **Corollaire III.19.** — ***Soit* E *un espace de Banach réflexif. Soit* K ⊂ E *un sous-ensemble convexe, fermé et borné. Alors* K *est compact pour la topologie* σ(E, E′).**

DÉMONSTRATION. — K est fermé pour la topologie $\sigma(E, E')$ (théorème III.7). D'autre part il existe une constante m telle que $K \subset mB_E$, et mB_E est compact pour $\sigma(E, E')$ (théorème III.16).

• **Corollaire III.20.** — ***Soient* E *un espace de Banach réflexif,* A ⊂ E *un convexe fermé, non vide et* $\varphi : A \to]-\infty, +\infty]$ *une fonction convexe, s.c.i.,* $\varphi \not\equiv +\infty$ *telle que***

$$(5) \qquad \lim_{\substack{x\in A\\ \|x\|\to\infty}} \varphi(x) = +\infty \quad \textit{(aucune hypothèse si A est borné).}$$

***Alors* φ *atteint son minimum sur* A, *i.e., il existe* $x_0 \in A$ *tel que* $\varphi(x_0) = \operatorname{Min}_A \varphi$.**

DÉMONSTRATION. — Soit $a \in A$ tel que $\lambda_0 = \varphi(a) < +\infty$. On considère l'ensemble

$$\tilde{A} = \{x \in A\,;\ \ \varphi(x) \leqslant \lambda_0\}.$$

$\tilde{A}$ est un convexe fermé borné (grâce à (5)), et donc **compact** pour la topologie $\sigma(E, E')$. D'autre part φ est s.c.i. pour la topologie $\sigma(E, E')$ (corollaire III.8). Par conséquent φ atteint son minimum sur $\tilde{A}$: il existe $x_0 \in \tilde{A}$ tel que

$$\varphi(x_0) \leqslant \varphi(x) \qquad \forall x \in \tilde{A}.$$

Si $x \in A\backslash\tilde{A}$ on a $\varphi(x_0) \leqslant \varphi(a) \leqslant \varphi(x)$ et donc, en fait

$$\varphi(x_0) \leqslant \varphi(x) \qquad \forall x \in A.$$

REMARQUE 17. — Le corollaire III.20 explique le **rôle essentiel** joué par les espaces **réflexifs** et les fonctions **convexes** en calcul des variations, contrôle optimal, etc.

Théorème III.21. — ***Soient* E *et* F *deux espaces de Banach réflexifs. Soit* $A : D(A) \subset E \to F$ *un opérateur linéaire non-borné, fermé avec* $\overline{D(A)} = E$.**
***Alors* $D(A^*)$ *est dense dans* F′.**
***Ceci permet d'introduire* $A^{**} : D(A^{**}) \subset E'' \to F''$ *et de considérer* A^{**} *comme un opérateur non-borné de* E *dans* F.**
Alors

$$\boxed{A^{**} = A}$$

DÉMONSTRATION.

1) D(A*) est dense dans F′. Soit φ une forme linéaire continue sur F′, nulle sur $D(A^*)$. On cherche à prouver (corollaire I.8) que $\varphi \equiv 0$. Comme F est réflexif, on peut supposer

---

[1] Il est évident que si E et F sont des espaces de Banach et si T est une isométrie surjective de E sur F. Alors (E réflexif) ⇔ (F réflexif). Ceci n'est pas en contradiction avec la remarque 13 !

que $\varphi \in F$ et que

(6) $$\langle w, \varphi \rangle = 0 \qquad \forall w \in D(A^*).$$

Si $\varphi \neq 0$, alors $[0, \varphi] \notin G(A)$ dans $E \times F$. On sépare alors strictement $[0, \varphi]$ et $G(A)$ par un hyperplan fermé dans $E \times F$, i.e. il existe $[f, v] \in E' \times F'$ tel que

$$\langle f, u \rangle + \langle v, Au \rangle < \alpha < \langle v, \varphi \rangle \qquad \forall u \in D(A).$$

Il en résulte, en particulier, que

$$\langle f, u \rangle + \langle v, Au \rangle = 0 \qquad \forall u \in D(A)$$

et

$$\langle v, \varphi \rangle \neq 0.$$

Donc $v \in D(A^*)$ et on obtient une contradiction en choisissant $w = v$ dans (6). Par conséquent $\varphi = 0$ et $D(A^*)$ est dense dans F'.

2) $A^{**} = A$.
On utilise les relations

$$J[G(A^*)] = G(A)^{\perp}$$
$$J[G(A^{**})] = G(A^*)^{\perp}$$

(voir § II.6) [1]; d'où il résulte que

$$G(A^{**}) = G(A)^{\perp\perp} = G(A)$$

puisque A est fermé.

III.6. Espaces séparables

Définition. — On dit qu'un espace métrique est **séparable** s'il existe un sous-ensemble $D \subset E$ dénombrable et dense.

Proposition III.22. — ***Soit* E *un espace métrique séparable et soit* F *un sous-ensemble de* E. *Alors* F *est séparable.***

Démonstration. — Soit (u_n) une suite dénombrable dense dans E. Soit (r_m) une suite de réels positifs avec $r_m \to 0$. On choisit (arbitrairement) $a_{m,n} \in B(u_n, r_m) \cap F$ lorsque cet ensemble est non vide. Il est clair que la suite $(a_{m,n})$ constitue un ensemble dénombrable dense dans F.

Théorème III.23. — ***Soit* E *un espace de Banach tel que* E′ *soit séparable. Alors* E *est séparable.***

Remarque 18. — La réciproque n'est pas vraie. Il existe des espaces de Banach E séparables tels que E′ ne soit pas séparable; par exemple $E = L^1(\Omega)$ (voir chapitre IV).

Démonstration. — On désigne par $(f_n)_{n \geqslant 1}$ une suite dénombrable dense dans E′. Comme

$$\|f_n\| = \sup_{\substack{x \in E \\ \|x\| \leqslant 1}} \langle f_n, x \rangle,$$

---

[1] Ici J désigne l'application $[v, f] \longmapsto [-f, v]$; rien à voir avec l'injection canonique de E dans E″ !

il existe $x_n \in E$ avec

$$\|x_n\| = 1 \quad \text{et} \quad \langle f_n, x_n \rangle \geqslant \frac{1}{2} \|f_n\|.$$

On désigne par L_0 l'espace vectoriel sur $\mathbb{Q}$ engendré par les $(x_n)_{n \geqslant 1}$ i.e. L_0 est l'ensemble des combinaisons linéaires **finies** à coefficients dans $\mathbb{Q}$ d'éléments de $(x_n)_{n \geqslant 1}$. On notera que L_0 est **dénombrable** ; en effet, pour chaque n, Λ_n = espace vectoriel sur $\mathbb{Q}$ engendré par $[x_1, x_2, \ldots x_n]$ est en correspondance bijective avec un sous-ensemble de $\mathbb{Q}^n$ et $L_0 = \bigcup_{n \geqslant 1} \Lambda_n$.

Soit L l'espace vectoriel sur $\mathbb{R}$ engendré par les $(x_n)_{n \geqslant 1}$. Il est clair que L_0 est un sous-ensemble dense de L. Vérifions que L est dense dans E (d'où il résultera que L_0 est dense dans E et donc que E est séparable). Soit $f \in E'$ tel que $\langle f, x \rangle = 0$ pour tout $x \in L$; montrons (corollaire I.8) que $f = 0$. Étant donné $\varepsilon > 0$ il existe n tel que $\|f - f_n\| < \varepsilon$; on a

$$\frac{1}{2} \|f_n\| \leqslant \langle f_n, x_n \rangle = \langle f_n - f, x_n \rangle + \langle f, x_n \rangle \leqslant \varepsilon$$

(puisque $\langle f, x_n \rangle = 0$). Donc $\|f\| \leqslant \|f - f_n\| + \|f_n\| < 3\varepsilon$. Par conséquent $f = 0$.

Corollaire III.24. — ***Soit* E *un espace de Banach.***
***Alors* (E *réflexif et séparable*) $\Leftrightarrow$ (E′ *réflexif et séparable*).**

DÉMONSTRATION. — On sait déjà (corollaire III.18 et théorème III.23) que (E′ réflexif et séparable) $\Rightarrow$ (E réflexif et séparable). Inversement, si E est réflexif et séparable, alors $E'' = J(E)$ est réflexif et séparable ; donc E′ est réflexif et séparable.

Les propriétés de **séparabilité** sont étroitement liées à la **métrisabilité** des topologies faibles.

Théorème III.25. — ***Soit* E *un espace de Banach séparable. Alors* $B_{E'}$ *est métrisable pour la topologie* $\sigma(E', E)$ (1).**
Réciproquement si* $B_{E'}$ *est métrisable pour* $\sigma(E', E)$ *alors* E *est séparable.

REMARQUE 19. — L'espace **entier** E′ n'est jamais métrisable pour $\sigma(E', E)$ — sauf en dimension finie. Voir [EX].

DÉMONSTRATION. — Soit $(x_n)_{n \geqslant 1}$ un sous-ensemble dénombrable dense dans B_E (prendre D dénombrable dense dans E et considérer $D \cap B_E$). Pour $f, g \in B_{E'}$ on définit

$$d(f, g) = \sum_{n=1}^{\infty} \frac{1}{2^n} |\langle f - g, x_n \rangle|.$$

Il est clair que d est une métrique. Montrons que la topologie associée à d coïncide sur $B_{E'}$ avec $\sigma(E', E)$.

a) Soit $f_0 \in B_{E'}$ et soit V un voisinage de f_0 pour $\sigma(E', E)$. Montrons qu'il existe $r > 0$ tel que

$$U = \{f \in B_{E'}\,;\ d(f, f_0) < r\} \subset V.$$

---

(1) C'est-à-dire, il existe une métrique définie sur $B_{E'}$ telle que la topologie associée coïncide sur $B_{E'}$ avec $\sigma(E', E)$.

On peut supposer que V est de la forme

$$V = \{f \in B_{E'}\,;\ |\langle f - f_0,\ y_i\rangle| < \varepsilon \qquad \forall i = 1, 2, \dots k\}$$

avec, sans restreindre la généralité, $\|y_i\| \leqslant 1$ pour tout $i = 1, 2, \dots k$.
Puisque la suite $(x_n)_{n \geqslant 1}$ est dense dans B_E, pour chaque i, on peut trouver un entier n_i tel que $\|y_i - x_{n_i}\| < \frac{\varepsilon}{4}$. **Fixons** $r > 0$ tel que $2^{n_i} r < \frac{\varepsilon}{2}$ pour tout $i = 1, 2, \dots k$; et montrons que $U \subset V$.
En effet, si $d(f, f_0) < r$, on a

$$\frac{1}{2^{n_i}}\ |\langle f - f_0,\ x_{n_i}\rangle| < r \qquad \forall i = 1, 2, \dots k$$

et donc

$$|\langle f - f_0,\ y_i\rangle| = |\langle f - f_0,\ y_i - x_{n_i}\rangle + \langle f - f_0,\ x_{n_i}\rangle| < \frac{\varepsilon}{2} + \frac{\varepsilon}{2}$$

$$\forall i = 1, 2, \dots k.$$

D'où $f \in V$.

b) Soit $f_0 \in B_{E'}$. Fixons $r > 0$ et montrons qu'il existe V voisinage de f_0 pour $\sigma(E', E)$ dans $B_{E'}$ tel que

$$V \subset U = \{f \in B_{E'}\,;\ d(f, f_0) < r\}.$$

On prendra V de la forme

$$V = \{f \in B_{E'}\,;\ |\langle f - f_0,\ x_i\rangle| < \varepsilon, \quad \forall i = 1, 2 \dots k\}.$$

On détermine maintenant k et ε pour que $V \subset U$. Si $f \in V$, on a

$$d(f, f_0) = \sum_{n=1}^{k} \frac{1}{2^n}\ |\langle f - f_0,\ x_n\rangle| + \sum_{n=k+1}^{\infty} \frac{1}{2^n}\ |\langle f - f_0,\ x_n\rangle|$$

$$< \varepsilon + 2 \sum_{n=k+1}^{\infty} \frac{1}{2^n} = \varepsilon + \frac{1}{2^{k-1}}.$$

On choisit alors $\varepsilon < \frac{r}{2}$ et k assez grand pour que $\frac{1}{2^{k-1}} < \frac{r}{2}$.

∗ **Réciproquement,** supposons que $B_{E'}$ est métrisable pour $\sigma(E', E)$ et montrons que E est séparable. Soit $U_n = \left\{f \in B_{E'}\,;\ d(f, 0) < \frac{1}{n}\right\}$ et soit V_n un voisinage de 0 pour $\sigma(E', E)$ tel que $V_n \subset U_n$. On peut supposer que V_n est de la forme

$$V_n = \{f \in B_{E'}\,;\ |\langle f, x\rangle| < \varepsilon_n, \quad \forall x \in \Phi_n\}$$

où $\Phi_n \subset E$ est un sous-ensemble fini. Notons que $D = \bigcup_{n=1}^{\infty} \Phi_n$ est dénombrable. D'autre part

$$\bigcap_{n=1}^{\infty} V_n = \{0\} \qquad \text{et donc} \qquad (\langle f, x\rangle = 0 \quad \forall x \in D) \Rightarrow (f = 0).$$

Il en résulte que l'espace vectoriel engendré par D est dense dans E ; d'où E est séparable.

« Symétriquement » on a le

∗ **Théorème III.25′.** – ***Soit* E *un espace de Banach tel que* E′ *soit séparable. Alors* B_E *est métrisable pour la topologie* σ(E, E′).**
Et réciproquement.

Pour prouver l'implication (E′ séparable) ⇒ (B_E est métrisable pour la topologie σ(E, E′)) on peut reprendre mot pour mot la démonstration du théorème III.25 en échangeant les rôles de E et E′. La réciproque est plus délicate ; voir par exemple Dunford-Schwartz [1] ou [EX].

• **Corollaire III.26.** – ***Soit* E *un espace de Banach séparable et soit* (f_n) *une suite bornée dans* E′. *Alors il existe une sous-suite extraite* (f_{n_k}) *qui converge pour la topologie* σ(E′, E).**

Démonstration. – Supposons, pour fixer les idées, que $\|f_n\| \leqslant 1$ pour tout n. L'ensemble $B_{E'}$ est compact et métrisable pour la topologie σ(E′, E) (théorèmes III.15 et III.25). D'où la conclusion.

• **Théorème III.27.** – ***Soit* E *un espace de Banach réflexif et soit* (x_n) *une suite bornée dans* E. *Alors il existe une sous-suite extraite* (x_{n_k}) *qui converge pour la topologie* σ(E, E′).**

Démonstration. – Soit M_0 l'espace vectoriel engendré par les (x_n) et soit $M = \overline{M_0}$. M est un espace séparable (voir la démonstration du théorème III.23). De plus M est réflexif (d'après la proposition III.17). Il en résulte que B_M est un ensemble métrisable et compact pour la topologie σ(M, M′). En effet, M′ est séparable (corollaire III.24) et par suite $B_{M''}(= B_M)$ est métrisable pour σ(M″, M′)(= σ(M, M′)) grâce au théorème III.25. On peut alors extraire une sous-suite (x_{n_k}) qui converge pour la topologie σ(M, M′). On en déduit que (x_{n_k}) converge aussi pour la topologie σ(E, E′) (par restriction à M des formes linéaires continues sur E).

Remarque 20. – La réciproque du théorème III.27 est aussi vraie. Plus précisément on a le

∗ **Théorème III.28 (Eberlein-Šmulian).** – ***Soit* E *un espace de Banach tel que toute suite bornée* (x_n) *possède une sous-suite extraite* (x_{n_k}) *convergente pour la topologie* σ(E, E′). *Alors* E *est réflexif*.**

La démonstration est délicate ; voir par exemple Holmes [1], Yosida [1], Dunford-Schwartz [1], Diestel [2] ou [EX]. Afin de bien préciser l'intérêt du théorème III.28 rappelons que :

i) un espace **topologique** (général) dans lequel toute suite possède une sous-suite convergente n'est **pas nécessairement** compact,

ii) dans un espace **topologique** compact il peut exister des suites qui ne possèdent aucune sous-suite convergente.

iii) dans un espace **métrique**

(compact) ⇔ (toute suite possède une sous-suite convergente).

Il existe effectivement des exemples d'espaces de Banach E et de suites bornées (f_n) dans E′ qui ne possèdent aucune sous-suite convergente pour la topologie σ(E′, E) ; voir [EX]. Bien entendu un tel E n'est ni réflexif ni séparable ; dans ce cas l'ensemble $B_{E'}$ muni de la topologie σ(E′, E) est compact non-métrisable.

III.7. Espaces uniformément convexes

Définition. — On dit qu'un espace de Banach E est **uniformément convexe** si $\forall \varepsilon > 0$, $\exists \delta > 0$ tel que

$$\left(x, y \in E, \|x\| \leqslant 1, \|y\| \leqslant 1 \quad \text{et} \quad \|x - y\| > \varepsilon\right) \Rightarrow \left(\left\|\frac{x+y}{2}\right\| < 1 - \delta\right).$$

On notera que cette définition fait intervenir une propriété **géométrique** de la boule unité (qui doit être « bien ronde ») et qu'elle n'est pas stable par passage à une norme équivalente.

Exemple 1. — On prend $E = \mathbb{R}^2$. La norme $\|x\|_2 = (|x_1|^2 + |x_2|^2)^{\frac{1}{2}}$ est uniformément convexe tandis que la norme $\|x\|_1 = |x_1| + |x_2|$ n'est pas uniformément convexe. On peut s'en convaincre en « regardant » les images des boules unité [1] :

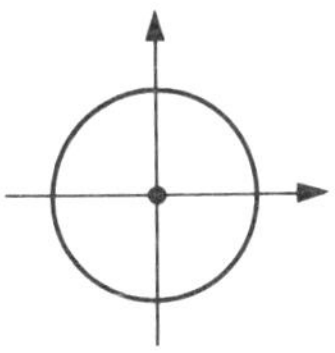

Boule unité de E pour $\| \ \|_2$

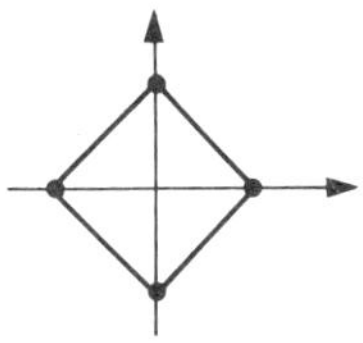

Boule unité de E pour $\| \ \|_1$

Exemple 2. — On verra par la suite (cf. chapitres IV et V) que les espaces de Hilbert sont uniformément convexes, de même que les espaces $L^p(\Omega)$ pour $1 < p < \infty$. Par contre $L^1(\Omega)$, $L^\infty(\Omega)$ et $C(K)$ (K compact) ne sont pas uniformément convexes.

• **Théorème III.29 (Milman-Pettis).** — ***Tout espace de Banach uniformément convexe est réflexif.***

Remarque 21. — Il est surprenant qu'une propriété de nature **géométrique** (uniforme convexité) entraîne une propriété de nature **topologique** (réflexivité). L'uniforme convexité est souvent un outil commode pour prouver qu'un espace est réflexif [mais cette méthode ne marche pas toujours : il existe des espaces réflexifs qui ne possèdent aucune norme équivalente uniformément convexe].

Démonstration. — Soit $\xi \in E''$ avec $\|\xi\| = 1$. On cherche à montrer que $\xi \in J(B_E)$. Comme $J(B_E)$ est fermé fortement dans E'', il suffit de prouver que

$$\forall \varepsilon > 0 \qquad \exists x \in B_E \qquad \text{tel que} \qquad \|\xi - J(x)\| < \varepsilon.$$

Soit donc $\varepsilon > 0$ fixé et soit $\delta > 0$ correspondant à la définition de l'uniforme convexité. On choisit $f \in E'$ avec $\|f\| = 1$ tel que

(6) $$\langle \xi, f \rangle > 1 - \frac{\delta}{2}$$

(ce qui est possible puisque $\|\xi\| = 1$).
On pose

$$V = \left\{\eta \in E'' ; \quad |\langle \eta - \xi, f \rangle| < \frac{\delta}{2}\right\}$$

---

[1] A titre d'exercice faire aussi le raisonnement avec des ε et δ !

de sorte que V est un voisinage de ξ pour la topologie $\sigma(E'', E')$. D'après le lemme III.4 on sait que $V \cap J(B_E) \neq \emptyset$. Fixons $x \in B_E$ tel que $J(x) \in V$.

Montrons que $\xi \in J(x) + \varepsilon B_{E''}$ — ce qui achèvera la démonstration. Raisonnons par l'absurde et supposons que $\xi \in \complement(J(x) + \varepsilon B_{E''}) = W$. Notons que W est aussi un voisinage de ξ pour la topologie $\sigma(E'', E')$ (puisque $B_{E''}$ est fermé pour la topologie $\sigma(E'', E')$). Appliquant à nouveau le lemme III.4 on a $(V \cap W) \cap J(B_E) \neq \emptyset$ i.e. il existe $\hat{x} \in B_E$ tel que $J(\hat{x}) \in V \cap W$. On obtient alors (puisque $J(x), J(\hat{x}) \in V$)

$$|\langle f, x\rangle - \langle \xi, f\rangle| < \frac{\delta}{2}$$

$$|\langle f, \hat{x}\rangle - \langle \xi, f\rangle| < \frac{\delta}{2}$$

Donc, par addition

$$2\langle \xi, f\rangle \leqslant \langle f, x + \hat{x}\rangle + \delta \leqslant \|x + \hat{x}\| + \delta$$

et d'après (6), $\left\|\frac{x + \hat{x}}{2}\right\| \geqslant 1 - \delta$. Par conséquent (uniforme convexité) $\|x - \hat{x}\| \leqslant \varepsilon$. Enfin $\|x - \hat{x}\| > \varepsilon$ puisque $J(\hat{x}) \in W$ — ceci est absurde.

Terminons par une propriété utile des espaces uniformément convexes.

Proposition III.30. — ***Soit* E *un espace de Banach uniformément convexe. Soit* (x_n) *une suite dans* E *telle que* $x_n \rightharpoonup x$ *pour la topologie faible* $\sigma(E, E')$ *et***

$$\limsup \|x_n\| \leqslant \|x\|.$$

Alors $x_n \to x$ ***fortement.***

Démonstration. — On peut supposer que $x \neq 0$ (sinon la conclusion est évidente). Soit

$$\lambda_n = \operatorname{Max}\,\{\|x_n\|, \|x\|\}$$

de sorte que $\lambda_n \to \|x\|$. On pose

$$y_n = \lambda_n^{-1} x_n \qquad \text{et} \qquad y = \|x\|^{-1} x.$$

Alors $y_n \rightharpoonup y$ pour $\sigma(E, E')$. On en déduit que $\|y\| \leqslant \liminf \left\|\frac{y_n + y}{2}\right\|$ (cf. proposition III.5 (iii)).

D'autre part $\|y\| = 1$, $\|y_n\| \leqslant 1$ et donc en fait $\left\|\frac{y_n + y}{2}\right\| \to 1$. Il résulte de l'uniforme convexité que $\|y_n - y\| \to 0$. D'où $x_n \to x$ fortement.

Commentaires sur le chapitre III

1) Les topologies $\sigma(E, E')$, $\sigma(E', E'')$ et $\sigma(E', E)$ sont des topologies localement convexes séparées. Elles jouissent par conséquent des propriétés générales des e.l.c.s. Entre autres les théorèmes de Hahn-Banach (formes géométriques), le théorème de Krein-Milman, etc... restent valables; voir Bourbaki [1] et [EX].

2) D'autres résultats concernant les topologies faibles méritent d'être cités. Par exemple, le

$*$ **Théorème III.31 (Banach-Dieudonné-Krein-Šmulian).** – ***Soit* E *un espace de Banach et soit* C ⊂ E′ *un convexe. On suppose que***

$$\forall n, \qquad C \cap (n B_{E'}) \text{ est fermé pour la topologie } \sigma(E', E).$$

***Alors* C *est fermé pour la topologie* σ(E′, E).**

Le lecteur intéressé pourra trouver la démonstration dans Bourbaki [1], Larsen [1], Holmes [1], Dunford-Schwartz [1], Schaefer [1] et en exercice dans [EX]. Les références citées contiennent aussi de nombreuses autres propriétés liées au théorème de Eberlein-Šmulian.

3) La théorie des **espaces vectoriels en dualité,** qui généralise la dualité $\langle E, E' \rangle$, a connu ses heures de gloire durant les années 1940-1950. On dit que deux espaces vectoriels X et Y sont en dualité s'il existe une forme bilinéaire $\langle \ , \ \rangle$ sur $X \times Y$ qui sépare les points (i.e. $\forall x \neq 0, \exists y$ tel que $\langle x, y \rangle \neq 0$ et $\forall y \neq 0, \exists x$ tel que $\langle x, y \rangle \neq 0$). On peut définir sur X (resp. sur Y) une multitude de topologies localement convexes. Parmi les plus courantes on retiendra, outre la topologie faible $\sigma(X, Y)$, la topologie de Mackey $\tau(X, Y)$, la topologie forte $\beta(X, Y)$ etc. Ces topologies jouent un rôle intéressant quand on travaille sur des espaces **non normés,** par exemple les espaces qui interviennent en théorie des distributions. Sur la théorie des espaces vectoriels en dualité on pourra consulter Bourbaki [1], Schaefer [1], Köthe [1], Treves [1], Kelley-Namioka [1], Edwards [1].

4) Les propriétés de séparabilité, de réflexivité et d'uniforme convexité sont aussi étroitement liées aux propriétés de **différentiabilité** de la fonction $x \mapsto \|x\|$ (voir Diestel [1], Beauzamy [1] et [EX]). L'existence d'une norme équivalente qui possède de bonnes propriétés géométriques est un sujet très étudié; par exemple, comment caractériser les espaces de Banach qui possèdent une norme équivalente uniformément convexe ? ([1]). La **géométrie des espaces de Banach** a connu un développement spectaculaire depuis une vingtaine d'années, grâce **entre autres** aux travaux de James, Dvoretsky, Grothendieck, Lindenstrauss, Pelczynski, Enflo, Johnson, Rosenthal, L. Schwartz et ses élèves (Pisier, Maurey, Beauzamy...), etc. A ce propos on pourra consulter Beauzamy [1], Diestel [1] et [2], Lindenstrauss-Tzafriri [2] et L. Schwartz [4].

([1]) Ces espaces sont appelés super-réflexifs, voir Diestel [1] et Beauzamy [1].

IV

LES ESPACES L^p

Dans toute la suite Ω désigne un ouvert de $\mathbb{R}^N$ muni de la mesure de Lebesgue dx. On suppose le lecteur familiarisé avec les notions de **fonction intégrable,** de **fonction mesurable** et **d'ensemble négligeable;** voir par exemple Marle [1], Malliavin [1], Neveu [1], Rudin [2], Guichardet [1], Dieudonné [2], Kolmogorov-Fomin [1], Chae [1], Hewitt-Stromberg [1], Wheeden-Zygmund [1] etc. On désigne par $L^1(\Omega)$ l'espace des fonctions intégrables sur Ω à valeurs dans $\mathbb{R}$. On pose

$$\|f\|_{L^1} = \int_\Omega |f(x)|\, dx.$$

Quand il n'y aura pas d'ambiguité on écrira souvent L^1 au lieu de $L^1(\Omega)$ et $\int f$ au lieu de $\int_\Omega f(x)\, dx$. Comme d'habitude on identifie deux fonctions de L^1 qui coïncident p.p. = presque partout (= sauf sur un ensemble négligeable).

A toutes fins utiles, rappelons...

IV.1. Quelques résultats d'intégration qu'il faut absolument connaître

• **Théorème IV.1 (Théorème de convergence monotone de Beppo Levi).** — *Soit (f_n) une suite croissante de fonctions de L^1 telle que $\operatorname{Sup}_n \int f_n < \infty$.*

Alors $f_n(x)$ converge p.p. sur Ω vers une limite finie notée $f(x)$; de plus $f \in L^1$ et $\|f_n - f\|_{L^1} \to 0$.

• **Théorème IV.2 (Théorème de convergence dominée de Lebesgue).** — *Soit (f_n) une suite de fonctions de L^1. On suppose que*

a) $f_n(x) \to f(x)$ p.p. sur Ω,

b) il existe une fonction $g \in L^1$ telle que pour chaque n, $|f_n(x)| \leqslant g(x)$ p.p. sur Ω (¹).

Alors $f \in L^1(\Omega)$ et $\|f_n - f\|_{L^1} \to 0$.

Lemme IV.1. (Lemme de Fatou). — *Soit (f_n) une suite de fonctions de L^1 telle que*

(1) *pour chaque n, $f_n(x) \geqslant 0$ p.p. sur Ω*

(2) $\operatorname{Sup}_n \int f_n < \infty$.

(¹) On dit que g est une *majorante intégrable* des fontions (f_n).

Pour chaque $x \in \Omega$ ***on pose*** $f(x) = \liminf_{n\to\infty} f_n(x)$.

Alors $f \in L^1(\Omega)$ *et*

$$\int f \leqslant \liminf_{n\to\infty} \int f_n .$$

Notation. – On désigne par $C_c(\Omega)$ l'espace des **fonctions continues sur** Ω à **support compact,** c'est-à-dire $C_c(\Omega) = \{f \in C(\Omega);\ f(x) = 0\ \forall x \in \Omega \backslash K$ où $K \subset \Omega$ est un compact$\}$.

Théorème IV.3 (théorème de densité). – ***L'espace*** $C_c(\Omega)$ ***est dense dans*** $L^1(\Omega)$ ***; c'est-à-dire***

$$\forall f \in L^1(\Omega) \quad \textit{et} \quad \forall \varepsilon > 0, \quad \exists f_1 \in C_c(\Omega) \quad \textit{tel que} \quad \|f - f_1\|_{L^1} < \varepsilon.$$

Soient $\Omega_1 \subset \mathbb{R}^{N_1}$, $\Omega_2 \subset \mathbb{R}^{N_2}$ des ouverts et soit $F : \Omega_1 \times \Omega_2 \to \mathbb{R}$ une fonction mesurable.

Théorème IV.4 (Tonelli). – ***On suppose que***

$$\int_{\Omega_2} |F(x, y)|\, dy < \infty \qquad \textit{pour presque tout } x \in \Omega_1$$

et que

$$\int_{\Omega_1} dx \int_{\Omega_2} |F(x, y)|\, dy < \infty.$$

Alors $F \in L^1(\Omega_1 \times \Omega_2)$.

Théorème IV.5 (Fubini). – ***On suppose que*** $F \in L^1(\Omega_1 \times \Omega_2)$.

Alors, pour presque tout $x \in \Omega_1$,

$$F(x, y) \in L^1_y(\Omega_2) \qquad \textit{et} \qquad \int_{\Omega_2} F(x, y)\, dy \in L^1_x(\Omega_1).$$

De même, pour presque tout $y \in \Omega_2$,

$$F(x, y) \in L^1_x(\Omega_1) \qquad \textit{et} \qquad \int_{\Omega_1} F(x, y)\, dx \in L^1_y(\Omega_2).$$

De plus on a

$$\int_{\Omega_1} dx \int_{\Omega_2} F(x, y)\, dy = \int_{\Omega_2} dy \int_{\Omega_1} F(x, y)\, dx = \iint_{\Omega_1 \times \Omega_2} F(x, y)\, dx\, dy.$$

IV.2. Définition et propriétés élémentaires des espaces L^p.

Définition. – Soit $p \in \mathbb{R}$ avec $1 \leqslant p < \infty$; on pose

$$L^p(\Omega) = \{f : \Omega \to \mathbb{R};\ f \text{ mesurable et } |f|^p \in L^1(\Omega)\}.$$

On note

$$\|f\|_{L^p} = \left[\int_{\Omega} |f(x)|^p\, dx\right]^{1/p}.$$

On vérifiera ultérieurement que $\| \ \|_{L^p}$ est une norme.

Définition. — On pose

$L^\infty(\Omega) = \{f: \Omega \to \mathbb{R}; f$ mesurable et $\exists$ une constante C telle que $|f(x)| \leqslant C$ p.p. sur $\Omega.\}$

On note

$$\|f\|_{L^\infty} = \operatorname{Inf}\{C;\ |f(x)| \leqslant C \text{ p.p. sur } \Omega\}$$

On vérifiera ultérieurement que $\|\ \|_{L^\infty}$ est une norme.

Remarque 1. — Si $f \in L^\infty$ on a

$$|f(x)| \leqslant \|f\|_{L^\infty} \text{ p.p. sur } \Omega.$$

En effet il existe une suite C_n telle que $C_n \to \|f\|_{L^\infty}$ et pour chaque n, $|f(x)| \leqslant C_n$ p.p. sur Ω. Donc $|f(x)| \leqslant C_n$ pour tout $x \in \Omega \backslash E_n$ avec E_n négligeable. On pose $E = \bigcup_n E_n$ de sorte que E est négligeable et l'on a $|f(x)| \leqslant C_n$ pour tout n et pour tout $x \in \Omega \backslash E$. Par conséquent $|f(x)| \leqslant \|f\|_{L^\infty}$ pour tout $x \in \Omega \backslash E$.

Notation. — Soit $1 \leqslant p \leqslant \infty$; on désigne par p' l'**exposant conjugué** de p i.e. $\frac{1}{p} + \frac{1}{p'} = 1$.

• **Théorème IV.6 (Inégalité de Hölder).** — ***Soient $f \in L^p$ et $g \in L^{p'}$ avec $1 \leqslant p \leqslant \infty$. Alors $f.g \in L^1$ et***

(3) $$\boxed{\int |fg| \leqslant \|f\|_{L^p}\, \|g\|_{L^{p'}}}$$

Démonstration. — La conclusion est évidente si $p = 1$ et si $p = \infty$. Supposons donc que $1 < p < \infty$. Rappelons l'**inégalité de Young**

(4) $$ab \leqslant \frac{1}{p}\, a^p + \frac{1}{p'}\, b^{p'} \qquad \forall a \geqslant 0, \qquad \forall b \geqslant 0\ (^1);$$

la démonstration de (4) est évidente : la fonction log étant concave sur $]0, \infty[$ on a

$$\log\left(\frac{1}{p}\, a^p + \frac{1}{p'}\, b^{p'}\right) \geqslant \frac{1}{p} \log a^p + \frac{1}{p'} \log b^{p'} = \log ab.$$

Donc

$$|f(x)|\,|g(x)| \leqslant \frac{1}{p}\, |f(x)|^p + \frac{1}{p'}\, |g(x)|^{p'} \quad \text{p.p. } x \in \Omega.$$

Il en résulte que $fg \in L^1$ et que

(5) $$\int |fg| \leqslant \frac{1}{p}\, \|f\|_{L^p}^p + \frac{1}{p'}\, \|g\|_{L^{p'}}^{p'}$$

Remplaçant dans (5) f par λf ($\lambda > 0$) il vient

(6) $$\int |fg| \leqslant \frac{\lambda^{p-1}}{p}\, \|f\|_{L^p}^p + \frac{1}{\lambda p'}\, \|g\|_{L^{p'}}^{p'}.$$

---

[1] Que l'on utilisera aussi parfois sous la forme $ab \leqslant \varepsilon a^p + C_\varepsilon b^{p'}$ avec $C_\varepsilon = \varepsilon^{-\frac{1}{p-1}}$.

On choisit $\lambda = \|f\|_{L^p}^{-1} \|g\|_{L^{p'}}^{p'/p}$ (de manière à minimiser le membre de droite dans (6)). On obtient alors (3).

Remarque 2. — Il convient de retenir une conséquence très utile de l'inégalité de Hölder : soient $f_1, f_2 \ldots f_k$ des fonctions telles que

$$f_i \in L^{p_i}(\Omega) \ 1 \leqslant i \leqslant k \qquad \text{avec} \qquad \frac{1}{p} = \frac{1}{p_1} + \frac{1}{p_2} + \ldots + \frac{1}{p_k} \leqslant 1.$$

Alors le produit $f = f_1 f_2 \ldots f_k$ appartient à $L^p(\Omega)$ et

$$\|f\|_{L^p} \leqslant \|f_1\|_{L^{p_1}} \ldots \|f_k\|_{L^{p_k}}.$$

En particulier si $f \in L^p(\Omega) \cap L^q(\Omega)$ avec $1 \leqslant p \leqslant q \leqslant \infty$, alors $f \in L^r(\Omega)$ pour tout $p \leqslant r \leqslant q$ et l'on a **l'inégalité d'interpolation**

$$\|f\|_{L^r} \leqslant \|f\|_{L^p}^{\alpha} \|f\|_{L^q}^{1-\alpha} \qquad \text{où} \qquad \frac{1}{r} = \frac{\alpha}{p} + \frac{1-\alpha}{q} \qquad (0 \leqslant \alpha \leqslant 1);$$

voir [EX].

Théorème IV.7. — **L^p *est un espace vectoriel et* $\| \ \|_{L^p}$ *est une norme pour tout* $1 \leqslant p \leqslant \infty$.**

Démonstration. — Les cas $p = 1$ et $p = \infty$ sont évidents (utiliser la remarque 1). Supposons que $1 < p < \infty$ et soient $f, g \in L^p$. On a

$$|f(x) + g(x)|^p \leqslant (|f(x)| + |g(x)|)^p \leqslant 2^p(|f(x)|^p + |g(x)|^p).$$

Par conséquent $f + g \in L^p$. D'autre part on a

$$\|f + g\|_{L^p}^p = \int |f + g|^{p-1}|f + g| \leqslant \int |f + g|^{p-1}|f| + \int |f + g|^{p-1}|g|.$$

Or $|f + g|^{p-1} \in L^{p'}$ et grâce à l'inégalité de Hölder on obtient

$$\|f + g\|_{L^p}^p \leqslant \|f + g\|_{L^p}^{p-1} \|f\|_{L^p} + \|f + g\|_{L^p}^{p-1} \|g\|_{L^p}$$

i.e.

$$\|f + g\|_{L^p} \leqslant \|f\|_{L^p} + \|g\|_{L^p}.$$

• **Théorème IV.8 (Fischer-Riesz).** — **L^p *est un espace de Banach pour tout* $1 \leqslant p \leqslant \infty$.**

Démonstration.

1) Supposons d'abord que $p = \infty$. Soit (f_n) une suite de Cauchy dans L^∞. Étant donné un entier $k \geqslant 1$ il existe N_k tel que

$$\|f_m - f_n\|_{L^\infty} \leqslant \frac{1}{k} \qquad \text{pour} \qquad m, n \geqslant N_k.$$

Donc il existe E_k négligeable tel que

$$(7) \qquad |f_m(x) - f_n(x)| \leqslant \frac{1}{k} \quad \forall x \in \Omega \backslash E_k, \quad \forall m, n \geqslant N_k.$$

Enfin, posant $E = \bigcup_k E_k$ (E est négligeable), on voit que pour tout $x \in \Omega \backslash E$ la suite $f_n(x)$ est de Cauchy (dans $\mathbb{R}$). Soit $f_n(x) \to f(x)$ pour $x \in \Omega \backslash E$. Passant à la limite dans (7) quand $m \to \infty$ on obtient

$$|f(x) - f_n(x)| \leqslant \frac{1}{k} \qquad \forall x \in \Omega \backslash E, \qquad \forall n \geqslant N_k .$$

Donc $f \in L^\infty$ et $\|f - f_n\|_{L^\infty} \leqslant \frac{1}{k}$ $\forall n \geqslant N_k$. Par conséquent $\|f - f_n\|_{L^\infty} \to 0$.

2) Supposons maintenant que $\mathbf{1 \leqslant p < \infty}$. Soit (f_n) une suite de Cauchy dans L^p. Pour conclure il suffit de montrer qu'une sous-suite extraite converge dans L^p.
On extrait une sous-suite (f_{n_k}) telle que

$$\|f_{n_{k+1}} - f_{n_k}\|_{L^p} \leqslant \frac{1}{2^k} \qquad \forall k \geqslant 1$$

[on procède comme suit : il existe n_1 tel que $\|f_m - f_n\|_{L^p} \leqslant \frac{1}{2}$ pour $m, n \geqslant n_1$; on prend ensuite $n_2 \geqslant n_1$ tel que $\|f_m - f_n\|_{L^p} \leqslant \frac{1}{2^2}$ pour $m, n \geqslant n_2$, etc.]. On va montrer que f_{n_k} converge dans L^p. Pour simplifier les notations on écrit f_k au lieu de f_{n_k}, de sorte que l'on a

(8) $$\|f_{k+1} - f_k\|_{L^p} \leqslant \frac{1}{2^k} \qquad \forall k \geqslant 1.$$

Posant

$$g_n(x) = \sum_{k=1}^{n} |f_{k+1}(x) - f_k(x)|$$

il vient

$$\|g_n\|_{L^p} \leqslant 1.$$

On déduit du théorème de convergence monotone que p.p. sur Ω, $g_n(x)$ converge vers une limite finie notée $g(x)$ avec $g \in L^p$. D'autre part, on a pour $m \geqslant n \geqslant 2$

$$|f_m(x) - f_n(x)| \leqslant |f_m(x) - f_{m-1}(x)| + \dots |f_{n+1}(x) - f_n(x)| \leqslant g(x) - g_{n-1}(x).$$

Il en résulte que p.p. sur Ω, $(f_n(x))$ est de Cauchy et converge vers une limite notée $f(x)$. On a p.p. sur Ω

(9) $$|f(x) - f_n(x)| \leqslant g(x) \qquad \text{pour} \qquad n \geqslant 2.$$

Il en résulte que $f \in L^p$. Enfin $\|f_n - f\|_{L^p} \to 0$; en effet on a $|f_n(x) - f(x)|^p \to 0$ p.p. et $|f_n(x) - f(x)|^p \leqslant g^p(x)$ majorante intégrable. On conclut grâce au théorème de Lebesgue.

Théorème IV.9. – ***Soient*** (f_n) ***une suite de*** L^p ***et*** $f \in L^p$, ***tels que*** $\|f_n - f\|_{L^p} \to 0$. ***Alors il existe une sous-suite extraite*** (f_{n_k}) ***telle que***

(*a*) $f_{n_k}(x) \to f(x)$ ***p.p. sur*** Ω

(*b*) $|f_{n_k}(x)| \leqslant h(x)$ $\forall k$ ***et p.p. sur*** Ω, ***avec*** $h \in L^p$.

DÉMONSTRATION. – Le résultat est évident pour $p = \infty$. Supposons donc que $1 \leqslant p < \infty$. Comme la suite (f_n) est de Cauchy on peut reprendre la démonstration du théorème IV.8 et extraire une sous-suite (f_{n_k}) vérifiant (8). Poursuivant, comme dans la démonstration du théorème IV.8, on voit que $f_{n_k}(x)$ converge p.p. vers une limite notée

$f^*(x)$ (¹). De plus, on a grâce à (9)

$$|f^*(x) - f_{n_k}(x)| \leqslant g(x) \qquad \forall k, \qquad \text{p.p. sur } \Omega, \quad \text{avec } g \in L^p.$$

Il en résulte que $f^* \in L^p$, et que $f_{n_k} \to f^*$ dans L^p (d'après le théorème de Lebesgue). Par conséquent $f = f^*$ p.p. et l'on en déduit (a). Pour obtenir (b) il suffit de choisir $h = f^* + g$.

IV.3. Réflexivité. Séparabilité. Dual de L^p

Nous allons distinguer l'étude des trois cas :

(A) $1 < p < \infty$
(B) $p = 1$
(C) $p = \infty$

A. ÉTUDE DE L^p POUR $1 < p < \infty$.

Il s'agit du cas le plus « favorable » : L^p est réflexif séparable et le dual de L^p s'identifie à $L^{p'}$.

• **Théorème IV.10.** — L^p *est réflexif pour* $1 < p < \infty$.

La démonstration est décomposée en trois étapes.

1re étape (Première inégalité de Clarkson). — Soit $2 \leqslant p < \infty$; *on a*

(10) $$\left\| \frac{f+g}{2} \right\|_{L^p}^p + \left\| \frac{f-g}{2} \right\|_{L^p}^p \leqslant \frac{1}{2} \left(\|f\|_{L^p}^p + \|g\|_{L^p}^p \right) \quad \forall f, g \in L^p.$$

DÉMONSTRATION. — Bien entendu, il suffit de montrer que

$$\left| \frac{a+b}{2} \right|^p + \left| \frac{a-b}{2} \right|^p \leqslant \frac{1}{2} \left(|a|^p + |b|^p \right) \qquad \forall a, b \in \mathbb{R}.$$

On a

$$\alpha^p + \beta^p \leqslant (\alpha^2 + \beta^2)^{p/2} \qquad \forall \alpha, \beta \geqslant 0$$

(se ramener au cas où $\beta = 1$ et noter que la fonction $(x^2 + 1)^{p/2} - x^p - 1$ est croissante sur $[0, \infty[$). Prenant $\alpha = \left| \frac{a+b}{2} \right|$ et $\beta = \left| \frac{a-b}{2} \right|$ il vient

$$\left| \frac{a+b}{2} \right|^p + \left| \frac{a-b}{2} \right|^p \leqslant \left(\left| \frac{a+b}{2} \right|^2 + \left| \frac{a-b}{2} \right|^2 \right)^{p/2} = \left(\frac{a^2}{2} + \frac{b^2}{2} \right)^{p/2} \leqslant \frac{1}{2} |a|^p + \frac{1}{2} |b|^p.$$

[cette dernière inégalité résulte de la convexité de la fonction $x \mapsto |x|^{p/2}$ car $p \geqslant 2$].

2e étape : L^p est uniformément convexe, et donc réflexif pour $2 \leqslant p < \infty$.
En effet, soit $\varepsilon > 0$ fixé. On suppose que

$$\|f\|_{L^p} \leqslant 1, \ \|g\|_{L^p} \leqslant 1 \qquad \text{et} \qquad \|f - g\|_{L^p} > \varepsilon.$$

(¹) A priori il faut distinguer f et f^* : on sait que $f_n \to f$ dans L^p et que $f_{n_k}(x) \to f^*(x)$ p.p. sur Ω.

On déduit de (10) que

$$\left\|\frac{f+g}{2}\right\|_{L^p}^p < 1 - \left(\frac{\varepsilon}{2}\right)^p \quad \text{et donc} \quad \left\|\frac{f+g}{2}\right\|_{L^p} < 1 - \delta$$

avec

$$\delta = 1 - \left(1 - \left(\frac{\varepsilon}{2}\right)^p\right)^{1/p} > 0.$$

Par conséquent L^p est uniformément convexe, et donc réflexif grâce au théorème III.29.

3e étape : L^p est réflexif pour $1 < p \leqslant 2$.

DÉMONSTRATION. — Soit $1 < p \leqslant 2$. On considère l'opérateur $T : L^p \to (L^{p'})'$ défini comme suit :

Soit $u \in L^p$ fixé; l'application $f \in L^{p'} \mapsto \int uf$ est une forme linéaire et continue sur $L^{p'}$ notée Tu de sorte que

$$\langle Tu, f\rangle = \int uf \qquad \forall f \in L^{p'}.$$

On a (d'après l'inégalité de Hölder)

$$|\langle Tu, f\rangle| \leqslant \|u\|_{L^p}\|f\|_{L^{p'}}$$

et par suite

(11) $$\|Tu\|_{(L^{p'})'} \leqslant \|u\|_{L^p}.$$

D'autre part, posons

$$f_0(x) = |u(x)|^{p-2}u(x) \quad (f_0(x) = 0 \text{ si } u(x) = 0).$$

On a $f_0 \in L^{p'}$, $\|f_0\|_{L^{p'}} = \|u\|_{L^p}^{p-1}$ et $\langle Tu, f_0\rangle = \|u\|_{L^p}^p$.

Donc

(12) $$|Tu\|_{(L^{p'})'} \geqslant \frac{\langle Tu, f_0\rangle}{\|f_0\|} = \|u\|_{L^p}.$$

Comparant (11) et (12) on obtient $\|Tu\|_{(L^{p'})'} = \|u\|_{L^p}$. Il en résulte que T est une isométrie de L^p sur un sous-espace fermé (puisque L^p est complet) de $(L^{p'})'$. Or $L^{p'}$ est réflexif (2e étape) et donc (corollaire III.18) $(L^{p'})'$ est réflexif. Il s'en suit (proposition III.17) que $T(L^p)$ est réflexif et donc aussi L^p.

REMARQUE 3. — On montre que l'espace L^p est **aussi uniformément convexe pour $1 < p \leqslant 2$.** On utilise à cet effet la 2e inégalité de Clarkson valable pour $1 < p \leqslant 2$:

$$\left\|\frac{f+g}{2}\right\|_{L^p}^{p'} + \left\|\frac{f-g}{2}\right\|_{L^p}^{p'} \leqslant \left[\frac{1}{2}\|f\|_{L^p}^p + \frac{1}{2}\|g\|_{L^p}^p\right]^{1/(p-1)}$$

Cette inégalité est sensiblement plus difficile à établir que la 1re inégalité de Clarkson; voir par exemple [EX] ou Hewitt-Stromberg [1]. Pour une approche un peu différente voir Diestel [1], Morawetz [1] et [EX].

• **Théorème IV.11 (Théorème de représentation de Riesz).** — ***Soit*** $1 < p < \infty$ ***et soit*** $\varphi \in (L^p)'$. ***Alors il existe*** $u \in L^{p'}$ ***unique tel que***

$$\langle \varphi, f \rangle = \int uf \qquad \forall f \in L^p.$$

De plus on a

$$\|u\|_{L^{p'}} = \|\varphi\|_{(L^p)'}.$$

• Remarque 4. — Le théorème IV.11 est très important. Il exprime que toute forme linéaire continue sur L^p avec $1 < p < \infty$ se représente à l'aide d'une fonction de $L^{p'}$. L'application $\varphi \longmapsto u$ est un opérateur linéaire isométrique et surjectif qui permet d'identifier le dual de L^p avec $L^{p'}$. **Dans la suite on fera systématiquement l'identification**

$$(L^p)' = L^{p'}.$$

Démonstration. — On définit l'opérateur $T : L^{p'} \to (L^p)'$ par

$$\langle Tu, f \rangle = \int uf \qquad \forall f \in L^p$$

et l'on a

$$\|Tu\|_{(L^p)'} = \|u\|_{L^{p'}} \qquad \forall u \in L^{p'}$$

(procéder comme dans la démonstration du théorème IV.10, 3e étape). Il nous faut prouver que T est surjectif. On pose $E = T(L^{p'})$. Comme E est un sous-espace fermé, il reste à montrer que E est dense dans $(L^p)'$. Soit $h \in (L^p)''$ [$= L^p$ puisque L^p est réflexif] tel que $\langle Tu, h \rangle = 0$ pour tout $u \in L^{p'}$; vérifions que $h = 0$. On a

$$\int uh = \langle Tu, h \rangle = 0 \qquad \forall u \in L^{p'}.$$

On conclut que $h = 0$ en choisissant $u = |h|^{p-2}h$.

Théorème IV.12 (Densité). — ***L'espace*** $C_c(\Omega)$ ***est dense dans*** $L^p(\Omega)$ ***pour*** $1 \leqslant p < \infty$.

Commençons par une définition et un lemme.

Définition. — Soit $1 \leqslant p \leqslant \infty$; on dit qu'une fonction $f : \Omega \to \mathbb{R}$ appartient à $L^p_{loc}(\Omega)$ si $f 1_K \in L^p(\Omega)$ pour tout compact $K \subset \Omega$.

Lemme IV.2. — ***Soit*** $f \in L^1_{loc}(\Omega)$ ***tel que***

$$\int fu = 0 \qquad \forall u \in C_c(\Omega). \tag{13}$$

Alors $f = 0$ **p.p.** ***sur*** Ω.

Démonstration du lemme IV.2. — On procède en deux étapes :

1) Supposons que l'on ait, de plus, $f \in L^1(\Omega)$ et $|\Omega| < \infty$ [1].
Étant donné $\varepsilon > 0$ il existe $f_1 \in C_c(\Omega)$ tel que $\|f - f_1\|_{L^1} < \varepsilon$. D'après (13) on a

$$\left|\int f_1 u\right| \leqslant \varepsilon \|u\|_{L^\infty} \qquad \forall u \in C_c(\Omega). \tag{14}$$

---

[1] Étant donné $A \subset \Omega$ mesurable, on désigne par $|A|$ la **mesure** de A ; $|A|$ est éventuellement infini.

Soient

$$K_1 = \{x \in \Omega;\ f_1(x) \geqslant \varepsilon\}$$
$$K_2 = \{x \in \Omega;\ f_1(x) \leqslant -\varepsilon\}$$

Comme K_1 et K_2 sont des compacts disjoints on peut construire grâce au théorème de Tietze-Urysohn (voir Dieudonné [1], L. Schwartz [2] ou Yosida [1]) une fonction $u_0 \in C_c(\Omega)$ telle que

$$u_0(x) = \begin{cases} +1 & \text{si } x \in K_1 \\ -1 & \text{si } x \in K_2 \end{cases}$$

et

$$|u_0(x)| \leqslant 1 \quad \text{pour tout} \quad x \in \Omega.$$

Posant $K = K_1 \cup K_2$ il vient

$$\int_\Omega f_1 u_0 = \int_{\Omega \backslash K} f_1 u_0 + \int_K f_1 u_0$$

et donc, grâce à (14)

$$\int_K |f_1| = \int_K f_1 u_0 \leqslant \varepsilon + \int_{\Omega\backslash K} |f_1 u_0| \leqslant \varepsilon + \int_{\Omega\backslash K} |f_1|.$$

Par conséquent

$$\int_\Omega |f_1| = \int_K |f_1| + \int_{\Omega\backslash K} |f_1| \leqslant \varepsilon + 2 \int_{\Omega\backslash K} |f_1| \leqslant \varepsilon + 2\varepsilon|\Omega|$$

puisque

$$|f_1| \leqslant \varepsilon \quad \text{sur} \quad \Omega\backslash K.$$

Donc

$$\|f\|_{L^1} \leqslant \|f - f_1\|_{L^1} + \|f_1\|_{L^1} \leqslant 2\varepsilon + 2\varepsilon|\Omega|.$$

Cette inégalité étant vraie pour tout $\varepsilon > 0$ on conclut que $f = 0$ p.p. sur Ω.

2) Considérons maintenant le cas général. On écrit $\Omega = \bigcup_n \Omega_n$ avec Ω_n ouvert, $\overline{\Omega}_n$ compact, $\overline{\Omega}_n \subset \Omega$ [Prendre par exemple $\Omega_n = \{x \in \Omega;\ \text{dist}\,(x, \complement\Omega) > \frac{1}{n} \text{ et } |x| < n\}$]. Appliquant ce qui précède avec Ω_n et $f_{|\Omega_n}$ on voit que $f = 0$ p.p. sur Ω_n et on conclut que $f = 0$ p.p. sur Ω.

Démonstration du théorème IV.12. — On sait déjà que $C_c(\Omega)$ est dense dans $L^1(\Omega)$. Supposons donc que $1 < p < \infty$. Pour prouver que $C_c(\Omega)$ est dense dans $L^p(\Omega)$ il suffit de vérifier que si $h \in L^{p'}(\Omega)$ satisfait $\int hu = 0$ pour tout $u \in C_c(\Omega)$, alors $h = 0$. Or $h \in L^1_{loc}(\Omega)$ puisque $\int |h\mathbf{1}_K| \leqslant \|h\|_{L^{p'}} |K|^{1/p} < \infty$ et on peut donc appliquer le lemme IV.2 pour conclure que $h = 0$ p.p.

Théorème IV.13. — $L^p(\Omega)$ ***est séparable pour*** $1 \leqslant p < \infty$.

DÉMONSTRATION. — On désigne par $(R_i)_{i\in I}$ la famille (dénombrable) des pavés R de la forme $R = \prod_{k=1}^{N}]a_k, b_k[$ avec $a_k,\ b_k \in \mathbb{Q}$ et $R \subset \Omega$.
On désigne par E l'espace vectoriel sur $\mathbb{Q}$ engendré par les fonctions $\mathbf{1}_{R_i}$ (i.e. les combinaisons linéaires finies à coefficients rationnels des fonctions $\mathbf{1}_{R_i}$); de sorte que E est dénombrable. Montrons que E est dense dans $L^p(\Omega)$. Soit $f \in L^p(\Omega)$ et soit $\varepsilon > 0$ fixés. Soit $f_1 \in C_c(\Omega)$ tel que $\|f - f_1\|_{L^p} < \varepsilon$ (théorème IV.12). Soit Ω' un ouvert **borné** tel que $\operatorname{Supp} f_1 \subset \Omega' \subset \Omega$. Comme $f_1 \in C_c(\Omega')$ on construit aisément une fonction $f_2 \in E$ telle que $\operatorname{Supp} f_2 \subset \Omega'$ et que $|f_2(x) - f_1(x)| \leqslant \dfrac{\varepsilon}{|\Omega'|^{1/p}}$ p.p. sur Ω' (on commence par recouvrir $\operatorname{Supp} f_1$ par un nombre fini de pavés R_i sur lesquels l'oscillation de f_1 est inférieure à $\dfrac{\varepsilon}{|\Omega'|^{1/p}}$). Il en résulte que $\|f_2 - f_1\|_{L^p} \leqslant \varepsilon$ et donc $\|f - f_2\|_{L^p} < 2\varepsilon$.

REMARQUE 5. — Pour démontrer le théorème IV.13 on aurait aussi pu faire appel au fait que si K est un espace métrique compact alors C(K) est séparable (voir par exemple Dieudonné [1] (7.4.4)).

B. ÉTUDE DE L^1.

• **Théorème IV.14.** — ***Soit*** $\varphi \in (L^1)'$. ***Alors il existe*** $u \in L^\infty$ ***unique tel que***

$$\langle \varphi, f\rangle = \int uf \qquad \forall f \in L^1.$$

On a de plus

$$\|u\|_{L^\infty} = \|\varphi\|_{(L^1)'}.$$

• REMARQUE 6. — Le théorème IV.14 affirme que toute forme linéaire et continue sur L^1 se représente à l'aide d'une fonction de L^∞. L'application $\varphi \longmapsto u$ est une isométrie surjective qui permet d'identifier $(L^1)'$ et L^∞. **Dans la suite on fera systématiquement l'identification**

$$(L^1)' = L^\infty.$$

DÉMONSTRATION. — Commençons par prouver l'existence de u. On fixe une fonction $w \in L^2(\Omega)$ telle que pour tout compact $K \subset \Omega$, $w \geqslant \varepsilon_K > 0$ p.p. sur K [Il est clair qu'une telle fonction existe : prendre par exemple $w(x) = \alpha_n$ pour $x \in \Omega$, $n \leqslant |x| < n+1$, et ajuster les constantes $\alpha_n > 0$ pour que $w \in L^2(\Omega)$]. L'application $f \in L^2 \longmapsto \langle \varphi, wf\rangle$ est une forme linéaire et continue sur L^2. D'après le théorème IV.11 (appliqué avec $p = 2$) il existe une fonction $v \in L^2$ telle que

$$\langle \varphi, wf\rangle = \int vf \qquad \forall f \in L^2. \tag{15}$$

Posons $u(x) = \dfrac{v(x)}{w(x)}$; ce qui a un sens puisque $w(x) > 0$ pour tout $x \in \Omega$ et u est mesurable.
Montrons que $u \in L^\infty$ et que $\|u\|_{L^\infty} \leqslant \|\varphi\|_{(L^1)'}$. D'après (15) on a

$$\left|\int vf\right| \leqslant \|\varphi\|_{(L^1)'} \|wf\|_{L^1} \qquad \forall f \in L^2. \tag{16}$$

Soit $C > \|\varphi\|_{(L^1)'}$. Montrons que l'ensemble

$$A = \{x \in \Omega;\ \ |u(x)| > C\}$$

est négligeable (il en résultera que $u \in L^\infty$ et que $\|u\|_{L^\infty} \leqslant \|\varphi\|_{(L^1)'}$). Raisonnons par l'absurde.

Si A n'est pas négligeable il existe $\tilde{A} \subset A$ mesurable tel que $0 < |\tilde{A}| < \infty$. On reporte dans (16) la fonction

$$f(x) = \begin{cases} +1 & \text{si} \quad x \in \tilde{A} \quad \text{et} \quad u(x) > 0 \\ -1 & \text{si} \quad x \in \tilde{A} \quad \text{et} \quad u(x) < 0 \\ 0 & \text{si} \quad x \in \Omega \backslash \tilde{A}. \end{cases}$$

Il vient $\int_{\tilde{A}} |u| w \leqslant \|\varphi\|_{(L^1)'} \int_{\tilde{A}} w$, et par conséquent $C \int_{\tilde{A}} w \leqslant \|\varphi\|_{(L^1)'} \int_{\tilde{A}} w$, ce qui est absurde puisque $\int_{\tilde{A}} w > 0$.

Récapitulons : on a construit $u \in L^\infty(\Omega)$ avec $\|u\|_{L^\infty} \leqslant \|\varphi\|_{(L^1)'}$ tel que

(17) $$\langle \varphi, wf \rangle = \int uwf \quad \forall f \in L^2.$$

Il en résulte que

(18) $$\langle \varphi, g \rangle = \int ug \quad \forall g \in C_c(\Omega).$$

En effet si $g \in C_c(\Omega)$, alors $f = \frac{g}{w} \in L^2$ (puisque $w \geqslant \varepsilon > 0$ sur Supp g) et on peut reporter f dans (17). Comme $C_c(\Omega)$ est dense dans L^1 on déduit de (18) que

$$\langle \varphi, g \rangle = \int ug \quad \forall g \in L^1.$$

Enfin, on a

$$|\langle \varphi, g \rangle| \leqslant \int |ug| \leqslant \|u\|_{L^\infty} \|g\|_{L^1} \quad \forall g \in L^1$$

et donc $\|\varphi\|_{(L^1)'} \leqslant \|u\|_{L^\infty}$. Par conséquent $\|u\|_{L^\infty} = \|\varphi\|_{(L^1)'}$. L'unicité de u est une conséquence immédiate du lemme IV.2.

• Remarque 7. — L'espace L^1 n'est **pas** réflexif. En effet supposons (pour fixer les idées) que $0 \in \Omega$. Considérons la suite $f_n = \alpha_n \mathbf{1}_{B(0,\frac{1}{n})}$ avec n assez grand pour que $B(0, \frac{1}{n}) \subset \Omega$ et $\alpha_n = \left| B(0, \frac{1}{n}) \right|^{-1}$ de sorte que $\|f_n\|_{L^1} = 1$. Si L^1 était réflexif il existerait une sous-suite extraite (f_{n_k}) et une fonction $f \in L^1$ tels que $f_{n_k} \rightharpoonup f$ pour la topologie faible $\sigma(L^1, L^\infty)$. Donc

(19) $$\int f_{n_k} \varphi \to \int f \varphi \quad \forall \varphi \in L^\infty.$$

Lorsque $\varphi \in C_c(\Omega \backslash \{0\})$ on voit que $\int f_{n_k} \varphi = 0$ pour k assez grand. Il résulte de (19) que

$$\int f \varphi = 0 \quad \forall \varphi \to C_c(\Omega \backslash \{0\}).$$

Appliquant le lemme IV.2 dans l'ouvert $\Omega\backslash\{0\}$ à la fonction f (restreinte à $\Omega\backslash\{0\}$) on obtient que $f = 0$ p.p. sur $\Omega\backslash\{0\}$. Donc en fait $f = 0$ p.p. sur Ω. Par ailleurs si l'on prend $\varphi \equiv 1$ dans (19), il vient $\int f = 1$ – ce qui est absurde.

C. ÉTUDE DE L^∞.

On a vu (théorème IV.14) que $L^\infty = (L^1)'$. De ce fait, l'espace L^∞ possède quelques propriétés « agréables ». Entre autres, on a :

- (i) La boule unité fermée B_{L^∞} est compacte pour la topologie faible $*$ $\sigma(L^\infty, L^1)$ (théorème III.15).
- (ii) Si (f_n) est une suite bornée dans L^∞ on peut en extraire une sous-suite qui converge dans L^∞ pour la topologie faible $*$ $\sigma(L^\infty, L^1)$ (théorèmes III.25 et IV.13).

Toutefois L^∞ **n'est pas réflexif** (sinon L^1 le serait d'après le corollaire III.18 et on sait que L^1 n'est pas réflexif).
Le dual de L^∞ contient L^1 (puisque $(L^1)' = L^\infty$) et il est **strictement** plus grand que L^1 : il existe des formes φ linéaires et continues sur L^∞ qui ne sont pas du type

$$\langle \varphi, f\rangle = \int uf \qquad \forall f \in L^\infty \qquad \text{avec} \qquad u \in L^1.$$

Fabriquons un exemple « concret ». Supposons que $0 \in \Omega$ et soit $\varphi_0 : C_c(\Omega) \to \mathbb{R}$ définie par $\varphi_0(f) = f(0)$ pour $f \in C_c(\Omega)$. De sorte que φ_0 est une forme linéaire et continue sur $C_c(\Omega)$ pour la norme $\| \ \|_{L^\infty}$. D'après le théorème de Hahn-Banach, φ_0 se prolonge en une forme linéaire et continue sur L^∞ notée φ. On a

$$\langle \varphi, f\rangle = f(0) \qquad \forall f \in C_c(\Omega). \tag{20}$$

Montrons qu'**il n'existe pas** de fonction $u \in L^1$ telle que

$$\langle \varphi, f\rangle = \int uf \qquad \forall f \in L^\infty.$$

En effet si une telle fonction u existait on aurait

$$\int uf = 0 \qquad \forall f \in C_c(\Omega\backslash\{0\}).$$

Grâce au lemme IV.2 (appliqué sur $\Omega\backslash\{0\}$) on obtiendrait $u = 0$ p.p. sur $\Omega\backslash\{0\}$, et donc $u = 0$ p.p. sur Ω. Par conséquent

$$\langle \varphi, f\rangle = 0 \qquad \forall f \in L^\infty$$

– ce qui est contraire à (20).

$*$ Remarque 8. – Si le dual de L^∞ ne coïncide pas avec L^1 on peut néanmoins se demander à quoi « ressemble » $(L^\infty)'$.
A cet effet considérons $L^\infty(\Omega; \mathbb{C})$ comme une C* algèbre de Banach commutative (voir par exemple Rudin [1]). D'après le théorème de Gelfand, $L^\infty(\Omega; \mathbb{C})$ est isomorphe et isométrique à $C(K; \mathbb{C})$ (où K est un espace topologique compact, plus précisément le spectre de l'algèbre L^∞). Par conséquent $L^\infty(\Omega; \mathbb{C})'$ s'identifie à l'espace des mesures (de Radon) sur K (à valeurs dans $\mathbb{C}$) [et $L^\infty(\Omega; \mathbb{R})'$ s'identifie à l'espace des mesures (de Radon) sur K à valeurs dans $\mathbb{R}$]. Pour plus de détails, voir Rudin [1] ou Yosida [1], p. 118.

REMARQUE 9. — L'espace L^∞ **n'est pas séparable.** Pour établir ce fait il est commode d'utiliser le

Lemme IV.3. — *Soit* E *un espace de Banach. On suppose qu'il existe une famille* $(O_i)_{i\in I}$ *telle que*

(i) *Pour tout* $i \in I$, O_i *est un ouvert non vide de* E.

(ii) $O_i \cap O_j = \varnothing$ *si* $i \neq j$.

(iii) I *n'est pas dénombrable.*

Alors E *n'est* **pas** *séparable.*

DÉMONSTRATION DU LEMME IV.3. — Raisonnons par l'absurde et supposons que E est séparable. Soit $(u_n)_{n\in\mathbb{N}}$ une suite dense dans E. Pour chaque $i \in I$, $O_i \cap (u_n)_{n\in\mathbb{N}} \neq \varnothing$ et on choisit $n(i)$ tel que $u_{n(i)} \in O_i$. L'application $i \longmapsto n(i)$ est injective; en effet si $n(i) = n(j)$ alors $u_{n(i)} = u_{n(j)} \in O_i \cap O_j$ et donc $i = j$. Par suite I est dénombrable — ce qui est contraire à (iii).

Montrons maintenant que L^∞ n'est pas séparable. Pour tout $a \in \Omega$ on fixe $r_a < \operatorname{dist}(a, \complement\Omega)$; on pose $u_a = \mathbf{1}_{B(a, r_a)}$ et

$$O_a = \left\{ f \in L^\infty ; \quad \|f - u_a\|_{L^\infty} < \frac{1}{2} \right\}.$$

On vérifie aisément que la famille $(O_a)_{a\in\Omega}$ satisfait (i), (ii) et (iii).

Le tableau suivant récapitule les principales propriétés des espaces L^p rencontrées au § IV.3.

	Réflexif	Séparable	Espace dual
L^p $1 < p < \infty$	OUI	OUI	$L^{p'}$
L^1	NON	OUI	L^∞
L^∞	NON	NON	Contient strictement L^1

IV.4. Convolution et régularisation

Dans tout ce paragraphe, sauf à la proposition IV.17 et au corollaire IV.23 on prend $\Omega = \mathbb{R}^N$.

• **Théorème IV.15.** — ***Soient*** $f \in L^1(\mathbb{R}^N)$ **et** $g \in L^p(\mathbb{R}^N)$ ***avec*** $1 \leqslant p \leqslant \infty$.
Alors, pour presque tout $x \in \mathbb{R}^N$, ***la fonction*** $y \mapsto f(x-y)g(y)$ ***est intégrable sur*** $\mathbb{R}^N$.
On pose

$$\boxed{(f * g)(x) = \int_{\mathbb{R}^N} f(x-y)g(y)\, dy.}$$

Alors $f * g \in L^p(\mathbb{R}^N)$ ***et***

$$\boxed{\|f * g\|_{L^p} \leqslant \|f\|_{L^1}\|g\|_{L^p}.}$$

DÉMONSTRATION. – La conclusion est évidente si $p = \infty$. Supposons d'abord que $p = 1$ et soit

$$F(x, y) = f(x - y)g(y).$$

Pour presque tout $y \in \mathbb{R}^N$ on a

$$\int |F(x, y)| dx = |g(y)| \int |f(x - y)| dx = \|f\|_{L^1} |g(y)| < \infty$$

et

$$\int dy \int |F(x, y)| dx = \|f\|_{L^1} \|g\|_{L^1} < \infty.$$

Appliquant le théorème de Tonelli (théorème IV.4) on voit que $F \in L^1(\mathbb{R}^N \times \mathbb{R}^N)$. Grâce au théorème de Fubini (théorème IV.5) on obtient

$$\int |F(x, y)| dy < \infty \ \text{ p.p. } x \in \mathbb{R}^N$$

et

$$\int dx \int |F(x, y)| dy \leqslant \|f\|_{L^1} \|g\|_{L^1}.$$

Ceci correspond exactement à la conclusion du théorème IV.15.

Supposons maintenant que $1 < p < \infty$. D'après ce qui précède, on sait que pour presque tout $x \in \mathbb{R}^N$ **fixé,** la fonction $y \mapsto |f(x - y)|\,|g(y)|^p$ est intégrable sur $\mathbb{R}^N$, i.e.

$$|f(x - y)|^{1/p}\,|g(y)| \in L^p_y(\mathbb{R}^N).$$

Comme $|f(x - y)|^{1/p'} \in L^{p'}_y$, on déduit de l'inégalité de Hölder que

$$|f(x - y)|\,|g(y)| = |f(x - y)|^{1/p}|g(y)| \,.\, |f(x - y)|^{1/p'} \in L^1_y$$

et

$$\int |f(x - y)|\,|g(y)|\, dy \leqslant \left(\int |f(x - y)||g(y)|^p\, dy \right)^{1/p} \|f\|_{L^1}^{1/p'}$$

i.e.

$$|(f * g)(x)|^p \leqslant (|f| * |g|^p)(x) \,.\, \|f\|_{L^1}^{p/p'}.$$

Appliquant le résultat du cas $p = 1$ on voit que

$$f * g \in L^p \qquad \text{et} \qquad \|f * g\|_{L^p}^p \leqslant \|f\|_{L^1} \|g\|_{L^p}^p \|f\|_{L^1}^{p/p'}$$

i.e.

$$\|f * g\|_{L^p} \leqslant \|f\|_{L^1} \|g\|_{L^p}.$$

Notation. – Étant donnée une fonction f on pose $\check{f}(x) = f(-x)$.

Proposition IV.16. – ***Soient*** $f \in L^1(\mathbb{R}^N)$, $g \in L^p(\mathbb{R}^N)$ ***et*** $h \in L^{p'}(\mathbb{R}^N)$.
Alors on a

$$\int (f * g)\, h = \int g(\check{f} * h).$$

DÉMONSTRATION. – La fonction $F(x, y) = f(x - y)g(y)h(x)$ appartient à $L^1(\mathbb{R}^N \times \mathbb{R}^N)$ puisque

$$\int |h(x)| \left(\int |f(x - y)||g(y)| dy \right) dx < \infty$$

grâce au théorème IV.15 et à l'inégalité de Hölder.

Par conséquent

$$\int (f * g)(x)h(x)\,dx = \int dx \int F(x, y)\,dy = \int dy \int F(x, y)\,dx = \int g(y)(\check{f} * h)(y)\,dy.$$

Supports dans la convolution

La notion de **support d'une fonction continue** est bien connue : c'est le complémentaire du plus grand ouvert sur lequel f est nulle (ou, ce qui revient au même, l'adhérence de l'ensemble $\{x ; f(x) \neq 0\}$. Quand on travaille avec des fonctions mesurables il faut être plus prudent – puisque ces fonctions sont seulement définies presque partout – et la définition précédente ne convient plus [on pourra s'en convaincre en considérant $\mathbf{1}_{\mathbb{Q}}$]. La définition appropriée est la suivante :

Proposition IV.17 et définition du support. – ***Soit** $\Omega \subset \mathbb{R}^N$ **un ouvert et soit** f **une fonction définie sur** Ω **à valeurs dans** $\mathbb{R}$. **On considère la famille de tous les ouverts** $(\omega_i)_{i \in I}$, $\omega_i \subset \Omega$ **tels que pour chaque** $i \in I$, $f = 0$ **p.p. sur** ω_i. **On pose** $\omega = \bigcup_{i \in I} \omega_i$.*

Alors $f = 0$ **p.p. sur** ω.

Par définition, **Supp** $f = \Omega \backslash \omega$.

Remarque 10.

a) Si f_1 et f_2 sont deux fonctions telles que $f_1 = f_2$ p.p. sur Ω, alors $\operatorname{Supp} f_1 = \operatorname{Supp} f_2$. **On peut donc parler du support d'une fonction** $f \in L^p$ (sans préciser quel représentant on choisit dans la classe d'équivalence).

b) Si f est continue sur Ω on vérifie aisément que cette définition coïncide avec la définition usuelle.

Démonstration. – Il n'est pas clair que $f = 0$ p.p. sur ω puisque la famille I n'est pas dénombrable. Toutefois on peut se ramener au cas dénombrable par le procédé suivant. Soit (K_n) une suite de compacts tels que $\omega = \bigcup_n K_n$

$$\left[\text{prendre par exemple } K_n = \{x \in \omega;\ \operatorname{dist}(x, \mathbb{R}^N \backslash \omega) \geq \frac{1}{n} \text{ et } |x| \leq n\}\right].$$

Ensuite, pour chaque n, K_n est recouvert par un nombre fini des ω_i, soit $K_n \subset \bigcup_{i \in I_n} \omega_i$ avec $I_n \subset I$ fini. Posant $J = \bigcup_n I_n$ (J est dénombrable) on a $\omega = \bigcup_{i \in J} \omega_i$. Comme $f = 0$ p.p. sur ω_i, on conclut que $f = 0$ p.p. sur ω.

• **Proposition IV.18.** – ***Soient*** $f \in L^1(\mathbb{R}^N)$ ***et*** $g \in L^p(\mathbb{R}^N)$. ***Alors***

$$\boxed{\operatorname{Supp}(f * g) \subset \overline{\operatorname{Supp} f + \operatorname{Supp} g}}$$

Démonstration. – Soit $x \in \mathbb{R}^N$ fixé tel que la fonction $y \mapsto f(x - y)g(y)$ soit intégrable (voir théorème IV.15). On a

$$(f * g)(x) = \int f(x - y)g(y)\,dy = \int_{(x - \operatorname{Supp} f) \cap \operatorname{Supp} g} f(x - y)g(y)\,dy.$$

Si $x \notin \operatorname{Supp} f + \operatorname{Supp} g$, alors $(x - \operatorname{Supp} f) \cap \operatorname{Supp} g = \varnothing$ et $(f \ast g)(x) = 0$. Donc

$$(f \ast g)(x) = 0 \text{ p.p. sur } \complement(\operatorname{Supp} f + \operatorname{Supp} g)$$

et en particulier

$$(f \ast g)(x) = 0 \text{ p.p. sur Int } \complement\,(\operatorname{Supp} f + \operatorname{Supp} g).$$

Par conséquent $\operatorname{Supp}(f \ast g) \subset \overline{\operatorname{Supp} f + \operatorname{Supp} g}$.

• REMARQUE 11. — Bien entendu si f **et** g sont tous deux à supports compacts, alors $f \ast g$ est à support compact. En général, si l'**un** des supports seulement est compact, alors $f \ast g$ n'est **pas** à support compact.

Proposition IV.19. — ***Soient*** $f \in C_c(\mathbb{R}^N)$ ***et*** $g \in L^1_{loc}(\mathbb{R}^N)$. ***Alors***

$$f \ast g \in C(\mathbb{R}^N).$$

DÉMONSTRATION. — Notons d'abord que pour **tout** $x \in \mathbb{R}^N$ la fonction $y \longmapsto f(x - y)g(y)$ est intégrable sur $\mathbb{R}^N$ et donc $(f \ast g)(x)$ a un sens pour **tout** $x \in \mathbb{R}^N$.
Soit $x_n \to x$ et posons

$$\begin{aligned} F_n(y) &= f(x_n - y)g(y) \\ F(y) &= f(x - y)g(y) \end{aligned}$$

de sorte que $F_n(y) \to F(y)$ p.p. sur $\mathbb{R}^N$. D'autre part, soit K un compact fixe tel que $(x_n - \operatorname{Supp} f) \subset K$ pour tout n. Donc $f(x_n - y) = 0$ pour $y \notin K$ et par suite $|F_n(y)| \leqslant \|f\|_{L^\infty} \mathbf{1}_K(y)\, g(y)$, majorante intégrable. On déduit du théorème de Lebesgue que

$$(f \ast g)(x_n) = \int F_n(y)\,dy \to \int F(y)\,dy = (f \ast g)(x).$$

Notations

$C^k(\Omega)$ désigne l'espace des fonctions k fois continûment différentiables sur Ω

$$\begin{aligned} C^\infty(\Omega) &= \bigcap_k C^k(\Omega) \\ C^k_c(\Omega) &= C^k(\Omega) \cap C_c(\Omega) \\ C^\infty_c(\Omega) &= C^\infty(\Omega) \cap C_c(\Omega) \end{aligned}$$

(certains auteurs utilisent la notation $\mathscr{D}(\Omega)$ ou bien $C^\infty_0(\Omega)$ au lieu de $C^\infty_c(\Omega)$).

• **Proposition IV.20.** — ***Soient*** $f \in C^k_c(\mathbb{R}^N)$ ***et*** $g \in L^1_{loc}(\mathbb{R}^N)$ ***(k entier). Alors***

$$f \ast g \in C^k(\mathbb{R}^N) \quad \text{et} \quad D^\alpha(f \ast g) = (D^\alpha f) \ast g\ (^1).$$

En particulier si $f \in C^\infty_c(\mathbb{R}^N)$ ***et*** $g \in L^1_{loc}(\mathbb{R}^N)$, ***alors*** $f \ast g \in C^\infty(\mathbb{R}^N)$.

---

(1) Ici D^α désigne l'une quelconque des dérivées partielles

$$D^\alpha f = \frac{\partial^{\alpha_1}}{\partial x_1^{\alpha_1}} \frac{\partial^{\alpha_2}}{\partial x_2^{\alpha_2}} \cdots \frac{\partial^{\alpha_N}}{\partial x_N^{\alpha_N}} f \qquad \text{avec} \quad |\alpha| = \alpha_1 + \alpha_2 + \dots + \alpha_N \leqslant k$$

DÉMONSTRATION. — Par récurrence on se ramène immédiatement au cas $k = 1$. Soit $x \in \mathbb{R}^N$ fixé ; montrons que $f \star g$ est différentiable en x et que

$$\nabla(f \star g)(x) = (\nabla f \star g)(x) \ (^1)$$

Soit $h \in \mathbb{R}^N$ avec $|h| < 1$ (h destiné à tendre vers 0). On a

$$|f(x + h - y) - f(x - y) - h\nabla f(x - y)|$$
$$= \left|\int_0^1 [h\nabla f(x + sh - y) - h\nabla f(x - y)]\, \mathrm{d}s\right| \leqslant |h|\, \varepsilon(|h|) \qquad \forall y \in \mathbb{R}^N$$

avec $\varepsilon(|h|) \to 0$ quand $|h| \to 0$ (puisque ∇f est uniformément continu sur $\mathbb{R}^N$). Soit K un compact fixé assez grand pour que $x + B(0, 1) - \operatorname{Supp} f \subset K$. On a

$$f(x + h - y) - f(x - y) - h\nabla f(x - y) = 0 \qquad \forall y \notin K, \qquad \forall h \in B(0, 1)$$

et donc

$$|f(x + h - y) - f(x - y) - h\nabla f(x - y)| \leqslant |h|\, \varepsilon(|h|)\mathbf{1}_K(y) \qquad \forall y \in \mathbb{R}^N, \qquad \forall h \in B(0, 1).$$

Par conséquent

$$|(f \star g)(x + h) - (f \star g)(x) - h(\nabla f \star g)(x)| \leqslant |h|\varepsilon(|h|) \int_K |g(y)|\, \mathrm{d}y.$$

Il en résulte que $f \star g$ est différentiable en x et que $\nabla(f \star g)(x) = (\nabla f \star g)(x)$.

Suites régularisantes

Définition. — On appelle **suite régularisante** (**mollifiers** en anglais) toute suite $(\rho_n)_{n\geqslant 1}$ de fonctions telle que

$$\rho_n \in C_c^\infty(\mathbb{R}^N), \qquad \operatorname{Supp} \rho_n \subset B(0, \frac{1}{n}), \qquad \int \rho_n = 1, \qquad \rho_n \geqslant 0 \text{ sur } \mathbb{R}^N.$$

Dorénavant on utilisera systématiquement la notation (ρ_n) pour désigner une suite régularisante.

Remarquons qu'**il existe** des suites régularisantes. En effet, il suffit de fixer une fonction $\rho \in C_c^\infty(\mathbb{R}^N)$ avec $\operatorname{Supp} \rho \subset B(0, 1)$, $\rho \geqslant 0$ sur $\mathbb{R}^N$ et $\int \rho > 0$; prendre par exemple la fonction

$$\rho(x) = \begin{cases} e^{\frac{1}{|x|^2 - 1}} & \text{si } |x| < 1 \\ 0 & \text{si } |x| \geqslant 1. \end{cases}$$

On considère ensuite $\rho_n(x) = Cn^N\rho(nx)$ avec $C = \left(\int \rho\right)^{-1}$.

Proposition IV.21. — ***Soit** $f \in C(\mathbb{R}^N)$; **alors** $\rho_n \star f \to f$ **uniformément sur tout compact de** $\mathbb{R}^N$.*

---

(1) $$\nabla f = \left(\frac{\partial f}{\partial x_1}, \frac{\partial f}{\partial x_2}, \ldots, \frac{\partial f}{\partial x_N}\right)$$

DÉMONSTRATION. – Soit $K \subset \mathbb{R}^N$ un compact fixé. Pour tout $\varepsilon > 0$ il existe $\delta > 0$ (dépendant de K et ε) tel que

$$|f(x-y) - f(x)| < \varepsilon \qquad \forall x \in K, \qquad \forall y \in B(0, \delta).$$

On a

$$(\rho_n \star f)(x) - f(x) = \int [f(x-y) - f(x)]\rho_n(y)\,dy = \int_{B(0,\frac{1}{n})} [f(x-y) - f(x)]\rho_n(y)\,dy$$

et donc pour $n > \frac{1}{\delta}$ et $x \in K$,

$$|(\rho_n \star f)(x) - f(x)| \leqslant \varepsilon \int \rho_n = \varepsilon.$$

• **Théorème IV.22.** – ***Soit*** $f \in L^p(\mathbb{R}^N)$ ***avec*** $1 \leqslant p < \infty$. ***Alors*** $\rho_n \star f \to f$ ***dans*** $L^p(\mathbb{R}^N)$.

DÉMONSTRATION. – Soit $\varepsilon > 0$ et soit $f_1 \in C_c(\mathbb{R}^N)$ fixé tel que $\|f - f_1\|_{L^p} < \varepsilon$ (voir théorème IV.12). D'après la proposition IV.21 on sait que $\rho_n \star f_1 \to f_1$ uniformément sur tout compact. D'autre part, on a (voir proposition IV.18)

$$\operatorname{Supp}(\rho_n \star f_1) \subset \overline{B(0, \tfrac{1}{n}) + \operatorname{Supp} f_1} \subset K, \text{ K compact fixe.}$$

Par conséquent, on en déduit que

$$\|\rho_n \star f_1 - f_1\|_{L^p} \xrightarrow[n \to \infty]{} 0.$$

Enfin on écrit

$$\rho_n \star f - f = [\rho_n \star (f - f_1)] + [\rho_n \star f_1 - f_1] + [f_1 - f];$$

d'où il résulte que

$$\|\rho_n \star f - f\|_{L^p} \leqslant 2\|f - f_1\|_{L^p} + \|\rho_n \star f_1 - f_1\|_{L^p}$$

(grâce au théorème IV.15).
On a donc

$$\limsup_{n \to \infty} \|\rho_n \star f - f\|_{L^p} \leqslant 2\varepsilon \qquad \forall \varepsilon > 0$$

i.e.
$$\lim_{n \to \infty} \|\rho_n \star f - f\|_{L^p} = 0.$$

• **Corollaire IV.23.** – ***Soit*** $\Omega \subset \mathbb{R}^N$ ***un ouvert quelconque.***
Alors $C_c^\infty(\Omega)$ ***est dense dans*** $L^p(\Omega)$ ***pour*** $1 \leqslant p < \infty$.

DÉMONSTRATION [1]. – Soient $f \in L^p(\Omega)$, $\varepsilon > 0$ et $f_1 \in C_c(\Omega)$ tels que

$$\|f - f_1\|_{L^p(\Omega)} < \varepsilon.$$

On considère la fonction $\overline{f_1}$ définie par

$$\overline{f_1}(x) = \begin{cases} f_1(x) & \text{si } x \in \Omega \\ 0 & \text{si } x \in \mathbb{R}^N \backslash \Omega \end{cases}$$

---

[1] La technique de régularisation par convolution a été introduite par Leray et Friedrichs.

de sorte que $\overline{f_1} \in L^p(\mathbb{R}^N)$ et (théorème IV.22) $\|\rho_n * \overline{f_1} - \overline{f_1}\|_{L^p(\mathbb{R}^N)} \to 0$. D'autre part

$$\text{Supp}\,(\rho_n * \overline{f_1}) \subset B(0, \frac{1}{n}) + \text{Supp}\, f_1 \subset \Omega \text{ pour } n \text{ assez grand.}$$

Soit $u_n = (\rho_n * \overline{f_1})_{|\Omega}$. Alors, pour n assez grand, $u_n \in C_c(\Omega)$ et de plus $\|u_n - f_1\|_{L^p(\Omega)} \to 0$. Donc, pour n assez grand, $\|u_n - f\|_{L^p(\Omega)} < 2\varepsilon$.

IV.5. Critère de compacité forte dans L^p

Il est important de savoir reconnaître quand une famille de fonctions de $L^p(\Omega)$ est relativement compacte dans $L^p(\Omega)$ pour la topologie forte. Rappelons d'abord le théorème d'Ascoli qui répond à la même question dans $C(K)$ où K est un espace **métrique compact.**

• **Théorème IV.24 (Ascoli).** — *Soit* **K** *un espace métrique compact et soit* $\mathcal{H}$ *un sous-ensemble* **borné** *de* **C(K).**
On suppose que $\mathcal{H}$ *est uniformément équicontinu i.e.*

(21) $\quad \forall \varepsilon > 0 \quad \exists \delta > 0 \quad$ *tel que* $\quad d(x_1, x_2) < \delta \Rightarrow |f(x_1) - f(x_2)| < \varepsilon \quad \forall f \in \mathcal{H}$

Alors $\mathcal{H}$ *est relativement compact dans* **C(K).**

Pour la démonstration du théorème d'Ascoli voir par exemple Dixmier [1], Choquet [1], Dieudonné [1], Yosida [1].

Le théorème suivant (et son corollaire) sont des « versions L^p » du théorème d'Ascoli.

Notations

1) On pose $(\tau_h f)(x) = f(x + h)$ (translation de f par h).

2) Soit $\Omega \subset \mathbb{R}^N$ ouvert ; on dit qu'un ouvert ω est **fortement inclus** dans Ω et on écrit $\omega \subset\subset \Omega$ si $\bar{\omega} \subset \Omega$ (1) et si $\bar{\omega}$ est compact.

• **Théorème IV.25 (M. Riesz-Fréchet-Kolmogorov).** — *Soit* $\Omega \subset \mathbb{R}^N$ *un ouvert et soit* $\omega \subset\subset \Omega$. *Soit* $\mathcal{F}$ *un sous-ensemble* **borné** *de* $L^p(\Omega)$ *avec* $1 \leqslant p < \infty$. *On suppose que*

(22) $\quad \forall \varepsilon > 0 \quad \exists \delta > 0,\ \delta < \text{dist}\,(\omega, \complement\Omega) \quad$ *tel que*

$$\|\tau_h f - f\|_{L^p(\omega)} < \varepsilon \quad \forall h \in \mathbb{R}^N \quad \textit{avec} \quad |h| < \delta \quad \textit{et} \quad \forall f \in \mathcal{F}\ (^2).$$

Alors $\mathcal{F}_{|\omega}$ *est relativement compact dans* $L^p(\omega)$.

---

(1) $\bar{\omega}$ désigne la fermeture de ω dans $\mathbb{R}^N$.

(2) Noter que si $x \in \omega$ et $|h| < \delta < \text{dist}\,(\omega, \complement\Omega)$ alors $x + h \in \Omega$ et $f(x + h)$ a un sens. L'hypothèse (22) est une condition d'équicontinuité « intégrale » à rapprocher de (21).

DÉMONSTRATION. — On peut toujours supposer que Ω est borné. Pour $f \in \mathscr{F}$ on pose

$$\bar{f}(x) = \begin{cases} f(x) & \text{si} \quad x \in \Omega \\ 0 & \text{si} \quad x \in \mathbb{R}^N \backslash \Omega. \end{cases}$$

On note

$$\overline{\mathscr{F}} = \{\bar{f};\ f \in \mathscr{F}\}$$

de sorte que $\overline{\mathscr{F}}$ est borné dans $L^p(\mathbb{R}^N)$ et dans $L^1(\mathbb{R}^N)$. On procède en trois étapes :

a) On a

$$\|\rho_n * \bar{f} - \bar{f}\|_{L^p(\omega)} < \varepsilon \qquad \forall \bar{f} \in \overline{\mathscr{F}} \qquad \text{et} \qquad \forall n > \frac{1}{\delta}.$$

En effet on a

$$|(\rho_n * \bar{f})(x) - \bar{f}(x)| \leqslant \int_{\mathbb{R}^N} |\bar{f}(x-y) - \bar{f}(x)|\rho_n(y)\,\mathrm{d}y$$
$$\leqslant \left(\int_{\mathbb{R}^N} |\bar{f}(x-y) - \bar{f}(x)|^p \rho_n(y)\,\mathrm{d}y\right)^{1/p}$$

et par suite

$$|(\rho_n * \bar{f})(x) - \bar{f}(x)|^p \leqslant \int_{B(0,\frac{1}{n})} |\bar{f}(x-y) - \bar{f}(x)|^p \rho_n(y)\,\mathrm{d}y$$

Donc

$$\int_\omega |(\rho_n * \bar{f})(x) - \bar{f}(x)|^p\,\mathrm{d}x \leqslant \int_{B(0,\frac{1}{n})} \rho_n(y)\,\mathrm{d}y \int_\omega |\bar{f}(x-y) - \bar{f}(x)|^p\,\mathrm{d}x < \varepsilon^p$$

pour $n > \frac{1}{\delta}$ (d'après (22)).

b) La famille $\mathscr{H} = (\rho_n * \overline{\mathscr{F}})_{|\bar{\omega}}$ vérifie, pour chaque n, les hypothèses du théorème d'Ascoli. En effet on a d'abord

$$\|\rho_n * \bar{f}\|_{L^\infty(\mathbb{R}^N)} \leqslant \|\rho_n\|_{L^\infty}\|\bar{f}\|_{L^1} \leqslant C_n \qquad \forall \bar{f} \in \overline{\mathscr{F}}.$$

D'autre part, on a $\forall x_1,\ x_2 \in \mathbb{R}^N$, $\forall \bar{f} \in \overline{\mathscr{F}}$

$$|(\rho_n * \bar{f})(x_1) - (\rho_n * \bar{f})(x_2)| \leqslant |x_1 - x_2|\,\|\rho_n\|_{\text{Lip}}\|\bar{f}\|_{L^1}$$
$$\leqslant C_n|x_1 - x_2|.$$

Il en résulte que $\mathscr{H}$ est relativement compact dans $C(\bar{\omega})$ et à fortiori dans $L^p(\omega)$.

c) Conclusion de la démonstration. Étant donné $\varepsilon > 0$ on **fixe** $n > \frac{1}{\delta}$ de sorte que

$$\|(\rho_n * \bar{f}) - f\|_{L^p(\omega)} < \varepsilon \qquad \forall f \in \mathscr{F}.$$

Comme $\mathscr{H}$ est relativement compact dans $L^p(\omega)$ on peut recouvrir $\mathscr{H}$ par un nombre fini

---

(1) $\|\rho_n\|_{\text{Lip}} = \operatorname*{Sup}_{z_1 \neq z_2} \dfrac{|\rho_n(z_1) - \rho_n(z_2)|}{|z_1 - z_2|}.$

de boules de rayon ε (dans $L^p(\omega)$). Les boules correspondantes de rayon 2ε recouvrent alors $\mathscr{F}_{|\omega}$. Par conséquent $\mathscr{F}_{|\omega}$ est relativement compact dans $L^p(\omega)$.

• **Corollaire IV.26.** – *Soit* $\Omega \subset \mathbb{R}^N$ *un ouvert et soit* $\mathscr{F}$ *un sous-ensemble* **borné** *de* $L^p(\Omega)$ *avec* $1 \leqslant p < \infty$.
On suppose que

$$(23)\quad \begin{cases} \forall \varepsilon > 0 \quad \forall \omega \subset\subset \Omega, \quad \exists \delta > 0,\ \delta < \operatorname{dist}(\omega, \complement\Omega) \quad \textit{tel que} \\ \|\tau_h f - f\|_{L^p(\omega)} < \varepsilon \quad \forall h \in \mathbb{R}^N \quad \textit{avec} \quad |h| < \delta \quad \textit{et} \quad \forall f \in \mathscr{F}, \end{cases}$$

$$(24)\quad \forall \varepsilon > 0 \ \ \exists \omega \subset\subset \Omega \quad \textit{tel que} \quad \|f\|_{L^p(\Omega\setminus\omega)} < \varepsilon \quad \forall f \in \mathscr{F}.$$

Alors $\mathscr{F}$ ***est relativement compact dans*** $L^p(\Omega)$.

Démonstration. – Étant donné $\varepsilon > 0$ on **fixe** $\omega \subset\subset \Omega$ tel que

$$\|f\|_{L^p(\Omega\setminus\omega)} < \varepsilon \qquad \forall f \in \mathscr{F}.$$

D'après le théorème IV.25 on sait que $\mathscr{F}_{|\omega}$ est relativement compact dans $L^p(\omega)$. On peut alors recouvrir $\mathscr{F}_{|\omega}$ par un nombre fini de boules de rayon ε dans $L^p(\omega)$. Soit

$$\mathscr{F}_{|\omega} \subset \bigcup_{i=1}^{k} B(g_i, \varepsilon) \qquad \text{avec} \qquad g_i \in L^p(\omega)$$

(ces boules sont entendues dans $L^p(\omega)$). On pose

$$\tilde{g}_i(x) = \begin{cases} g_i(x) & x \in \omega \\ 0 & x \in \Omega\setminus\omega. \end{cases}$$

On vérifie aisément que $\mathscr{F} \subset \bigcup_{i=1}^{k} B(\tilde{g}_i, 2\varepsilon)$ (ces boules sont entendues dans $L^p(\Omega)$).

Remarque 12. – La réciproque du corollaire IV.26 est vraie (voir par exemple [EX]).

Remarque 13. – Soit $\mathscr{F}$ un sous-ensemble borné de $L^p(\mathbb{R}^N)$ avec $1 \leqslant p < \infty$ vérifiant

$$\forall \varepsilon > 0 \quad \exists \delta > 0 \quad \text{tel que} \quad \|\tau_h f - f\|_{L^p(\mathbb{R}^N)} < \varepsilon \quad \forall h \text{ avec } |h| < \delta \quad \text{et} \quad \forall f \in \mathscr{F}.$$

En général on ne peut pas conclure que $\mathscr{F}$ est relativement compact dans $L^p(\mathbb{R}^N)$; on peut seulement dire que $\mathscr{F}_{|\omega}$ est relativement compact dans $L^p(\omega)$ pour tout ω ouvert borné de $\mathbb{R}^N$. Voir un exemple dans [EX].

Terminons avec une autre application simple (mais utile !) du théorème IV.25.

Corollaire IV.27. – *Soit* $G \in L^1(\mathbb{R}^N)$ *une fonction fixée et soit*

$$\mathscr{F} = G * \mathscr{B}$$

où $\mathscr{B}$ *désigne un borné de* $L^p(\mathbb{R}^N)$ *avec* $1 \leqslant p < \infty$.
Alors $\mathscr{F}_{|\omega}$ *est relativement compact dans* $L^p(\omega)$ *pour tout ouvert borné* ω *de* $\mathbb{R}^N$.

Démonstration. – Il est clair que $\mathscr{F}$ est borné dans $L^p(\mathbb{R}^N)$. D'autre part si $f = G * u$ avec $u \in \mathscr{B}$ on a

$$\|\tau_h f - f\|_{L^p(\mathbb{R}^N)} = \|(\tau_h G - G) * u\|_{L^p(\mathbb{R}^N)} \leqslant C\|\tau_h G - G\|_{L^1(\mathbb{R}^N)}.$$

On conclut grâce au

Lemme IV.4. — ***Soit*** $G \in L^q(\mathbb{R}^N)$ ***avec*** $1 \leqslant q < \infty$. ***Alors***

$$\lim_{h \to 0} \|\tau_h G - G\|_{L^q(\mathbb{R}^N)} = 0.$$

Démonstration. — Soit $\varepsilon > 0$ donné et soit

$$G_1 \in C_c(\mathbb{R}^N) \quad \text{tel que} \quad \|G - G_1\|_{L^q} < \varepsilon.$$

On a

$$\begin{aligned}\|\tau_h G - G\|_{L^q} &\leqslant \|\tau_h G - \tau_h G_1\|_{L^q} + \|\tau_h G_1 - G_1\|_{L^q} + \|G_1 - G\|_{L^q} \\ &\leqslant 2\varepsilon + \|\tau_h G_1 - G_1\|_{L^q}.\end{aligned}$$

D'autre part, il est évident que $\lim_{h \to 0} \|\tau_h G_1 - G_1\|_{L^q} = 0$ et donc

$$\limsup_{h \to 0} \|\tau_h G - G\|_{L^q} \leqslant 2\varepsilon.$$

Commentaires sur le chapitre IV

1) Nous avons rappelé au § IV.1 quelques principes de base de la théorie de l'Intégration. Parmi les résultats utiles qui n'ont pas été mentionnés citons, entre autres, le

$\ast$ **Théorème IV.28 (Egorov).** — ***On suppose que*** $|\Omega| < \infty$. ***Soit*** (f_n) ***une suite de fonctions mesurables de*** Ω ***dans*** $\mathbb{R}$ ***telle que***

$$f_n(x) \to f(x) \text{ p.p. sur } \Omega \qquad (\text{avec } |f(x)| < \infty \text{ p.p.}).$$

Alors

$$\forall \varepsilon > 0 \quad \exists A \subset \Omega \text{ mesurable} \quad \text{tel que}$$

$$|\Omega \backslash A| < \varepsilon \quad \text{et } f_n \to f \text{ uniformément sur } A.$$

Pour la démonstration, voir par exemple Malliavin [1], Marle [1], Yosida [1], Chae [1], Friedman [3], Dieudonné [2], Hewitt-Stromberg [1], Wheeden-Zygmund [1].

2) L'espace des mesures sur Ω. Ensembles faiblement compacts de L^1.

On a vu que les ensembles bornés de $L^p(\Omega)$ sont relativement compacts pour la topologie $\sigma(L^p, L^{p'})$ lorsque $1 < p \leqslant \infty$. Par contre $L^1(\Omega)$ n'est pas réflexif et on peut même montrer que $L^1(\Omega)$ n'est pas un espace dual. Il en résulte que les bornés de $L^1(\Omega)$ ne possèdent aucune propriété de compacité relativement à une topologie faible. Pour « remédier à cet inconvénient » **on peut plonger $L^1(\Omega)$ dans un espace plus grand : l'espace $M(\Omega)$ des mesures de Radon sur Ω.**

Pour cela on considère l'espace $E = C_c(\Omega)$ muni de la norme $\|u\| = \operatorname{Sup}_{x\in\Omega} |u(x)|$. On désigne son dual E' par $M(\Omega)$. On va identifier $L^1(\Omega)$ à un sous-espace de $M(\Omega)$. A cet effet on introduit l'application $T : L^1(\Omega) \to M(\Omega)$ définie comme suit.

Étant donné $f \in L^1(\Omega)$, l'application $u \in C_c(\Omega) \mapsto \int fu$ est une forme linéaire et continue sur $C_c(\Omega)$ notée Tf; de sorte que

$$\langle Tf, u\rangle_{E',E} = \int fu.$$

On vérifie aisément que T est une application linéaire de $L^1(\Omega)$ dans $M(\Omega)$ et que

$$\|Tf\|_{M(\Omega)} = \operatorname*{Sup}_{\substack{u\in C_c(\Omega)\\ \|u\|\leqslant 1}} \int fu = \|f\|_{L^1(\Omega)} \quad \text{(voir [EX]);}$$

autrement dit T est une isométrie de $L^1(\Omega)$ dans $M(\Omega)$. Grâce à T on peut identifier $L^1(\Omega)$ à un sous-espace de $M(\Omega)$. Les bornés de $L^1(\Omega)$ sont relativement compacts dans $M(\Omega)$ pour la topologie faible $*$ $\sigma(M, C_c)$. De même on voit que si (f_n) est une suite bornée de $L^1(\Omega)$ il existe une sous-suite extraite (f_{n_k}) qui converge vers une mesure μ pour la topologie $\sigma(M, C_c)$ i.e.

$$\int f_{n_k} u \to \langle \mu, u\rangle \qquad \forall u \in C_c(\Omega).$$

Signalons enfin la question délicate suivante : Quels sont les ensembles de $L^1(\Omega)$ qui sont relativement compacts pour la topologie $\sigma(L^1, L^\infty)$?

La réponse est fournie par le

$*$ **Théorème IV.29 (Dunford-Pettis).** — ***Soit*** $\Omega \subset \mathbb{R}^N$ ***un ouvert borné (pour simplifier). Soit*** $\mathcal{F} \subset L^1(\Omega)$ ***un sous-ensemble borné.***
Alors $\mathcal{F}$ ***est relativement compact pour la topologie*** $\sigma(L^1, L^\infty)$ ***si et seulement si l'on a***

$$\forall \varepsilon > 0 \quad \exists \delta > 0 \qquad \textit{tel que}$$

$$\int_A |f| < \varepsilon \qquad \forall f \in \mathcal{F} \qquad \textit{et} \qquad \forall A \subset \Omega \qquad \textit{avec} \qquad |A| < \delta.$$

Pour la démonstration voir par exemple Dunford-Schwartz [1], Beauzamy [1], Neveu [1], Dellacherie-Meyer [1] (Chapitre I) ou [EX].

3) Fonctions à valeurs vectorielles

Soit Ω un ouvert de $\mathbb{R}^N$ et soit E un espace de Banach. On définit $L^p(\Omega; E)$ comme étant l'espace des fonctions définies sur Ω, à valeurs dans E, mesurables **en un sens à préciser,** telles que $\int_\Omega \|f(x)\|^p\,dx < \infty$ (modification usuelle pour $p = \infty$). La plupart des propriétés rencontrées aux § IV.2 et IV.3 sont encore valables moyennant des hypothèses convenables sur E (E séparable, ou bien E réflexif). Par exemple si E est réflexif et $1 < p < \infty$, alors $L^p(\Omega; E)$ est réflexif et son dual s'identifie à $L^{p'}(\Omega; E')$ (voir par exemple Edwards [1], L. Schwartz [5] et Marle [1] si E est un Hilbert). Ces espaces jouent un rôle important dans la théorie des équations d'évolution (Ω est alors un intervalle de $\mathbb{R}$).

4) Théorie de l'interpolation

Citons un résultat frappant qui est le point de départ de cette théorie.

$*$ **Théorème IV.29 (M. Riesz-Thorin, Marcinkiewicz).** — *Soit* $\Omega \subset \mathbb{R}^N$ *un ouvert borné (pour simplifier). Soit* $T : L^1(\Omega) \to L^1(\Omega)$ *un opérateur linéaire et continu. On suppose que* $T : L^\infty(\Omega) \to L^\infty(\Omega)$. *Alors* $T : L^p(\Omega) \to L^p(\Omega)$ *pour tout* $1 < p < \infty$.

Pour la démonstration voir par exemple Dunford-Schwartz [1], Stein-Weiss [1], Bergh-Löfström [1], Reed-Simon [1] (volume 2) et [EX]. La théorie de l'interpolation a été développée par Lions, Peetre, Calderon, Stein et d'autres. Elle constitue un outil très utile en Analyse, et en particulier en théorie des équations aux dérivées partielles, voir par exemple Lions-Magenes [1].

5) Inégalité de Young

$*$ **Théorème IV.30 (Young).** — *Soient* $f \in L^p(\mathbb{R}^N)$ *et* $g \in L^q(\mathbb{R}^N)$ *avec*

$$1 \leqslant p \leqslant \infty, \qquad 1 \leqslant q \leqslant \infty \qquad \text{et} \qquad \frac{1}{r} = \frac{1}{p} + \frac{1}{q} - 1 \geqslant 0.$$

Alors

$$f * g \in L^r(\mathbb{R}^N) \qquad \text{et} \qquad \|f * g\|_{L^r} \leqslant \|f\|_{L^p} \|g\|_{L^q}.$$

Pour la démonstration voir par exemple [EX].

6) La notion de convolution — généralisée aux distributions (voir L. Schwartz [1]) — joue un rôle fondamental en théorie des équations aux dérivées partielles linéaires. Ceci provient, entre autres, du fait que l'on peut exprimer la solution d'une équation $P(D)u = f$ (où $P(D)$ est un opérateur différentiel à coefficients constants) sous la forme $u = E * f$ où E est la **solution élémentaire** de P(D) (Théorème de Malgrange-Ehrenpreis); voir le commentaire 2b du chapitre I.

V

LES ESPACES DE HILBERT

V.1. Définitions. Propriétés élémentaires. Projection sur un convexe fermé

Définition : Soit H un espace vectoriel. Un **produit scalaire** (u, v) est une forme bilinéaire de $H \times H$ dans $\mathbb{R}$, symétrique, définie positive [i.e. $(u, v) \geqslant 0$ $\forall u \in H$ et $(u, u) > 0$ si $u \neq 0$]. Rappelons qu'un produit scalaire vérifie l'**inégalité de Cauchy-Schwarz :**

$$|(u, v)| \leqslant (u, u)^{1/2}(v, v)^{1/2} \qquad \forall u, v \in H.$$

[Remarquons que pour établir l'inégalité de Cauchy-Schwarz on n'utilise pas l'hypothèse $(u, u) > 0$ si $u \neq 0$].
Rappelons aussi que $|u| = (u, u)^{1/2}$ est une norme ([1]).
[En effet $|u + v|^2 = |u|^2 + |v|^2 + 2(u, v) \leqslant |u|^2 + |v|^2 + 2|u|\,|v|$].

Rappelons enfin « **l'identité du parallélogramme** » :

$$(1) \qquad \left|\frac{a + b}{2}\right|^2 + \left|\frac{a - b}{2}\right|^2 = \frac{1}{2}\,(|a|^2 + |b|^2) \qquad \forall a, b \in H.$$

Définition. — Un espace de **Hilbert** est un espace vectoriel H muni d'un produit scalaire (u, v) et qui est **complet** pour la norme $(u, u)^{1/2}$.

Dans toute la suite H désigne un espace de Hilbert.

Exemple fondamental : $L^2(\Omega)$ muni du produit scalaire

$$(u, v) = \int_\Omega u(x)v(x)\,dx$$

est un espace de Hilbert ; l'espace de Sobolev H^1 que nous rencontrerons aux chapitres VIII et IX est un espace de Hilbert « modelé » sur L^2.

• **Proposition V. 1.** — H *est uniformément convexe et donc réflexif.*

([1]) On notera souvent $|\ \ |$ (au lieu de $\|\ \ \|$) la norme associée à un produit scalaire.

Démonstration. — Soient $\varepsilon > 0$, $u, v \in H$ tels que $|u| \leqslant 1$, $|v| \leqslant 1$ et $|u - v| > \varepsilon$. Grâce à l'identité du parallélogramme on a

$$\left|\frac{u+v}{2}\right|^2 \leqslant 1 - \frac{\varepsilon^2}{4} \text{ et donc } \left|\frac{u+v}{2}\right| < 1 - \delta \text{ avec } \delta = 1 - \left(1 - \frac{\varepsilon^2}{4}\right)^{1/2} > 0.$$

• **Théorème V.2 (Projection sur un convexe fermé).** — ***Soit* K ⊂ H *un convexe fermé non vide. Alors pour tout* $f \in H$, *il existe* $u \in K$ *unique tel que***

$$|f - u| = \underset{v \in K}{\mathrm{Min}}\, |f - v|. \tag{2}$$

De plus u est* caractérisé *par la propriété :

$$\boxed{\begin{array}{l} u \in K \\ (f - u, v - u) \leqslant 0 \qquad \forall v \in K \end{array}} \tag{3}$$

On note $u = P_K f =$ ***Projection de f sur*** **K.**

Démonstration.

a) **Existence.** — Nous indiquerons deux démonstrations

1) La fonction $\varphi(v) = |f - v|$ est convexe, continue et $\lim_{|v| \to \infty} \varphi(v) = +\infty$. Donc (corollaire III.20) φ atteint son minimum sur K puisque H est réflexif.

2) La deuxième démonstration ne fait pas appel à la théorie des espaces réflexifs. Soit (v_n) une suite minimisante pour (2) i.e. $v_n \in K$ et

$$d_n = |f - v_n| \to d = \underset{v \in K}{\mathrm{Inf}}\, |f - v|.$$

Montrons que (v_n) est de Cauchy. Appliquant l'identité du parallélogramme avec $a = f - v_n$, $b = f - v_m$ il vient

$$\left|f - \frac{v_n + v_m}{2}\right|^2 + \left|\frac{v_n - v_m}{2}\right|^2 = \frac{1}{2}(d_n^2 + d_m^2).$$

Or $\dfrac{v_n + v_m}{2} \in K$ et donc $\left|f - \dfrac{v_n + v_m}{2}\right| \geqslant d$. Par conséquent

$$\left|\frac{v_n - v_m}{2}\right|^2 \leqslant \frac{1}{2}(d_n^2 + d_m^2) - d^2 \qquad \text{et} \qquad \lim_{m,n \to \infty} |v_n - v_m| = 0.$$

Donc $v_n \to u \in K$ et l'on a $d = |f - u|$.

b) **Équivalence de (2) et (3)**

Soit $u \in K$ vérifiant (2) et soit $w \in K$. On a

$$v = (1 - t)u + tw \in K \qquad \text{pour} \qquad t \in]0, 1]$$

et donc

$$|f - u| \leqslant |f - [(1 - t)u + tw]| = |(f - u) - t(w - u)|.$$

Par suite

$$|f - u|^2 \leqslant |f - u|^2 - 2t(f - u, w - u) + t^2|w - u|^2.$$

i.e. $2(f - u, w - u) \leqslant t|w - u|^2$. Quand $t \to 0$ on obtient (3).

Inversement, soit u vérifiant (3). Alors on a

$$|u - f|^2 - |v - f|^2 = 2(f - u, v - u) - |u - v|^2 \leqslant 0 \qquad \forall v \in K\,;$$

d'où (2).

c) Unicité

Soient u_1 *et* u_2 vérifiant (3). On a

$$(4) \qquad (f - u_1, v - u_1) \leqslant 0 \qquad \forall v \in K$$

$$(5) \qquad (f - u_2, v - u_2) \leqslant 0 \qquad \forall v \in K.$$

Reportant $v = u_2$ dans (4) et $v = u_1$ dans (5), on obtient après addition, $|u_1 - u_2|^2 \leqslant 0$ [1].

Proposition V.3. — ***Sous les hypothèses du théorème* V.2 *on a***

$$|\mathbf{P_K} f_1 - \mathbf{P_K} f_2| \leqslant |f_1 - f_2| \qquad \forall f_1, f_2 \in \mathbf{H}.$$

DÉMONSTRATION. — Posant $u_1 = P_K f_1$ et $u_2 = P_K f_2$ il vient

$$(6) \qquad (f_1 - u_1, v - u_1) \leqslant 0 \qquad \forall v \in K$$

$$(7) \qquad (f_2 - u_2, v - u_2) \leqslant 0 \qquad \forall v \in K.$$

Reportant $v = u_2$ dans (6) et $v = u_1$ dans (7), on obtient après addition

$$|u_1 - u_2|^2 \leqslant (f_1 - f_2, u_1 - u_2).$$

Par suite $|u_1 - u_2| \leqslant |f_1 - f_2|$.

Corollaire V.4. — ***Soit* M ⊂ H *un sous-espace vectoriel fermé. Soit* $f \in$ H. *Alors* $u = \mathbf{P_M} f$ *est caractérisé par***

$$(8) \qquad \begin{cases} u \in \mathbf{M} \\ (f - u, v) = 0 \qquad \forall v \in \mathbf{M}. \end{cases}$$

De plus* $\mathbf{P_M}$ *est un opérateur linéaire.

DÉMONSTRATION. — D'après (3) on a

$$(f - u, v - u) \leqslant 0 \qquad \forall v \in M$$

et donc

$$(f - u, tv - u) \leqslant 0 \qquad \forall v \in M, \qquad \forall t \in \mathbb{R}.$$

Il en résulte que

$$(f - u, v) = 0 \qquad \forall v \in M.$$

Inversement si u vérifie (8) on a

$$(f - u, v - u) = 0 \qquad \forall v \in M.$$

---

[1] L'unicité de u, sous la forme (2) résulte aussi directement de la stricte convexité de la norme d'un espace de Hilbert.

V.2. Le dual d'un espace de Hilbert

• **Théorème V.5 (Théorème de représentation de Riesz-Fréchet).** – ***Étant donné*** $\varphi \in H'$ ***il existe*** $f \in H$ ***unique tel que***

$$\langle \varphi, v\rangle = (f, v) \qquad \forall v \in H.$$

De plus on a

$$|f| = \|\varphi\|_{H'}$$

Démonstration. – Nous présenterons à nouveau deux démonstrations :

1) La première ressemble à la démonstration du théorème IV.11. On considère l'application $T : H \to H'$ construite comme suit : étant donné $f \in H$, l'application $v \longmapsto (f, v)$ est une forme linéaire continue sur H ; donc elle définit un élément de H′ noté Tf i.e.

$$\langle Tf, v\rangle = (f, v) \qquad \forall v \in H.$$

Il est clair, grâce à l'inégalité de Cauchy-Schwarz, que $\|Tf\|_{H'} = |f|$. Donc T est un opérateur linéaire isométrique de H sur T(H), sous-espace fermé de H′. Pour conclure, il reste à prouver que T(H) est dense dans H′. Soit $h \in H'' = H$ (puisque H est **réflexif**) tel que $\langle Tf, h\rangle = 0$ $\forall f \in H$; vérifions que $h = 0$. On a $(f, h) = 0$ $\forall f \in H$ et par suite $h = 0$.

2) La deuxième démonstration ne fait pas appel à la théorie des espaces réflexifs.
Soit $M = \varphi^{-1}(0)$; M est un sous-espace fermé de H.
Si $M = H$, i.e. $\varphi \equiv 0$, on conclut en prenant $f = 0$.
Supposons que $M \neq H$. Montrons qu'il existe un élément $g \in H$ tel que :

$$g \notin M, \qquad |g| = 1 \qquad \text{et} \qquad (g, w) = 0 \qquad \forall w \in M.$$

En effet, soit $g_0 \in H$ avec $g_0 \notin M$, et soit $g_1 = P_M g_0$; on prend ensuite $g = \dfrac{g_0 - g_1}{|g_0 - g_1|}$.

Tout $v \in H$ admet une décomposition de la forme $v = \lambda g + w$ avec $\lambda \in \mathbb{R}$ et $w \in M$: il suffit de poser

$$\lambda = \frac{\langle \varphi, v\rangle}{\langle \varphi, g\rangle} \qquad \text{et} \qquad w = v - \lambda g.$$

Il vient alors $0 = (g, w) = (g, v - \lambda g)$ i.e. $(g, v) = \lambda = \dfrac{\langle \varphi, v\rangle}{\langle \varphi, g\rangle}$. On conclut que $\langle \varphi, v\rangle = (f, v)$ $\forall v \in H$ où f est défini par $f = \langle \varphi, g\rangle g$.

• Remarque 1. – **H et H′ : identifier ou ne pas identifier** ? – **Le triplet $V \subset H \subset V'$.**

Le théorème V.5 montre que toute forme linéaire continue sur H peut se représenter à l'aide du produit scalaire. L'application $\varphi \longmapsto f$ est un isomorphisme isométrique qui permet d'identifier H et H′. On fera **très souvent** cette identification **mais pas toujours.** Décrivons une situation typique où il n'y a pas lieu de faire cette identification. Soit H un espace de Hilbert muni du produit scalaire (,) et de la norme associée | |. Soit V un sous-espace vectoriel, dense dans H. On suppose que V est muni d'une norme ‖ ‖ qui en fait un espace de Banach réflexif. On suppose que l'injection canonique de V dans H est continue, i.e.

$$|v| \leqslant C\|v\| \qquad \forall v \in V.$$

On identifie H′ et H. On peut alors plonger H dans V′ grâce au procédé suivant : étant donné $f \in H$, l'application $v \in V \mapsto (f, v)$ est une forme linéaire continue sur H et a fortiori sur V; on la note $Tf \in V'$ de sorte que

$$\langle Tf, v \rangle_{V',V} = (f, v) \qquad \forall f \in H, \qquad \forall v \in V.$$

On vérifie aisément que $T : H \to V'$ possède les propriétés suivantes :

(i) $\|Tf\|_{V'} \leqslant C|f| \ \forall f \in H$,

(ii) T est injective,

(iii) T(H) est dense dans V′ [1].

A l'aide de T on plonge H dans V′ et on a le schéma

$$V \subset H = H' \subset V' \tag{9}$$

où les injections canoniques sont continues et denses.
On notera qu'avec cette identification $\langle \varphi, v \rangle_{V',V}$ coïncide avec (φ, v) dès que $\varphi \in H$ et $v \in V$.
On dit que H est l'**espace « pivot »**.
Supposons maintenant que V, au lieu d'être un espace de Banach général est un espace de Hilbert, avec son propre produit scalaire $((\ ,\ ))$ associé à la norme $\|\ \ \|$. On pourrait alors identifier V′ et V via le produit scalaire $((\ ,\ ))$. Toutefois (9) devient absurde. Ceci montre qu'on ne peut pas faire **simultanément** les deux identifications : il faut choisir. On a pris l'habitude — c'est un choix arbitraire — de préférer l'identification $H' = H$, avec (9) comme conséquence et de ne pas identifier V′ et V. A ce sujet nous recommandons au lecteur de méditer l'exemple suivant :

$$H = l^2 = \{u = (u_n);\ \textstyle\sum u_n^2 < \infty\} \text{ muni du produit scalaire } (u, v) = \Sigma\, u_n v_n,$$
$$V = \{u = (u_n);\ \Sigma n^2 u_n^2 < \infty\} \text{ muni du produit scalaire } ((u, v)) = \Sigma n^2 u_n v_n.$$

Remarque 2. — En utilisant l'isomorphisme de Riesz-Fréchet (et la deuxième démonstration du théorème V.5) on pourrait établir **directement** que H est réflexif sans passer par la théorie des espaces uniformément convexes.

Remarque 3. — Si l'on fait l'identification $H' = H$, alors l'orthogonal $M^\perp$ d'un sous-espace $M \subset H$ est considéré comme un sous-espace de H et

$$M^\perp = \{u \in H;\ (u, v) = 0 \quad \forall v \in M\}.$$

Dans un espace de Hilbert tout sous-espace fermé admet un supplémentaire topologique (voir chapitre II.4). En effet il est clair (grâce au corollaire V.4) que si M est un sous-espace fermé on a

$$M \cap M^\perp = \{0\} \qquad \text{et} \qquad M + M^\perp = H.$$

V.3. Théorèmes de Stampacchia et Lax-Milgram

Définition. — On dit qu'une forme bilinéaire $a(u, v) : H \times H \to \mathbb{R}$ est

(i) **continue** s'il existe une constante C telle que

$$|a(u, v)| \leqslant C|u||v| \qquad \forall u, v \in H,$$

---

[1] En général T n'est **pas** surjective de H sur V′.

(ii) **coercive** s'il existe une constante $\alpha > 0$ telle que

$$a(v, v) \geqslant \alpha|v|^2 \qquad \forall v \in H.$$

Théorème V.6 (Stampacchia). — ***Soit a(u, v) une forme bilinéaire continue et coercive. Soit K un convexe, fermé et non vide.***
Étant donné $\varphi \in H'$ il existe $u \in K$ unique tel que

$$(10) \qquad a(u, v - u) \geqslant \langle \varphi, v - u \rangle \qquad \forall v \in K.$$

De plus, si a est symétrique, alors u est caractérisé par la propriété

$$(11) \qquad \boxed{\begin{array}{c} u \in K \\ \frac{1}{2} a(u, u) - \langle \varphi, u \rangle = \operatorname*{Min}_{v \in K} \left\{ \frac{1}{2} a(v, v) - \langle \varphi, v \rangle \right\} \end{array}}$$

Pour démontrer le théorème V.6 on utilisera le résultat classique suivant :

• **Théorème V.7 (Théorème de point fixe de Banach - méthode des approximations successives de Picard).**
Soit X un espace métrique complet et soit $S : X \to X$ une application telle que

$$d(Sv_1, Sv_2) \leqslant k d(v_1, v_2) \qquad \forall v_1, v_2 \in X \qquad \textit{avec } k < 1.$$

Alors S admet un point fixe unique, $u = Su$
(voir par exemple Choquet [1] ou L. Schwartz [2]).

Démonstration du théorème V.6. — D'après le théorème de représentation de Riesz-Fréchet (théorème V.5) il existe $f \in H$ unique tel que

$$\langle \varphi, v \rangle = (f, v) \qquad \forall v \in H.$$

D'autre part, pour tout $u \in H$ **fixé,** l'application $v \longmapsto a(u, v)$ est une forme linéaire continue sur H, et grâce au théorème de représentation de Riesz-Fréchet il existe un élément de H, noté Au, tel que $a(u, v) = (Au, v) \; \forall v \in H$. Il est clair que A est un opérateur linéaire de H dans H et que

$$(12) \qquad |Au| \leqslant C|u| \qquad \forall u \in H$$

$$(13) \qquad (Au, u) \geqslant \alpha|u|^2 \qquad \forall u \in H.$$

Le problème (10) revient à trouver $u \in K$ tel que

$$(14) \qquad (Au, v - u) \geqslant (f, v - u) \qquad \forall v \in K.$$

Soit $\rho > 0$ une constante qui sera fixée ultérieurement. L'inégalité (14) équivaut à

$$(15) \qquad (\rho f - \rho Au + u - u, v - u) \leqslant 0 \qquad \forall v \in K$$

i.e.

$$u = P_K(\rho f - \rho Au + u).$$

Pour tout $v \in K$, on pose $Sv = P_K(\rho f - \rho Av + v)$. Montrons que si $\rho > 0$ est convenablement choisi alors S est une contraction stricte, i.e. il existe $k < 1$ tel que

$$|Sv_1 - Sv_2| \leqslant k|v_1 - v_2| \qquad \forall v_1, v_2 \in K.$$

En effet, d'après la proposition V.3 on a

$$|Sv_1 - Sv_2| \leqslant |(v_1 - v_2) - \rho(Av_1 - Av_2)|$$

et donc

$$\begin{aligned}|Sv_1 - Sv_2|^2 &\leqslant |v_1 - v_2|^2 - 2\rho(Av_1 - Av_2, v_1 - v_2) + \rho^2|Av_1 - Av_2|^2 \\ &\leqslant |v_1 - v_2|^2(1 - 2\rho\alpha + \rho^2 C^2).\end{aligned}$$

Fixant $\rho > 0$ tel que $k^2 = 1 - 2\rho\alpha + \rho^2 C^2 < 1$ (prendre $0 < \rho < \frac{2\alpha}{C^2}$) on voit que S admet un point fixe unique [1].

Supposons maintenant que la forme $a(u, v)$ est **symétrique.** Alors $a(u, v)$ définit un nouveau produit scalaire sur H et la norme associée $a(u,u)^{1/2}$ est équivalente à la norme $|\ |$. Donc H est aussi un espace de Hilbert pour ce produit scalaire. Appliquant le théorème de représentation de Riesz-Fréchet on obtient $g \in H$ tel que

$$\langle \varphi, v \rangle = a(g, v) \qquad \forall v \in H.$$

Alors (10) devient

$$a(g - u, v - u) \leqslant 0 \qquad \forall v \in K \tag{16}$$

i.e. $u = P_K g$, projection au sens du produit scalaire défini par a. D'après le théorème V.2 (16) équivaut à trouver $u \in K$ qui réalise

$$\operatorname*{Min}_{v \in K} a(g - v, g - v)^{1/2}.$$

Ceci revient à minimiser sur K, $a(g - v, g - v)$ ou encore

$$a(v, v) - 2a(g, v), \qquad \text{ou encore} \qquad \frac{1}{2} a(v, v) - \langle \varphi, v \rangle.$$

Remarque 4. — On vérifie aisément que si $a(u, v)$ est une forme bilinéaire telle que

$$a(v, v) \geqslant 0 \qquad \forall v \in H$$

alors la fonction $v \mapsto a(v, v)$ est **convexe.**

• **Corollaire V.8 (Lax-Milgram).** — ***Soit $a(u, v)$ une forme bilinéaire, continue et coercive. Alors pour tout $\varphi \in H'$ il existe $u \in H$ unique tel que***

$$a(u, v) = \langle \varphi, v \rangle \qquad \forall v \in H. \tag{17}$$

De plus, si a est symétrique, alors u est caractérisé par la propriété

$$u \in H \quad \text{et} \quad \frac{1}{2} a(u, u) - \langle \varphi, u \rangle = \operatorname*{Min}_{v \in H} \left\{ \frac{1}{2} a(v, v) - \langle \varphi, v \rangle \right\}. \tag{18}$$

Démonstration. — Appliquer le théorème V.6 et raisonner comme au corollaire V.4.

Remarque 5. — Le théorème de Lax-Milgram est un outil simple et efficace pour la résolution d'équations aux dérivées partielles linéaires elliptiques (cf. chapitres VIII et IX). Il est intéressant de noter le lien entre l'équation (17) et le problème de minimisation (18). Cette relation a souvent une interprétation en mécanique ou en physique (principe de moindre action, minimisation d'une énergie, etc.). Dans la terminologie du calcul des

---

[1] Si l'on cherche à **calculer** le point fixe par une méthode itérative on a intérêt à choisir $\rho = \alpha/C^2$ (qui minimise k) pour accélérer la convergence des itérations.

variations l'équation (17) est **l'équation d'Euler** du problème de minimisation (18). On notera aussi, à ce propos, que l'équation (17) apparaît lorsque l'on écrit « $F'(u) = 0$ » où $F(v) = \frac{1}{2} a(v, v) - \langle \varphi, v \rangle$.

Remarque 6. — On peut donner une démonstration directe et élémentaire du fait que l'équation (17) admet une solution unique. En effet, résoudre (17) revient à montrer que

$$\forall f \in H, \qquad \exists u \in H \text{ unique} \qquad \text{tel que} \qquad Au = f,$$

autrement dit, que A est bijectif. Or

(*a*) R(A) est **fermé** puisque $\alpha|v| \leqslant |Av| \quad \forall v \in H$,

(*b*) R(A) est **dense** puisque

$$(Au, v) = 0 \qquad \forall u \in H$$

entraîne $v = 0$.

V.4. Somme Hilbertienne. Base Hilbertienne

Définition. — Soit $(E_n)_{n \geqslant 1}$ une suite de sous-espaces fermés de H.

On dit que H est **somme Hilbertienne** des (E_n) et on note $H = \bigoplus_n E_n$ si :

(i) Les E_n sont deux à deux orthogonaux i.e.

$$(u, v) = 0 \qquad \forall u \in E_m, \qquad \forall v \in E_n, \qquad m \neq n$$

(ii) L'espace vectoriel engendré par les (E_n) est dense dans H [1].

• **Théorème V.9.** — ***On suppose que* H *est somme Hilbertienne des* $(E_n)_{n \geqslant 1}$. *Soit* $u \in H$ *et soit* $u_n = P_{E_n} u$.**
Alors on a

(*a*) $$u = \sum_{n=1}^{\infty} u_n \qquad \text{i.e.} \qquad u = \lim_{k \to \infty} \sum_{n=1}^{k} u_n$$

(*b*) $$|u|^2 = \sum_{n=1}^{\infty} |u_n|^2 \qquad (\textit{égalité de Bessel-Parseval})$$

Réciproquement, étant donnée une suite (u_n) ***de* H *telle que*** $u_n \in E_n$ $\forall n$ ***et*** $\sum_{n=1}^{\infty} |u_n|^2 < \infty$***, alors la série*** $\sum_n u_n$ ***est convergente et*** $u = \sum_{n=1}^{\infty} u_n$ ***vérifie*** $u_n = P_{E_n} u$.

Démonstration. — Soit $S_k = \sum_{n=1}^{k} P_{E_n}$; S_k est un opérateur linéaire et continu de H dans H. Pour $u \in H$ on a

(19) $$|S_k u|^2 = \sum_{n=1}^{k} |u_n|^2.$$

---

[1] Il s'agit de l'espace vectoriel engendré au sens algébrique i.e. les combinaisons linéaires **finies** d'éléments des (E_n).

D'autre part (corollaire V.4) on a

$$(u, u_n) = |u_n|^2$$

et par sommation

$$(u, S_k u) = |S_k u|^2.$$

D'où

(20) $$|S_k u| \leqslant |u| \qquad \forall u \in H.$$

On désigne par F l'espace vectoriel engendré par les (E_n). Soit $\varepsilon > 0$ et soit $\bar{u} \in F$ tel que $|u - \bar{u}| \leqslant \varepsilon$. Pour k assez grand on a $S_k \bar{u} = \bar{u}$. D'autre part (grâce à (20)) on a

$$|S_k u - S_k \bar{u}| \leqslant |u - \bar{u}|.$$

Par conséquent $|S_k u - u| \leqslant 2|u - \bar{u}| \leqslant 2\varepsilon$ pour k assez grand, i.e. $\lim_{k \to \infty} S_k u = u$.

De (19) on déduit alors (*b*).

Remarque 7. — En général $\sum_{n=1}^{\infty} |u_n| = \infty$ et donc la série $\sum u_n$ n'est **pas** normalement (absolument) convergente.

Définition. — On appelle **base Hilbertienne** (ou simplement base s'il n'y a pas de confusion possible [1])) une suite (e_n) d'éléments de H tels que

(i) $|e_n| = 1 \ \forall n$, $(e_m, e_n) = 0 \ \forall m, n, m \neq n$.

(ii) L'espace vectoriel engendré par les (e_n) est dense dans H.

Il résulte du théorème V.9 que si (e_n) est une base Hilbertienne alors tout $u \in H$ s'écrit

$$u = \sum_{n=1}^{\infty} (u, e_n) e_n \qquad \text{avec} \qquad |u|^2 = \sum_{n=1}^{\infty} |(u, e_n)|^2.$$

Inversement étant donnée une suite $(\alpha_n) \in l^2$, alors la série $\sum_{n=1}^{\infty} \alpha_n e_n$ converge vers un élément noté u ; on a

$$(u, e_n) = \alpha_n \qquad \text{et} \qquad |u|^2 = \sum_{n=1}^{\infty} \alpha_n^2.$$

• **Théorème V.10.** — ***Tout espace de Hilbert séparable admet une base Hilbertienne.***

Démonstration. — Soit (v_n) un sous-ensemble dénombrable dense de H. Soit F_k l'espace vectoriel engendré par $[v_1, v_2, \ldots v_k]$. Les (F_k) forment une suite croissante de sous-espaces de dimension finie telle que $\bigcup_{k=1}^{\infty} F_k$ est dense dans H. On choisit une base orthonormale de F_1, que l'on complète en base orthonormale de F_2, etc. On obtient alors une base Hilbertienne de H.

Remarque 8. — Si H n'est **pas** séparable, on peut encore établir (à l'aide du lemme de Zorn) l'existence d'une base Hilbertienne $(e_i)_{i \in I}$ **non dénombrable.** Le théorème V.9 reste valable si

---

[1] Surtout ne pas confondre avec une **base algébrique** i.e. une famille (e_i) de H telle que tout élément de H s'écrive de manière unique comme combinaison linéaire **finie** des (e_i).

l'on remplace les séries convergentes par des familles sommables (voir Choquet [1] ou L. Schwartz [2]).

Remarque 9. — Le théorème V.10 montre que tous les espaces de Hilbert séparables sont isomorphes et isométriques à l'espace l^2. Bien entendu ce résultat (d'apparence spectaculaire !) ne réduit pas l'importance de l'étude de $L^2(\Omega)$ (ou de l'espace de Sobolev H^1).

Remarque 10. — On verra au chapitre VI comment construire une base Hilbertienne formée de vecteurs propres d'opérateurs autoadjoints compacts. Dans $L^2(\Omega)$ on utilise très fréquemment des **bases spéciales formées de fonctions propres** d'un opérateur différentiel (cf. § VIII.6 et § IX.8). Par exemple dans $L^2(0, \pi)$ la base formée des fonctions

$$\left(\sqrt{\frac{2}{\pi}} \sin nx\right)_{n \geqslant 1}, \qquad \text{ou bien} \qquad \left(\sqrt{\frac{2}{\pi}} \cos nx\right)_{n \geqslant 0},$$

débouche sur les développements en série de Fourier et l'Analyse harmonique ; voir par exemple Katznelson [1]. En ce qui concerne les bases associées aux fonctions de Bessel, Legendre, Hermite, Laguerre, Tchebichev, Jacobi, etc. le lecteur pourra consulter Courant Hilbert [1], volume 1.

Commentaires sur le chapitre V

∗ 1) Caractérisation des espaces de Hilbert

Il est intéressant de savoir reconnaître si une norme $\| \ \|$ donnée sur un espace vectoriel E est une norme Hilbertienne, i.e. s'il existe un produit scalaire $(\, ,)$ sur E tel que

$$(u, u)^{1/2} = \|u\| \qquad \forall u \in E.$$

Divers critères sont connus :

a*) Théorème V.11 (Fréchet-Von Neumann-Jordan).** — ***On suppose que la norme $\| \ \|$ ***vérifie l'identité du parallélogramme* (1), *alors*** $\| \ \|$ ***est une norme Hilbertienne.***

Pour la démonstration, voir Yosida [1] ou [EX].

***b*) Théorème V.12 (Kakutani [1]).** — ***Soit* E *un espace normé avec* dim E $\geqslant$ 3. *On suppose que tout sous-espace* F *de dimension* 2 *admet un projecteur de norme* 1 (*i.e. il existe* P : E → F *opérateur linéaire continu avec* Pu = u *pour tout* u ∈ F *et* $\|P\| \leqslant 1$).**

Alors la norme $\| \ \|$ ***est Hilbertienne* (1).**

c*) Théorème V.13 (de Figueiredo-Karlovitz [1]).** — ***Soit* E *un espace normé avec* dim E $\geqslant$ 3. *On pose

$$Tu = \begin{cases} u & \textit{si} \quad \|u\| \leqslant 1 \\ \dfrac{u}{\|u\|} & \textit{si} \quad \|u\| \geqslant 1. \end{cases}$$

(1) On remarquera à ce propos qu'un sous-espace F de dimension 1 admet **toujours** un projecteur de norme 1 (grâce au théorème de Hahn-Banach).

On suppose que

$$\|Tu - Tv\| \leqslant \|u - v\| \qquad \forall u, v \in E.$$

Alors la norme $\| \ \|$ est Hilbertienne (1).

Rappelons aussi, à ce sujet un résultat déjà mentionné (cf. remarque II.8).

Théorème V.14 (Lindenstrauss-Tzafriri [1]). — ***Un espace de Banach est Hilbertisable (i.e. il existe une norme Hilbertienne équivalente à la norme initiale) si tout sous-espace fermé possède un supplémentaire topologique*** (2).

2) Inéquations variationnelles

Le théorème de Stampacchia est le point de départ de la théorie des **inéquations variationnelles** (voir Kinderlehrer-Stampacchia [1]); cette théorie a de nombreuses applications en mécanique, en physique (voir Duvaut-Lions [1]), en contrôle optimal (voir Lions [2]), en contrôle stochastique (voir Bensoussan-Lions [1]), etc.

∗ 3) Équations non linéaires associées à des opérateurs monotones.

Les théorèmes de Stampacchia et Lax-Milgram s'étendent à certaines classes d'opérateurs **non linéaires.** Citons par exemple le

Théorème V.15 (Minty-Browder). — ***Soit E un espace de Banach réflexif. Soit $A : E \to E'$ une application (non linéaire) continue telle que***

$$\langle Av_1 - Av_2, v_1 - v_2 \rangle > 0 \qquad \forall v_1, v_2 \in E, \qquad v_1 \neq v_2$$

$$\lim_{\|v\| \to \infty} \frac{\langle Av, v \rangle}{\|v\|} = \infty$$

Alors, pour tout $f \in E'$ il existe $u \in E$ unique solution de l'équation $Au = f$.

∗ 4) Bases dans les espaces de Banach.

La notion de base s'étend aux espaces de Banach. On dit que $(e_n)_{n \geqslant 1}$ est une **base de Schauder** de l'espace de Banach E si pour tout $u \in E$, il existe une suite $(\alpha_n)_{n \geqslant 1}$ de $\mathbb{R}$, unique, telle que $u = \sum_{n=1}^{\infty} \alpha_n e_n$. Les bases jouent un rôle important en géométrie des espaces de Banach (voir par exemple Lindenstrauss-Tzafriri [2]). Tous les espaces usuels (séparables) de l'Analyse possèdent une base de Schauder (voir par exemple I. Singer [1]). Ce fait avait conduit Banach à la question suivante : est-ce que tout espace de Banach séparable admet une base de Schauder? La réponse est négative (Enflo [1]). On peut même construire des sous-espaces fermés de l^p avec $1 < p < \infty$, $p \neq 2$, sans base (voir Lindenstrauss-Tzafriri [2]). Szankowski a démontré récemment que $\mathscr{L}(H)$ n'admet pas de base (H est un Hilbert séparable de dimension infinie). On rencontrera au chapitre VI une question voisine pour les opérateurs compacts qui a aussi été résolue négativement.

---

(1) On démontre que dans **tout** espace normé on a

$$\|Tu - Tv\| \leqslant 2\|u - v\| \qquad \forall u, v \in E$$

et que, en général, la constante 2 ne peut pas être améliorée.

(2) Il revient au même de dire que tout sous-espace fermé admet un projecteur continu P. Noter que, ici, on ne suppose pas $\|P\| \leqslant 1$, contrairement aux hypothèses du théorème V.12.

VI

OPÉRATEURS COMPACTS. DÉCOMPOSITION SPECTRALE DES OPÉRATEURS AUTOADJOINTS COMPACTS

VI.1. Définitions. Propriétés élémentaires. Adjoint

Soient E et F deux espaces de Banach.

Définition. — On dit qu'un opérateur $T \in \mathscr{L}(E, F)$ est **compact** si $T(B_E)$ est relativement compact pour la topologie forte. On désigne par $\mathscr{K}(E, F)$ l'ensemble des opérateurs compacts et on pose $\mathscr{K}(E) = \mathscr{K}(E, E)$.

Théorème VI.1. — ***L'ensemble*** $\mathscr{K}(E, F)$ ***est un sous-espace vectoriel fermé de*** $\mathscr{L}(E, F)$ ***(pour la norme*** $\| \ \|_{\mathscr{L}(E,F)}$).

Démonstration. — Il est clair que la somme de deux opérateurs compacts est un opérateur compact. Supposant que $(T_n) \in \mathscr{K}(E, F)$, $T \in \mathscr{L}(E, F)$ et $\|T_n - T\|_{\mathscr{L}(E,F)} \to 0$. Montrons que $T \in \mathscr{K}(E, F)$. Comme F est complet il suffit de vérifier que, pour tout $\varepsilon > 0$, $T(B_E)$ peut être recouvert par un nombre fini de boules $B(f_i, \varepsilon)$ dans F. On **fixe** n tel que $\|T_n - T\|_{\mathscr{L}(E,F)} < \frac{\varepsilon}{2}\cdot$ Comme $T_n(B_E)$ est relativement compact, $T_n(B_E) \subset \bigcup_{i \in I} B\left(f_i, \frac{\varepsilon}{2}\right)$ avec I fini. Donc $T(B_E) \subset \bigcup_{i \in I} B(f_i, \varepsilon)$.

Définition. — On dit qu'un opérateur $T \in \mathscr{L}(E, F)$ est de **rang fini** si $\dim R(T) < \infty$.

Il est clair qu'un opérateur continu de rang fini est compact.

Corollaire VI.2. — ***Soit*** (T_n) ***une suite d'opérateurs continus de rangs finis de*** E ***dans*** F ***et soit*** $T \in \mathscr{L}(E, F)$ ***tels que*** $\|T_n - T\|_{\mathscr{L}(E,F)} \to 0$. ***Alors*** $T \in \mathscr{K}(E, F)$.

✻ Remarque 1. — Le célèbre « **problème de l'approximation** » (Banach, Grothendieck) concerne la réciproque du corollaire VI.2. Étant donné un opérateur compact, existe-t-il une suite (T_n) d'opérateurs de rangs finis telle que $\|T_n - T\|_{\mathscr{L}(E,F)} \to 0$?
En général, la réponse est négative (Enflo [1]) — même pour certains sous-espaces fermés de l^p $(1 < p < \infty, p \neq 2)$; voir par exemple Lindenstrauss-Tzafriri [2]. Toutefois la réponse est affirmative dans de nombreux cas; par exemple si F est un espace de Hilbert. En effet soit

$K = \overline{T(B_E)}$. Étant donné $\varepsilon > 0$ on recouvre K par $\bigcup_{i \in I} B(f_i, \varepsilon)$, I fini. Soit G l'espace vectoriel engendré par les f_i et soit $T_\varepsilon = P_G \circ T$ (T_ε est de rang fini). Vérifions que $\|T_\varepsilon - T\|_{\mathscr{L}(E, F)} < 2\varepsilon$. Si $x \in B_E$, il existe $i_0 \in I$ tel que

(1) $$\|Tx - f_{i_0}\| < \varepsilon.$$

Donc $$\|P_G \circ Tx - P_G f_{i_0}\| < \varepsilon$$
i.e.

(2) $$\|P_G \circ Tx - f_{i_0}\| < \varepsilon.$$

Combinant (1) et (2) on voit que

$$\|P_G \circ Tx - Tx\| < 2\varepsilon \qquad \forall x \in B_E,$$

i.e.

$$\|T_\varepsilon - T\|_{\mathscr{L}(E,F)} < 2\varepsilon.$$

[On démontre facilement que si F possède une base de Schauder alors la réponse est aussi affirmative].

Signalons par ailleurs une technique fort utile en analyse non linéaire — qui permet d'approcher une application continue (linéaire ou non linéaire) par des applications **non linéaires** de rangs finis.
Soient X un espace topologique, F un espace de Banach et $T : X \to F$ une application continue telle que T(X) est relativement compact dans F.
Alors pour tout $\varepsilon > 0$, il existe une application $T_\varepsilon : X \to F$ continue, de rang fini telle que

(3) $$\|T_\varepsilon(x) - T(x)\| < \varepsilon \qquad \forall x \in X.$$

En effet $K = \overline{T(X)}$ étant compact on peut recouvrir K par un nombre fini de boules, $K \subset \bigcup_{i \in I} B\left(f_i, \frac{\varepsilon}{2}\right)$, avec I fini.

On pose

$$T_\varepsilon(x) = \frac{\sum_{i \in I} q_i(x) f_i}{\sum_{i \in I} q_i(x)} \qquad \text{où} \qquad q_i(x) = \operatorname{Max}\{\varepsilon - \|Tx - f_i\|, 0\};$$

on montre facilement que T_ε vérifie (3).

Cette méthode permet, entre autres, d'établir le théorème de point fixe de Schauder à partir du théorème de point fixe de Brouwer; voir [EX]. Récemment cette technique a aussi été utilisée avec succès — et de manière surprenante ! — par Lomonosov pour démontrer l'existence de sous-espaces invariants relatifs à certains opérateurs linéaires; voir par exemple Akhiezer-Glazman [1].

Proposition VI.3. — ***Soient* E, F *et* G *trois espaces de Banach. Si*** $T \in \mathscr{L}(E, F)$ ***et*** $S \in \mathscr{K}(F, G)$ **[resp.** $T \in \mathscr{K}(E, F)$ ***et*** $S \in \mathscr{L}(F, G)$**]*, alors*** $S \circ T \in \mathscr{K}(E, G)$.

Démonstration évidente.

Théorème VI.4 (Schauder). — ***Si*** $T \in \mathscr{K}(E, F)$, ***alors*** $T^* \in \mathscr{K}(F', E')$. ***Et réciproquement.***

DÉMONSTRATION. — Montrons que $T^*(B_{F'})$ est relativement compact dans E'. Soit (v_n) une suite de $B_{F'}$; montrons que l'on peut extraire une sous-suite telle que $T^*(v_{n_k})$ converge. Soit $K = \overline{T(B_E)}$ (métrique compact) et soit $\mathscr{H} \subset C(K)$ défini par

$$\mathscr{H} = \{\varphi_n : x \in K \longmapsto \langle v_n, x \rangle ;\ n = 1, 2, \ldots\}$$

Les hypothèses du théorème d'Ascoli (théorème IV.24) sont satisfaites et on peut donc extraire une sous-suite notée φ_{n_k} qui converge, dans C(K) vers une fonction $\varphi \in C(K)$. En particulier

$$\operatorname*{Sup}_{u \in B_E} |\langle v_{n_k}, Tu \rangle - \varphi(Tu)| \underset{k \to \infty}{\longrightarrow} 0.$$

Donc

$$\operatorname*{Sup}_{u \in B_E} |\langle v_{n_k}, Tu \rangle - \langle v_{n_l}, Tu \rangle| \underset{k, l \to \infty}{\longrightarrow} 0,$$

i.e. $\|T^* v_{n_k} - T^* v_{n_l}\|_{E'} \underset{k, l \to \infty}{\longrightarrow} 0$. Par conséquent $T^* v_{n_k}$ converge dans E'.

Réciproquement, supposons que $T^* \in \mathscr{K}(F', E')$. D'après ce qui précède $T^{**} \in \mathscr{K}(E'', F'')$ et en particulier $T^{**}(B_E)$ est relativement compact dans F''. Or $T(B_E) = T^{**}(B_E)$ et F est fermé dans F''. Par conséquent $T(B_E)$ est relativement compact dans F.

REMARQUE 2. — Soient E et F deux espaces de Banach et soit $T \in \mathscr{K}(E, F)$. Pour toute suite (u_n) de E qui converge *faiblement* vers u, alors (Tu_n) converge *fortement* vers Tu; voir [EX]. La réciproque est aussi vraie si E est réflexif; voir [EX].

VI.2. La théorie de Riesz-Fredholm

Commençons par quelques résultats préliminaires.

Lemme VI.1 (Lemme de Riesz). — ***Soit* E *un e.v.n. et soit* M ⊂ E *un sous-espace fermé tel que* M ≠ E. *Alors***

$$\forall \varepsilon > 0 \quad \exists u \in E \qquad \textit{tel que} \qquad \|u\| = 1 \qquad \textit{et} \qquad \operatorname{dist}(u, M) \geqslant 1 - \varepsilon.$$

DÉMONSTRATION. — Soit $v \in E$, avec $v \notin M$. Comme M est fermé, alors $d = \operatorname{dist}(v, M) > 0$. On choisit $m_0 \in M$ tel que

$$d \leqslant \|v - m_0\| \leqslant \frac{d}{1 - \varepsilon}.$$

Alors

$$u = \frac{v - m_0}{\|v - m_0\|}$$

répond à la question.
En effet si $m \in M$ on a

$$\|u - m\| = \left\| \frac{v - m_0}{\|v - m_0\|} - m \right\| \geqslant 1 - \varepsilon$$

puisque

$$m_0 + \|v - m_0\| m \in M.$$

REMARQUE 3. — Si dim M < ∞ (ou plus généralement si M est réflexif) on peut choisir $\varepsilon = 0$ au lemme VI.1 ; mais pas dans le cas général (voir [EX]).

• **Théorème VI.5 (Riesz).** – *Soit* E *un e.v.n. tel que* B_E *soit compact. Alors* E *est de dimension finie.*

DÉMONSTRATION. – Raisonnons par l'absurde. Si E est de dimension infinie, il existe une suite (E_n) de sous-espaces de dimension finie tels que $E_{n-1} \subsetneqq E_n$. Grâce au lemme VI.1 on peut construire une suite (u_n) avec $u_n \in E_n$, $\|u_n\| = 1$ et $\text{dist}(u_n, E_{n-1}) \geqslant \frac{1}{2}\cdot$ En particulier $\|u_n - u_m\| \geqslant \frac{1}{2}$ pour $m < n$. Donc la suite (u_n) n'admet aucune sous-suite convergente – ce qui est contraire à l'hypothèse « B_E compact ».

• **Théorème VI.6 (Alternative de Fredholm).** – *Soit* $T \in \mathcal{K}(E)$. *Alors*

a) **N(I – T)** ***est de dimension finie,***

b) **R(I – T)** ***est fermé, et plus précisément***

$$\mathbf{R(I - T) = N(I - T^*)^{\perp}}$$

c) $\mathbf{N(I - T) = \{0\} \Leftrightarrow R(I - T) = E}$

d) $\mathbf{\dim N(I - T) = \dim N(I - T^*)}$.

REMARQUE 4. – L'Alternative de Fredholm concerne la résolution de l'équation $u - Tu = f$. Elle exprime que :

ou bien pour tout $f \in E$ l'équation $u - Tu = f$ admet une solution **unique**,

ou bien l'équation homogène $u - Tu = 0$ admet n solutions linéairement indépendantes et, dans ce cas, l'équation non homogène $u - Tu = f$ est résoluble si et seulement si f vérifie n **conditions d'orthogonalité** (i.e. $f \in N(I - T^*)^{\perp}$).

REMARQUE 5. – La propriété *c*) est familière en dimension finie. Si $\dim E < \infty$, un opérateur linéaire de E dans lui-même est injectif si et seulement s'il est surjectif. Par contre **en dimension infinie un opérateur borné peut être injectif sans être surjectif et inversement :** par exemple le **shift** à droite (resp. à gauche) ([1]) dans l^2. La conclusion *c*) exprime donc une propriété remarquable des opérateurs de la forme I – T avec $T \in \mathcal{K}(E)$.

DÉMONSTRATION.

a) Soit $E_1 = N(I - T)$. Alors $B_{E_1} \subset T(B_E)$ et donc B_{E_1} est compact. D'après le théorème VI.5, E_1 est de dimension finie.

b) Soit $f_n = u_n - Tu_n \to f$. Il faut montrer que $f \in R(I - T)$. Posons $d_n = \text{dist}(u_n, N(I - T))$. Comme $N(I - T)$ est de dimension finie il existe $v_n \in N(I - T)$ tel que $d_n = \|u_n - v_n\|$. On a

$$f_n = (u_n - v_n) - T(u_n - v_n). \tag{4}$$

Montrons que $\|u_n - v_n\|$ reste borné. Raisonnons par l'absurde et supposons qu'il existe une sous-suite telle que $\|u_{n_k} - v_{n_k}\| \to \infty$. Posant $w_n = \dfrac{u_n - v_n}{\|u_n - v_n\|}$, on aurait grâce à (4) $w_{n_k} - Tw_{n_k} \to 0$. Extrayant une sous-sous-suite (encore notée (w_{n_k}) pour simplifier) on peut

([1]) Voir Remarque 6 ci-dessous.

supposer que $Tw_{n_k} \to z$. Donc $w_{n_k} \to z$ et $z \in N(I - T)$. D'autre part

$$\text{dist}\,(w_n,\ N(I - T)) = \frac{\text{dist}\,(u_n,\ N(I - T))}{\|u_n - v_n\|} = 1$$

(puisque $v_n \in N(I - T)$). A la limite on obtient dist $(z, N(I - T)) = 1$ — ce qui est absurde. Par conséquent $\|u_n - v_n\|$ reste borné et comme T est compact on peut extraire une sous-suite telle que $T(u_{n_k} - v_{n_k}) \to l$.
On déduit de (4) que $u_{n_k} - v_{n_k} \to f + l$; posant $g = f + l$ on a $g - Tg = f$ i.e. $f \in R(I - T)$. On a donc montré que l'opérateur $I - T$ est à image fermée. On peut alors appliquer le théorème II.18; on a

$$R(I - T) = N(I - T^*)^{\perp} \qquad \text{et} \qquad R(I - T^*) = N(I - T)^{\perp}.$$

c) Prouvons d'abord l'implication $\Rightarrow$.
Raisonnons par l'absurde et supposons que

$$E_1 = R(I - T) \neq E.$$

E_1 est un espace de Banach et $T(E_1) \subset E_1$. Donc $T_{|E_1} \in \mathcal{K}(E_1)$ et $E_2 = (I - T)(E_1)$ est un sous-espace fermé de E_1. De plus $E_2 \neq E_1$ (puisque $(I - T)$ est injectif). Posant $E_n = (I - T)^n(E)$ on obtient ainsi une suite strictement décroissante de sous-espaces fermés. D'après le lemme de Riesz il existe une suite (u_n) telle que $u_n \in E_n$, $\|u_n\| = 1$ et dist $(u_n, E_{n+1}) \geqslant \frac{1}{2}$. On a

$$Tu_n - Tu_m = -(u_n - Tu_n) + (u_m - Tu_m) + (u_n - u_m).$$

Notons que si $n > m$, $E_{n+1} \subset E_n \subset E_{m+1} \subset E_m$ et par conséquent

$$-(u_n - Tu_n) + (u_m - Tu_m) + u_n \in E_{m+1}.$$

Donc $\|Tu_n - Tu_m\| \geqslant \frac{1}{2}$ — ce qui est absurde puisque T est compact. Donc $R(I - T) = E$.

Inversement, supposons que $R(I - T) = E$. Alors (corollaire II.17), $N(I - T^*) = R(I - T)^{\perp} = \{0\}$. Puisque $T^* \in \mathcal{K}(E')$ on peut appliquer ce qui précède à T^* et conclure que $R(I - T^*) = E'$. Or (corollaire II.17), $N(I - T) = R(I - T^*)^{\perp} = \{0\}$.

***d*)** Soit $d = \dim N(I - T)$, $d^* = \dim N(I - T^*)$. On va d'abord montrer que $d^* \leqslant d$. Raisonnons par l'absurde et supposons que $d < d^*$. Comme $N(I - T)$ est de dimension finie il admet un supplémentaire topologique dans E (voir § II.4, exemple 1); il existe donc un projecteur continu P de E sur $N(I - T)$.
D'autre part $R(I - T) = N(I - T^*)^{\perp}$ est de codimension finie d^* et par conséquent $R(I - T)$ admet (dans E) un supplémentaire topologique, noté F, de dimension d^* (voir § II.4, exemple 2). Comme $d < d^*$, il existe une application linéaire $\Lambda : N(I - T) \to F$ qui est **injective** et **non surjective.** Posons $S = T + (\Lambda \circ P)$; alors $S \in \mathcal{K}(E)$ puisque $\Lambda \circ P$ est de rang fini.
Montrons que $N(I - S) = \{0\}$; en effet si

$$0 = u - Su = (u - Tu) - (\Lambda \circ Pu),$$

alors

$$u - Tu = 0 \qquad \text{et} \qquad \Lambda \circ Pu = 0,$$

i.e. $u \in N(I - T)$ et $\Lambda u = 0$; donc $u = 0$.
Appliquant *c*) à l'opérateur S on voit que $R(I - S) = E$. Ceci est absurde puisqu'il existe $f \in F$, $f \notin R(\Lambda)$; l'équation $u - Su = f$ n'admet pas de solution.
Par conséquent on a prouvé que $d^* \leqslant d$. Appliquant ce résultat à T^* on voit que

$$\dim N(I - T^{**}) \leqslant \dim N(I - T^*) \leqslant \dim N(I - T).$$

Or $N(I - T^{**}) \supset N(I - T)$ – ce qui permet de conclure que $d = d^*$.

VI.3. Spectre d'un opérateur compact

Définitions. – Soit $T \in \mathscr{L}(E)$.
L'ensemble résolvant est

$$\boldsymbol{\rho}(\mathbf{T}) = \{\lambda \in \mathbb{R};\ (T - \lambda I) \text{ est bijectif de E sur E}\}.$$

Le **spectre** $\boldsymbol{\sigma}(\mathbf{T})$ est le complémentaire de l'ensemble résolvant, $\sigma(T) = \mathbb{R} \backslash \rho(T)$.
On dit que λ est **valeur propre** – et on note $\lambda \in \mathbf{VP(T)}$ – si

$$N(T - \lambda I) \neq 0;$$

$N(T - \lambda I)$ est **l'espace propre** associé à λ.

Il est important de retenir que si $\lambda \in \rho(T)$ alors $(T - \lambda I)^{-1} \in \mathscr{L}(E)$ (cf. corollaire II.6).

Remarque 6. – Il est clair que $VP(T) \subset \sigma(T)$. En général l'inclusion est stricte [1] : il peut exister λ tel que

$$N(T - \lambda I) = \{0\} \qquad \text{et} \qquad R(T - \lambda I) \neq E$$

(un tel λ appartient au spectre mais n'est pas valeur propre). Par exemple prenons dans $E = l^2$, $Tu = (0, u_1, u_2, \ldots)$ où $u = (u_1, u_2, \ldots)$ (i.e. T est le **shift** à droite). Alors $0 \in \sigma(T)$ et $0 \notin VP(T)$.

Proposition VI.7. – *Le spectre* $\sigma(\mathbf{T})$ *est un ensemble compact et*

$$\sigma(\mathbf{T}) \subset [-\|\mathbf{T}\|,\ +\|\mathbf{T}\|].$$

Démonstration. – Soit $\lambda \in \mathbb{R}$ avec $|\lambda| > \|T\|$; montrons que $T - \lambda I$ est bijectif – ce qui prouvera que $\sigma(T) \subset [-\|T\|, +\|T\|]$. Étant donné $f \in E$ l'équation $Tu - \lambda u = f$ admet une solution unique car elle s'écrit $u = \frac{1}{\lambda}(Tu - f)$ et on peut lui appliquer le théorème de point fixe de Banach.
Montrons maintenant que $\rho(T)$ est ouvert. Soit $\lambda_0 \in \rho(T)$. Étant donnés $\lambda \in \mathbb{R}$ (voisin de λ_0) et $f \in E$ on cherche à résoudre

$$Tu - \lambda u = f. \tag{5}$$

Or (5) s'écrit $Tu - \lambda_0 u = f + (\lambda - \lambda_0)u$ i.e.

$$u = (T - \lambda_0 I)^{-1}[f + (\lambda - \lambda_0)u]. \tag{6}$$

---

[1] Sauf bien entendu si $\dim E < \infty$, car alors $VP(T) = \sigma(T)$.

Appliquant à nouveau le théorème de point fixe de Banach on voit que (6) possède une solution unique si

$$|\lambda - \lambda_0| \, \|(T - \lambda_0 I)^{-1}\| < 1.$$

• **Théorème VI.8.** – ***Soit*** **T ∈ $\mathscr{K}$(E)** ***avec*** **dim E = ∞.**
Alors on a

a) **0 ∈ σ(T),**

b) **σ(T)\\{0} = VP(T)\\{0},**

c) ***l'une des situations suivantes :***

– **ou bien σ(T) = {0},**
– **ou bien σ(T)\\{0}** ***est fini,***
– **ou bien σ(T)\\{0}** ***est une suite qui tend vers*** **0.**

DÉMONSTRATION.

a) Supposons que $0 \notin \sigma(T)$. Alors T est bijectif et $I = T \circ T^{-1}$ est compact. Donc B_E est compact et dim E < ∞ (cf. théorème VI.5).

b) Soit $\lambda \in \sigma(T)$, $\lambda \neq 0$. Montrons que $\lambda \in VP(T)$. Raisonnons par l'absurde et supposons que $N(T - \lambda I) = \{0\}$. Alors d'après le théorème VI.6 *c* on sait que $R(T - \lambda I) = E$ et donc $\lambda \in \rho(T)$ – ce qui est absurde.

Pour la suite de la démonstration on aura besoin du

Lemme VI.2. – ***Soit*** $(\lambda_n)_{n \geq 1}$ ***une suite de réels tous distincts telle que***

$$\lambda_n \to \lambda$$

et

$$\lambda_n \in \sigma(T)\backslash\{0\} \qquad \forall n.$$

Alors $\lambda = 0$.

Autrement dit, **tous les points de σ(T)\\{0} sont isolés.**

DÉMONSTRATION. – On sait que $\lambda_n \in VP(T)$; soit $e_n \neq 0$ tel que $(T - \lambda_n)e_n = 0$. Soit E_n l'espace vectoriel engendré par $[e_1, e_2, \dots e_n]$. Montrons que $E_n \subsetneq E_{n+1}$ pour tout *n*. Il suffit de vérifier que, pour tout *n*, les vecteurs $e_1, e_2, \dots e_n$ sont linéairement indépendants. Raisonnons par récurrence sur *n*. Admettons le résultat à l'ordre *n* et supposons que $e_{n+1} = \sum_{i=1}^{n} \alpha_i e_i$. Alors

$$Te_{n+1} = \sum_{i=1}^{n} \alpha_i \lambda_i e_i = \sum_{i=1}^{n} \alpha_i \lambda_{n+1} e_i.$$

Par suite $\alpha_i(\lambda_i - \lambda_{n+1}) = 0$ pour tout $i = 1, 2, \dots n$ et donc $\alpha_i = 0$ pour tout $i = 1, 2 \dots n$ – ce qui est absurde. Donc $E_n \subsetneq E_{n+1}$ pour tout *n*.

D'autre part, il est clair que $(T - \lambda_n)E_n \subset E_{n-1}$. Appliquant le lemme de Riesz on construit une suite $(u_n)_{n \geq 1}$ telle que $u_n \in E_n$, $\|u_n\| = 1$ et $\text{dist}(u_n, E_{n-1}) \geq \frac{1}{2}$ pour $n \geq 2$.

Soient $2 \leq m < n$ de sorte que

$$E_{m-1} \subset E_m \subset E_{n-1} \subset E_n.$$

On a

$$\left\| \frac{Tu_n}{\lambda_n} - \frac{Tu_m}{\lambda_m} \right\| = \left\| \frac{(Tu_n - \lambda_n u_n)}{\lambda_n} - \frac{(Tu_m - \lambda_m u_m)}{\lambda_m} + u_n - u_m \right\| \geq \text{dist}(u_n, E_{n-1}) \geq \frac{1}{2}.$$

Si $\lambda_n \to \lambda \neq 0$ ón aboutit à une contradiction puisque (Tu_n) admet une sous-suite convergente.

Démonstration du théorème VI.8 *c*. – Pour tout entier $n \geqslant 1$, l'ensemble

$$\sigma(T) \cap \{\lambda \in \mathbb{R};\ |\lambda| \geqslant \frac{1}{n}\}$$

est **vide** ou **fini** (s'il contenait une infinité de points distincts, on aurait un point d'accumulation – puisque $\sigma(T)$ est compact – et on aboutirait à une contradiction avec le lemme VI.2). Lorsque $\sigma(T)\backslash\{0\}$ contient une infinité de points distincts on peut donc les ranger en une suite qui tend vers 0.

Remarque 7. – Étant donnée une suite (α_n) qui tend vers 0 on peut construire un opérateur compact T tel que $\sigma(T) = (\alpha_n) \cup \{0\}$. Il suffit de considérer dans $E = l^2$ l'opérateur $T : u = (u_n) \longmapsto Tu = (\alpha_n u_n)$. Noter que T est compact car il existe une suite (T_n) d'opérateurs de rangs finis telle que $\|T_n - T\| \to 0$. Sur cet exemple on voit aussi que 0 peut appartenir, ou ne pas appartenir, à VP(T); de plus, si $0 \in VP(T)$ il peut arriver que l'espace propre associé, i.e. N(T), soit de dimension infinie.

VI.4. Décomposition spectrale des opérateurs autoadjoints compacts

On suppose dans la suite que E = H est un espace de Hilbert et que $T \in \mathscr{L}(H)$. Identifiant H′ et H on peut considérer que $T^* \in \mathscr{L}(H)$.

Définition. – On dit qu'un opérateur $T \in \mathscr{L}(H)$ est **autoadjoint** si $T^* = T$, c'est-à-dire

$$\boxed{(Tu, v) = (u, Tv) \qquad \forall u, v \in H.}$$

Proposition VI.9. – ***Soit*** $T \in \mathscr{L}(H)$ ***un opérateur autoadjoint. On pose***

$$m = \operatorname*{Inf}_{\substack{u \in H \\ |u| = 1}} (Tu, u) \quad \textit{et} \quad M = \operatorname*{Sup}_{\substack{u \in H \\ |u| = 1}} (Tu, u).$$

Alors $\sigma(T) \subset [m, M]$, $m \in \sigma(T)$ ***et*** $M \in \sigma(T)$.

Démonstration. – Soit $\lambda > M$; montrons que $\lambda \in \rho(T)$. On a

$$(Tu, u) \leqslant M|u|^2 \qquad \forall u \in H,$$

et par conséquent

$$(\lambda u - Tu, u) \geqslant (\lambda - M)|u|^2 = \alpha|u|^2 \qquad \forall u \in H, \qquad \text{avec} \qquad \alpha > 0.$$

Appliquant le théorème de Lax-Milgram on voit que $\lambda I - T$ est bijectif.

Montrons que $M \in \sigma(T)$. La forme $a(u, v) = (Mu - Tu, v)$ est bilinéaire, symétrique et

$$a(v, v) \geqslant 0 \qquad \forall v \in H.$$

Appliquant l'inégalité de Cauchy-Schwarz à la forme $a(u, v)$ il vient

$$|(Mu - Tu, v)| \leqslant (Mu - Tu, u)^{1/2}(Mv - Tv, v)^{1/2} \qquad \forall u, v \in H.$$

D'où il résulte en particulier que

(7) $$|Mu - Tu| \leqslant C(Mu - Tu, u)^{1/2} \qquad \forall u \in H.$$

Soit (u_n) une suite telle que $|u_n| = 1$ et $(Tu_n, u_n) \to M$. Grâce à (7) on voit que $|Mu_n - Tu_n| \to 0$, et donc $M \in \sigma(T)$ (car si $M \in \rho(T)$, alors $u_n = (MI - T)^{-1}(Mu_n - Tu_n) \to 0$).
Les propriétés de m s'obtiennent en remplaçant T par $-$ T.

Corollaire VI.10. — ***Soit*** $T \in \mathscr{L}(H)$ ***un opérateur autoadjoint tel que*** $\sigma(T) = \{0\}$.
Alors $T = 0$.

Démonstration. — D'après la proposition VI.9 on sait que

$$(Tu, u) = 0 \qquad \forall u \in H.$$

Il en résulte que

$$2(Tu, v) = (T(u + v), u + v) - (Tu, u) - (Tv, v) = 0 \qquad \forall u, v \in H.$$

Donc $T = 0$.

Le résultat suivant est fondamental ; il montre qu'un opérateur autoadjoint compact est **diagonalisable** dans une base convenablement choisie.

• **Théorème VI.11.** — ***On suppose que*** H ***est séparable. Soit*** T ***un opérateur autoadjoint compact.***
Alors H ***admet une base Hilbertienne formée de vecteurs propres de*** T.

Démonstration. — Soit $(\lambda_n)_{n \geqslant 1}$ la suite des valeurs propres distinctes de T, excepté 0 ; on note $\lambda_0 = 0$.
On pose $E_0 = N(T)$ et $E_n = N(T - \lambda_n I)$; rappelons que

$$0 \leqslant \dim E_0 \leqslant \infty \qquad \text{et que} \qquad 0 < \dim E_n < \infty.$$

Montrons d'abord que H est somme Hilbertienne des $(E_n)_{n \geqslant 0}$:

(i) Les $(E_n)_{n \geqslant 0}$ sont deux à deux orthogonaux. En effet si $u \in E_m$ et $v \in E_n$ avec $m \neq n$ alors

$$Tu = \lambda_m u, \qquad Tv = \lambda_n v$$

et

$$(Tu, v) = \lambda_m(u, v) = (u, Tv) = \lambda_n(u, v).$$

Donc

$$(u, v) = 0.$$

(ii) Soit F l'espace vectoriel engendré par les $(E_n)_{n \geqslant 0}$. Vérifions que F est dense dans H.
Il est clair que $T(F) \subset F$. Il s'en suit que $T(F^\perp) \subset F^\perp$; en effet si $u \in F^\perp$ et $v \in F$, alors $(Tu, v) = (u, Tv) = 0$. L'opérateur $T_0 = T_{|F^\perp}$ est autoadjoint compact. D'autre part $\sigma(T_0) = \{0\}$; en effet si

$$\lambda \in \sigma(T_0) \backslash \{0\}, \qquad \text{alors} \qquad \lambda \in VP(T_0)$$

et donc il existe $u \in F^\perp$, $u \neq 0$ tel que $T_0 u = \lambda u$. Par conséquent λ est l'une des valeurs propres λ_n de T et $u \in F^\perp \cap E_n$. Donc $u = 0$, ce qui est absurde.

Il résulte du corollaire VI.10 que $T_0 = 0$; par suite

$$F^{\perp} \subset N(T) \subset F \qquad \text{et} \qquad F^{\perp} = \{0\}.$$

Donc F est dense dans H.

Enfin on choisit dans chaque E_n une base Hilbertienne. La réunion de ces bases est une base Hilbertienne de H formée de vecteurs propres de T.

Remarque 8. — Soit T un opérateur autoadjoint compact. D'après ce qui précède on peut écrire tout $u \in H$ sous la forme

$$u = \sum_{n=0}^{\infty} u_n \qquad \text{avec} \qquad u_n \in E_n$$

de sorte que $Tu = \sum_{n=1}^{\infty} \lambda_n u_n$. On définit

$$T_k u = \sum_{n=1}^{k} \lambda_n u_n.$$

Il est clair que T_k est un opérateur de rang fini et que

$$\|T_k - T\| \leqslant \sup_{n \geqslant k+1} |\lambda_n| \to 0 \qquad \text{quand} \qquad k \to \infty.$$

On retrouve ainsi le fait que T est limite d'une suite (T_k) d'opérateurs de rangs finis. Rappelons que dans un espace de Hilbert **tout** opérateur compact — **non nécessairement autoadjoint** — est limite d'une suite d'opérateurs de rangs finis (voir remarque 1).

Commentaires sur le chapitre VI

∗ 1) Opérateurs de Fredholm

Le théorème VI.6 est un premier pas vers la théorie des opérateurs de Fredholm. Soient E et F deux espaces de Banach. On dit qu'un opérateur $A \in \mathscr{L}(E, F)$ est de **Fredholm** ([1]) — on note $A \in \text{Fred}(E, F)$ — si

(i) N(A) est de dimension finie.

(ii) R(A) est fermé et de codimension finie ([2]).

L'**indice** de A est défini par $\text{Ind}(A) = \dim N(A) - \text{codim}\, R(A)$.

Par exemple, $A = I - T$ où $T \in \mathscr{K}(E)$ est un opérateur de Fredholm d'indice 0 (voir théorème VI.6).

Les propriétés principales des opérateurs de Fredholm sont les suivantes :

a) L'ensemble Fred (E, F) est ouvert dans $\mathscr{L}(E, F)$ et l'application $A \longmapsto \text{Ind}\, A$ est continue — donc constante — sur chaque composante connexe de Fred(E, F).

([1]) On dit aussi que A est un **opérateur à indice.**

([2]) On démontre que si $A \in \mathscr{L}(E, F)$ est tel que N(A) soit de dimension finie et R(A) soit de codimension finie (i.e. R(A) admet un supplémentaire **algébrique** de dimension finie) alors R(A) est fermé; voir [EX].

b) Tout opérateur $A \in \text{Fred}(E, F)$ est inversible modulo des opérateurs de rang fini, i.e. il existe

$$B \in \mathscr{L}(F, E) \text{ tel que } (A \circ B - I_F) \text{ et } (B \circ A - I_E) \text{ soient de rangs finis.}$$

Inversement si $A \in \mathscr{L}(E, F)$ et s'il existe $B \in \mathscr{L}(F, E)$ tel que

$$A \circ B - I_F \in \mathscr{K}(F) \quad \text{et} \quad B \circ A - I_E \in \mathscr{K}(E),$$

alors $A \in \text{Fred}(E, F)$.

c) Si $A \in \text{Fred}(E, F)$ et si $T \in \mathscr{K}(E, F)$ alors

$$A + T \in \text{Fred}(E, F) \quad \text{et} \quad \text{Ind}(A + T) = \text{Ind}\, A.$$

d) Si $A \in \text{Fred}(E, F)$ et $B \in \text{Fred}(F, G)$ alors

$$B \circ A \in \text{Fred}(E, G) \quad \text{et} \quad \text{Ind}(B \circ A) = \text{Ind}(A) + \text{Ind}(B).$$

Sur ces questions voir Kato [1], Schechter [1], Lang [1] ou [EX].

2) Opérateurs de Hilbert-Schmidt

Soit H un espace de Hilbert séparable. On dit que T est un opérateur de **Hilbert-Schmidt** s'il existe une base (e_n) de H telle que $\|T\|_{HS}^2 = \Sigma |Te_n|^2 < \infty$. On vérifiera que la définition est indépendante du choix de la base et définit une norme; de plus T est compact. Les opérateurs de Hilbert-Schmidt constituent un sous-espace important de $\mathscr{K}(H)$ — en particulier à cause du

Théorème VI.12. — ***Soient*** $H = L^2(\Omega)$ ***et*** $K(x, y) \in L^2(\Omega \times \Omega)$. ***Alors l'opérateur***

$$u \mapsto (Ku)(x) = \int_\Omega K(x, y) u(y)\, dy$$

est un opérateur de Hilbert-Schmidt.

Réciproquement tout opérateur de Hilbert-Schmidt sur $L^2(\Omega)$ ***se représente de manière unique à l'aide d'une fonction*** $K(x, y) \in L^2(\Omega \times \Omega)$.

Sur cette question, voir Balakrishnan [1], Dunford-Schwartz [1] Volume 2, L. Schwartz [3] ou [EX].

3) Multiplicité

Soit $T \in \mathscr{K}(E)$ et soit $\lambda \in \sigma(T)\backslash\{0\}$. On montre qur la suite $N((T - \lambda I)^k)$, $k = 1, 2, \ldots$ est strictement croissante jusqu'à un certain rang fini p et qu'elle se stabilise ensuite (voir par exemple Dieudonné [1], Kreyszig [1] ou [EX]). On dit que p est **l'ordre** de λ. On appelle **multiplicité géométrique** de la valeur propre λ la dimension de $N(T - \lambda I)$ et **multiplicité algébrique** la dimension de $N(T - \lambda I)^p)$; on vérifie qu'elles coïncident lorsque E est un espace de Hilbert et que T est autoadjoint (voir [EX]).

4) Analyse spectrale

Soit H un espace de Hilbert. Soit T un opérateur autoadjoint (ou plus généralement **normal** i.e. $T^*T = TT^*$) non compact, et même **éventuellement non-borné.** La **résolution spectrale** est une technique qui généralise la décomposition spectrale du § VI.4. Elle permet, entre autres, de définir un calcul fonctionnel, i.e. de donner un sens à $f(T)$ pour f fonction continue. L'**Analyse spectrale** est un très vaste sujet qui a de nombreuses applications et ramifications. Pour un exposé élémentaire voir Rudin [1], Kreyszig [1], Friedman [3], Yosida [1], Huet [1]. Pour une présentation plus complète voir Reed-Simon [1], Kato [1], Dunford-Schwartz [1], volume 2, Akhiezer-Glazman [1], Taylor-Lay [1] et Schechter [2].

5) Principe du Min-Max

Les formules du **min-max de Courant-Fischer** fournissent une caractérisation utile des valeurs propres d'un opérateur autoadjoint compact; voir par exemple Courant-Hilbert [1], Raviart-Thomas [1], ou [EX]. Le fascicule de Weinberger [2] contient de nombreux développements sur ce sujet.

6) Le théorème de Krein-Rutman

Le résultat suivant a des applications intéressantes à l'étude spectrale des opérateurs elliptiques du second ordre (voir chapitre IX).

* **Théorème VI.13 (Krein-Rutman).** — ***Soit* E *un espace de Banach et soit* C *un cône convexe de sommet* 0 *(c'est-à-dire* $\lambda x + \mu y \in C$, $\forall \lambda \geqslant 0$, $\mu \geqslant 0$, $x \in C$, $y \in C$). *On suppose que* C *est fermé,* Int C $\neq \emptyset$ *et* $C \cap (-C) = \{0\}$. *Soit* $T \in \mathcal{K}(E)$ *tel que* $T(C \backslash \{0\}) \subset$ Int C. *Alors il existe* $u \in$ Int C *et il existe* $\lambda > 0$ *tels que* $Tu = \lambda u$; *de plus* λ *est l'unique valeur propre associée à un vecteur propre de* T *dans* C *(c'est-à-dire* $Tv = \mu v$ *avec* $v \in C$, $v \neq 0$, *implique* $\mu = \lambda$). *Enfin***

$$\lambda = \mathrm{Max}\,\{|\mu|;\ \mu \in \sigma(T)\}$$

et la multiplicité (géométrique et algébrique) de* λ *est égale à un.

Voir Schaefer [1] et [EX].

VII

LE THÉORÈME DE HILLE-YOSIDA

VII.1. Définition et propriétés élémentaires des opérateurs maximaux monotones

Dans toute la suite H désigne un espace de Hilbert.

Définition. – Soit $A : D(A) \subset H \to H$ un opérateur linéaire **non-borné.** On dit que A est **monotone** [1] si

$$(Av, v) \geqslant 0 \qquad \forall v \in D(A),$$

A est **maximal monotone** si de plus $R(I + A) = H$ i.e.

$$\forall f \in H, \ \exists u \in D(A) \ \text{tel que} \ u + Au = f.$$

Proposition VII.1. – *Soit* **A** *un opérateur maximal monotone. Alors*

a) **D(A)** *est dense dans* **H.**

b) **A** *est fermé.*

c) ***Pour tout*** $\lambda > 0$, $(I + \lambda A)$ ***est bijectif de*** **D(A)** ***sur*** **H,** $(I + \lambda A)^{-1}$ ***est un opérateur borné et*** $\|(I + \lambda A)^{-1}\|_{\mathscr{L}(H)} \leqslant 1$.

DÉMONSTRATION.

a) Soit $f \in H$ tel que $(f, v) = 0$ pour tout $v \in D(A)$. Vérifions que $f = 0$. En effet, il existe $v_0 \in D(A)$ tel que $v_0 + Av_0 = f$. On a

$$0 = (f, v_0) = |v_0|^2 + (Av_0, v_0) \geqslant |v_0|^2.$$

Donc $v_0 = 0$ et par suite $f = 0$.

b) Notons d'abord que pour tout $f \in H$ il existe $u \in D(A)$ **unique** tel que $u + Au = f$. En effet si $\bar{u}$ désigne une autre solution alors on a $(u - \bar{u}) + A(u - \bar{u}) = 0$. Prenant le produit scalaire avec $(u - \bar{u})$ et appliquant la monotonie de A on voit que $u - \bar{u} = 0$. D'autre part on a $|u|^2 + (Au, u) = (f, u)$ et par suite $|u| \leqslant |f|$. L'opérateur $f \longmapsto u$ noté

(1) Certains auteurs disent que A est **accrétif** ou que – A est **dissipatif.**

$(I + A)^{-1}$ est donc un opérateur linéaire borné de H dans H et $\|(I + A)^{-1}\|_{\mathscr{L}(H)} \leq 1$. Montrons que A est fermé. Soit (u_n) une suite telle que $u_n \in D(A)$ pour tout n, $u_n \to u$ et $Au_n \to f$. Il faut vérifier que $u \in D(A)$ et que $Au = f$. On a $u_n + Au_n \to u + f$ et donc

$$u_n = (I + A)^{-1}(u_n + Au_n) \to (I + A)^{-1}(u + f).$$

Par conséquent $u = (I + A)^{-1}(u + f)$ i.e. $u \in D(A)$ et $u + Au = u + f$.

c) Supposons que pour un certain $\lambda_0 > 0$ on ait $R(I + \lambda_0 A) = H$. On va montrer que pour tout $\lambda > \frac{\lambda_0}{2}$ on a $R(I + \lambda A) = H$.

Commençons par noter — exactement comme en ***b***) — que pour tout $f \in H$ il existe $u \in D(A)$ unique tel que $u + \lambda_0 Au = f$; l'opérateur $f \longmapsto u$ est noté $(I + \lambda_0 A)^{-1}$ et l'on a $\|(I + \lambda_0 A)^{-1}\|_{\mathscr{L}(H)} \leq 1$. On cherche à résoudre l'équation

$$u + \lambda Au = f \quad \text{avec} \quad \lambda > 0. \tag{1}$$

On écrit (1) sous la forme

$$u + \lambda_0 Au = \frac{\lambda_0}{\lambda} f + \left(1 - \frac{\lambda_0}{\lambda}\right) u$$

ou encore

$$u = (I + \lambda_0 A)^{-1} \left[\frac{\lambda_0}{\lambda} f + \left(1 - \frac{\lambda_0}{\lambda}\right) u\right]. \tag{2}$$

On voit alors que si $\left|1 - \frac{\lambda_0}{\lambda}\right| < 1$ i.e. $\lambda > \frac{\lambda_0}{2}$, alors (2) admet une solution grâce au théorème de point fixe de Banach.

Concluons. Si A est maximal monotone alors $I + A$ est surjectif. D'après ce qui précède $I + \lambda A$ est surjectif pour $\lambda > \frac{1}{2}$ donc aussi pour $\lambda > \frac{1}{4}$, etc. Par récurrence on voit que $I + \lambda A$ est surjectif pour tout $\lambda > 0$.

Remarque 1. — Si A est maximal monotone, alors λA est aussi maximal monotone pour tout $\lambda > 0$. Par contre si A et B sont deux opérateurs maximaux monotones alors $A + B$ défini sur $D(A) \cap D(B)$ n'est pas nécessairement maximal monotone; voir [EX].

Définitions. — Soit A un opérateur maximal monotone. On pose, pour tout $\lambda > 0$,

$$\boxed{J_\lambda = (I + \lambda A)^{-1} \qquad \text{et} \qquad A_\lambda = \frac{1}{\lambda}(I - J_\lambda).}$$

J_λ est la **résolvante** de A et A_λ est la **régularisée Yosida** de A.

On retiendra que $\|J_\lambda\|_{\mathscr{L}(H)} \leq 1$.

Proposition VII.2. — ***Soit* A *un opérateur maximal monotone. On a***

a$_1$)	$A_\lambda v = A(J_\lambda v)$	$\forall v \in H$ ***et*** $\forall \lambda > 0$
a$_2$)	$A_\lambda v = J_\lambda(Av)$	$\forall v \in D(A)$ ***et*** $\forall \lambda > 0$
b)	$\lvert A_\lambda v\rvert \leq \lvert Av\rvert$	$\forall v \in D(A)$ ***et*** $\forall \lambda > 0$
c)	$\lim_{\lambda \to 0} J_\lambda v = v$	$\forall v \in H$

d) $\lim_{\lambda \to 0} \mathbf{A}_\lambda \boldsymbol{v} = \mathbf{A}\boldsymbol{v} \qquad \forall \boldsymbol{v} \in \mathbf{D(A)}$

e) $(\mathbf{A}_\lambda \boldsymbol{v}, \boldsymbol{v}) \geqslant \mathbf{0} \qquad \forall \boldsymbol{v} \in \mathbf{H}, \forall \lambda > \mathbf{0}$

f) $|\mathbf{A}_\lambda \boldsymbol{v}| \leqslant \frac{\mathbf{1}}{\lambda} |\boldsymbol{v}| \qquad \forall \boldsymbol{v} \in \mathbf{H}, \forall \lambda > \mathbf{0}.$

Démonstration.

***a*$_1$)** équivaut à $v = (J_\lambda v) + \lambda A(J_\lambda v)$ — qui résulte de la définition de J_λ.

***a*$_2$)** On a

$$Av = \frac{1}{\lambda} [(I + \lambda A)v - v] = \frac{1}{\lambda} (I + \lambda A)(v - J_\lambda v)$$

et donc

$$J_\lambda A v = \frac{1}{\lambda} (v - J_\lambda v).$$

***b*)** Résulte de a_2).

***c*)** Supposons d'abord que $v \in D(A)$. Alors

$$|v - J_\lambda v| = \lambda |A_\lambda v| \leqslant \lambda |Av| \quad \text{d'après } b).$$

Donc $\lim_{\lambda \to 0} J_\lambda v = v$.

Passons au cas général. Soit $v \in H$ et soit $\varepsilon > 0$. Comme $\overline{D(A)} = H$ (proposition VII.1) il existe $v_1 \in D(A)$ tel que $|v - v_1| \leqslant \varepsilon$. On a

$$\begin{aligned} |J_\lambda v - v| &\leqslant |J_\lambda v - J_\lambda v_1| + |J_\lambda v_1 - v_1| + |v_1 - v| \\ &\leqslant 2|v - v_1| + |J_\lambda v_1 - v_1| \leqslant 2\varepsilon + |J_\lambda v_1 - v_1| \end{aligned}$$

Par conséquent

$$\limsup_{\lambda \to 0} |J_\lambda v - v| \leqslant 2\varepsilon, \qquad \forall \varepsilon > 0$$

et donc

$$\lim_{\lambda \to 0} |J_\lambda v - v| = 0.$$

***d*)** Appliquer a_2) et c).

***e*)** On a

$$\begin{aligned} (A_\lambda v, v) &= (A_\lambda v, v - J_\lambda v) + (A_\lambda v, J_\lambda v) \\ &= \lambda |A_\lambda v|^2 + (A(J_\lambda v), J_\lambda v). \end{aligned}$$

Donc

(3) $$(A_\lambda v, v) \geqslant \lambda |A_\lambda v|^2 \geqslant 0.$$

***f*)** Résulte de (3) et de l'inégalité de Cauchy-Schwarz.

Remarque 2. — Il convient de retenir de la proposition VII.2 que $(A_\lambda)_{\lambda > 0}$ est une famille d'opérateurs **bornés** qui « approchent » A quand $\lambda \to 0$. Bien entendu $\|A_\lambda\|_{\mathscr{L}(H)}$ « explose » quand $\lambda \to 0$.

VII.2. Résolution du problème d'évolution

$$\begin{cases} \dfrac{du}{dt} + Au = 0 & \text{sur} \quad [0, \infty[\\ u(0) = u_0 \end{cases}$$

Existence et unicité

Commençons par rappeler un résultat classique.

• **Théorème VII.3 (Cauchy, Lipschitz, Picard).** – ***Soit* E *un espace de Banach et soit* F : E → E *une application telle que***

$$\|Fu - Fu\| \leqslant L\|u - v\| \qquad \forall u, v \in E \quad (L \geqslant 0).$$

Alors pour tout* $u_0 \in E$ *il existe* $u \in C^1([0, \infty[\,; E)$ *unique telle que

$$(4) \qquad \begin{cases} \dfrac{du}{dt} = Fu & \textit{sur} \quad [0, \infty[\\ u(0) = u_0 & (\textit{donnée initiale}). \end{cases}$$

Démonstration. – **Existence.** Résoudre (4) équivaut à trouver $u \in C([0, \infty[\,; E)$ tel que

$$(5) \qquad u(t) = u_0 + \int_0^t F(u(s))\, ds.$$

Étant donné $k > 0$ – qui sera fixé ultérieurement – on introduit

$$X = \{u \in C([0, \infty[\,; E) ; \sup_{t \geqslant 0} e^{-kt} \|u(t)\| < \infty\}$$

On vérifie aisément les propriétés suivantes :

i) X est un Banach pour la norme

$$\|u\|_X = \sup_{t \geqslant 0} e^{-kt} \|u(t)\|$$

ii) Pour tout $u \in X$ la fonction

$$(\Phi u)(t) = u_0 + \int_0^t F(u(s))\, ds$$

appartient à X.

iii) $\|\Phi u - \Phi v\|_X \leqslant \dfrac{L}{k} \|u - v\|_X \quad \forall u, v \in X.$

Pour $k > L$, Φ admet un point fixe qui est une solution de (5).

Unicité. – Soient u et $\bar{u}$ deux solutions de (4). Posant

$$\varphi(t) = \|u(t) - \bar{u}(t)\|,$$

on a, grâce à (5),

$$\varphi(t) \leqslant \mathrm{L} \int_0^t \varphi(s)\, ds \qquad \forall t \geqslant 0.$$

Donc $\varphi \equiv 0$.

Le théorème de Cauchy-Lipschitz-Picard rend de grands services dans l'étude des **équations différentielles ordinaires,** mais il est pratiquement inutilisable pour résoudre des équations aux dérivées partielles. Le résultat qui suit est, par contre, un outil **très efficace** pour la résolution des **équations aux dérivées partielles d'évolution** (voir chapitre X).

• **Théorème VII.4 (Hille-Yosida).** — ***Soit* A *un opérateur maximal monotone dans un espace de Hilbert* H. *Alors pour tout* $u_0 \in \mathrm{D(A)}$ *il existe une fonction***

$$u \in \mathrm{C}^1([0, +\infty[;\ \mathrm{H}) \cap \mathrm{C}([0, +\infty[;\ \mathrm{D(A)})\ (^1)$$

unique telle que

$$(6) \qquad \begin{cases} \dfrac{du}{dt} + \mathrm{A}u = 0 & \textit{sur} \quad [0, +\infty[\\ u(0) = u_0 & (\textit{donnée initiale}). \end{cases}$$

De plus on a

$$|u(t)| \leqslant |u_0| \qquad \textit{et} \qquad \left|\frac{du}{dt}(t)\right| = |\mathrm{A}u(t)| \leqslant |\mathrm{A}u_0| \qquad \forall t \geqslant 0.$$

Remarque 3. — L'intérêt principal du théorème VII.4 réside dans le fait que pour résoudre le problème d'**évolution** (6) on se ramène à vérifier que A est maximal monotone, c'est-à-dire, à étudier l'équation **stationnaire** $u + \lambda \mathrm{A}u = f$.

Démonstration. — Nous la décomposerons en 6 étapes.

1re étape : Unicité. — Soient u et $\bar{u}$ deux solutions de (6). On a

$$\left(\frac{d}{dt}(u - \bar{u}),\ (u - \bar{u})\right) = -(\mathrm{A}(u - \bar{u}), u - \bar{u}) \leqslant 0.$$

Or [2]

$$\frac{1}{2}\frac{d}{dt}|u(t) - \bar{u}(t)|^2 = \left(\frac{d}{dt}(u(t) - \bar{u}(t)),\ u(t) - \bar{u}(t)\right).$$

Donc la fonction $t \longmapsto |u(t) - \bar{u}(t)|$ est décroissante sur $[0, +\infty[$. Comme $|u(0) - \bar{u}(0)| = 0$ on en déduit que

$$|u(t) - \bar{u}(t)| = 0 \qquad \forall t \geqslant 0.$$

Pour prouver **l'existence** de u, on remplace A par sa régularisée Yosida A_λ, on établit diverses estimations **indépendantes de** λ et on passe à la limite quand $\lambda \to 0$.

---

[1] L'espace D(A) est muni de la **norme du graphe** $|v| + |\mathrm{A}v|$ ou de la norme Hilbertienne équivalente $(|v|^2 + |\mathrm{A}v|^2)^{1/2}$.

[2] Il importe de retenir que si $\varphi \in \mathrm{C}^1([0, \infty[;\ \mathrm{H})$ alors

$$|\varphi|^2 \in \mathrm{C}^1([0, +\infty[;\ \mathbb{R}) \qquad \text{et} \qquad \frac{d}{dt}|\varphi|^2 = 2\left(\frac{d\varphi}{dt}, \varphi\right).$$

Soit u_λ la solution du problème

(7) $$\begin{cases} \dfrac{du_\lambda}{dt} + A_\lambda u_\lambda = 0 & \text{sur} \quad [0, +\infty[\\ u_\lambda(0) = u_0 \in D(A). \end{cases}$$

Noter que u_λ existe grâce au théorème de Cauchy-Lipschitz-Picard appliqué avec $F = -A_\lambda$.

2e étape. — On a l'estimation

(8) $$\left|\frac{du_\lambda}{dt}(t)\right| = |A_\lambda u_\lambda(t)| \leqslant |Au_0| \qquad \forall t \geqslant 0, \qquad \forall \lambda > 0.$$

Cette inégalité est une conséquence immédiate du

Lemme VII.1. — ***Soit*** $w \in C^1([0, +\infty[; H)$ ***une fonction vérifiant***

(9) $$\frac{dw}{dt} + A_\lambda w = 0 \qquad \textit{sur} \qquad [0, +\infty[.$$

Alors les fonctions $t \mapsto |w(t)|$ ***et*** $t \mapsto \left|\frac{dw}{dt}(t)\right| = |A_\lambda w(t)|$ ***sont décroissantes sur*** $[0, +\infty[$.

DÉMONSTRATION. — On a $(\frac{dw}{dt}, w) + (A_\lambda w, w) = 0$.

Or (proposition VII.2*e*) $(A_\lambda w, w) \geqslant 0$ et par suite $\frac{1}{2}\frac{d}{dt}|w|^2 \leqslant 0$.

D'autre part, comme A_λ est un opérateur linéaire borné, on déduit de (9) que w est C^∞ et que

$$\frac{d}{dt}(\frac{dw}{dt}) + A_\lambda(\frac{dw}{dt}) = 0.$$

On applique alors ce qui précède à $\frac{dw}{dt}$.

3e étape. — On va montrer que, pour tout $t \geqslant 0$, $u_\lambda(t)$ converge, quand $\lambda \to 0$, vers une limite notée $u(t)$; de plus cette convergence est uniforme en t sur chaque intervalle borné $[0, T]$.

En effet soient $\lambda, \mu > 0$. On a

$$\frac{du_\lambda}{dt} - \frac{du_\mu}{dt} + A_\lambda u_\lambda - A_\mu u_\mu = 0$$

et par suite

(10) $$\frac{1}{2}\frac{d}{dt}|u_\lambda - u_\mu|^2 + (A_\lambda u_\lambda - A_\mu u_\mu, u_\lambda - u_\mu) = 0.$$

Or

$$(11)\quad \begin{cases} (A_\lambda u_\lambda - A_\mu u_\mu,\ u_\lambda - u_\mu) = (A_\lambda u_\lambda - A_\mu u_\mu,\ u_\lambda - J_\lambda u_\lambda + J_\lambda u_\lambda - J_\mu u_\mu + J_\mu u_\mu - u_\mu) \\ = (A_\lambda u_\lambda - A_\mu u_\mu,\ \lambda A_\lambda u_\lambda - \mu A_\mu u_\mu) + (A(J_\lambda u_\lambda - J_\mu u_\mu),\ J_\lambda u_\lambda - J_\mu u_\mu) \\ \geqslant (A_\lambda u_\lambda - A_\mu u_\mu,\ \lambda A_\lambda u_\lambda - \mu A_\mu u_\mu). \end{cases}$$

On déduit alors de (8), (10) et (11) que

$$\frac{1}{2}\frac{\mathrm{d}}{\mathrm{d}t}|u_\lambda - u_\mu|^2 \leqslant 2(\lambda + \mu)|Au_0|^2$$

et par intégration

$$|u_\lambda(t) - u_\mu(t)|^2 \leqslant 4(\lambda + \mu)t|Au_0|^2$$

i.e.

$$(12)\qquad |u_\lambda(t) - u_\mu(t)| \leqslant 2\sqrt{(\lambda + \mu)t}\ |Au_0|.$$

Il en résulte que, pour chaque $t \geqslant 0$, $(u_\lambda(t))$ est de Cauchy, et donc converge quand $\lambda \to 0$ vers une limite notée $u(t)$. Passant à la limite dans (12) quand $\mu \to 0$ il vient

$$|u_\lambda(t) - u(t)| \leqslant 2\sqrt{\lambda t}\ |Au_0|.$$

Par conséquent la convergence est uniforme en t sur chaque intervalle borné $[0, T]$ et $u \in C([0, \infty[; H)$.

4e étape. – On suppose de plus que $u_0 \in D(A^2)$ i.e. $u_0 \in D(A)$ et $Au_0 \in D(A)$, alors $\dfrac{\mathrm{d}u_\lambda}{\mathrm{d}t}(t)$ converge quand $\lambda \to 0$, pour tout $t \geqslant 0$ et uniformément en t sur chaque intervalle borné $[0, T]$.

En effet posons $v_\lambda = \dfrac{\mathrm{d}u_\lambda}{\mathrm{d}t}$ de sorte que $\dfrac{\mathrm{d}v_\lambda}{\mathrm{d}t} + A_\lambda v_\lambda = 0$.

Procédant comme à la 3e étape on obtient

$$(13)\qquad \frac{1}{2}\frac{\mathrm{d}}{\mathrm{d}t}|v_\lambda - v_\mu|^2 \leqslant (|A_\lambda v_\lambda| + |A_\mu v_\mu|)(\lambda|A_\lambda v_\lambda| + \mu|A_\mu v_\mu|).$$

Or d'après le lemme VII.1, on a

$$(14)\qquad |A_\lambda v_\lambda| \leqslant |A_\lambda v_\lambda(0)| = |A_\lambda A_\lambda u_0|,$$

et de même

$$(15)\qquad |A_\mu v_\mu| \leqslant |A_\mu v_\mu(0)| = |A_\mu A_\mu u_0|.$$

Enfin puisque $Au_0 \in D(A)$ il vient

$$A_\lambda A_\lambda u_0 = J_\lambda A J_\lambda A u_0 = J_\lambda J_\lambda A A u_0 = J_\lambda^2 A^2 u_0,$$

et donc

$$(16)\qquad |A_\lambda A_\lambda u_0| \leqslant |A^2 u_0|, \qquad |A_\mu A_\mu u_0| \leqslant |A^2 u_0|.$$

Combinant (13), (14), (15) et (16) il vient

$$\frac{1}{2}\frac{\mathrm{d}}{\mathrm{d}t}|v_\lambda - v_\mu|^2 \leqslant 2(\lambda + \mu)|A^2 u_0|^2.$$

On conclut comme à la 3e étape que $v_\lambda(t) = \dfrac{du_\lambda}{dt}(t)$ converge quand $\lambda \to 0$ pour tout $t \geqslant 0$ et uniformément en t sur chaque intervalle borné.

5e étape. — Il existe une solution de (6) si l'on suppose de plus que $u_0 \in D(A^2)$.
En effet, d'après ce qui précède, on sait que pour tout $T < \infty$:

$$\begin{cases} u_\lambda(t) \to u(t), \text{ quand } \lambda \to 0, \text{ uniformément sur } [0, T], \\ \dfrac{du_\lambda}{dt}(t) \text{ converge, quand } \lambda \to 0 \text{ uniformément sur } [0, T]. \end{cases}$$

Il en résulte que $u \in C^1([0, \infty[; H)$ et que $\dfrac{du_\lambda}{dt}(t) \to \dfrac{du}{dt}(t)$, quand $\lambda \to 0$, uniformément sur $[0, T]$. On écrit (7) sous la forme

$$\frac{du_\lambda}{dt}(t) + A(J_\lambda u_\lambda(t)) = 0. \tag{17}$$

Notons que $J_\lambda u_\lambda(t) \xrightarrow[\lambda \to 0]{} u(t)$, car

$$\begin{aligned} |J_\lambda u_\lambda(t) - u(t)| &\leqslant |J_\lambda u_\lambda(t) - J_\lambda u(t)| + |J_\lambda u(t) - u(t)| \\ &\leqslant |u_\lambda(t) - u(t)| + |J_\lambda u(t) - u(t)| \xrightarrow[\lambda \to 0]{} 0. \end{aligned}$$

En appliquant le fait que le graphe de A est fermé on déduit de (17) que $u(t) \in D(A)$, $\forall t \geqslant 0$ et que

$$\frac{du}{dt}(t) + Au(t) = 0.$$

Enfin comme $u \in C^1([0, \infty[; H)$, la fonction $t \mapsto Au(t)$ est continue de $[0, \infty[$ dans H et donc $u \in C([0, \infty[; D(A))$.

Par conséquent, on a obtenu une solution de (6) vérifiant $|u(t)| \leqslant |u_0|$, $\forall t \geqslant 0$ et $\left|\dfrac{du}{dt}(t)\right| \leqslant |Au_0|$, $\forall t \geqslant 0$.

Pour conclure on aura besoin du

Lemme VII.2. — ***Soit*** $u_0 \in D(A)$. ***Alors***

$$\forall \varepsilon > 0, \quad \exists \bar{u}_0 \in D(A^2) \quad \textit{tel que} \quad |u_0 - \bar{u}_0| < \varepsilon \quad \textit{et} \quad |Au_0 - A\bar{u}_0| < \varepsilon.$$

Autrement dit $D(A^2)$ ***est dense dans*** $D(A)$ ***(pour la norme du graphe).***

Démonstration du lemme VII.2. — Soit $\bar{u}_0 = J_\lambda u_0$, de sorte que $\bar{u}_0 \in D(A)$ et $\bar{u}_0 + \lambda A\bar{u}_0 = u_0$. Donc $A\bar{u}_0 \in D(A)$, i.e. $\bar{u}_0 \in D(A^2)$.

D'autre part, on sait (cf. proposition VII.2) que

$$A\bar{u}_0 = A_\lambda u_0 = J_\lambda A u_0,$$

et

$$\lim_{\lambda \to 0} |J_\lambda u_0 - u_0| = 0, \qquad \lim_{\lambda \to 0} |J_\lambda A u_0 - A u_0| = 0.$$

On choisit alors $\lambda > 0$ assez petit et on obtient le résultat désiré.

6e étape : conclusion. — Soit $u_0 \in D(A)$. Grâce au lemme précédent il existe une suite $(u_{0n}) \in D(A^2)$ telle que $u_{0n} \to u_0$ et $Au_{0n} \to Au_0$. D'après la 5e étape on sait qu'il existe une solution u_n du problème

$$(18) \qquad \begin{cases} \dfrac{du_n}{dt} + Au_n = 0 & \text{sur } [0, \infty[, \\ u_n(0) = u_{0n}. \end{cases}$$

De plus on a

$$|u_n(t) - u_m(t)| \leqslant |u_{0n} - u_{0m}| \xrightarrow[m,n\to\infty]{} 0,$$

$$\left|\frac{du_n}{dt}(t) - \frac{du_m}{dt}(t)\right| \leqslant |Au_{0n} - Au_{0m}| \xrightarrow[m,n\to\infty]{} 0.$$

Par conséquent

$$u_n(t) \to u(t) \text{ uniformément sur } [0, \infty[$$

$$\frac{du_n}{dt}(t) \to \frac{du}{dt}(t) \text{ uniformément sur } [0, \infty[,$$

avec $u \in C^1([0, \infty[; H)$. Passant à la limite dans (18), grâce au fait que A est fermé, on voit que $u \in C([0, \infty[; D(A))$ et que u vérifie (6).

Remarque 4. — Soit u_λ la solution de (7).

a) Supposons que $u_0 \in D(A)$. On sait (d'après la 3e étape) que, quand $\lambda \to 0$, $u_\lambda(t)$ converge, pour tout $t \geqslant 0$, vers une limite notée $u(t)$. On peut montrer (voir [EX]) que $u \in C^1([0, \infty[; H) \cap C([0, \infty[; D(A))$ et que u vérifie (6).

b) Supposons que $u_0 \in H$. On peut montrer (voir [EX]) que, quand $\lambda \to 0$, $u_\lambda(t)$ converge, pour tout $t \geqslant 0$ vers une limite notée $u(t)$. Mais il peut se produire que $u(t) \notin D(A)$, $\forall t > 0$ et que $u(t)$ n'est différentiable en aucun point de $]0, \infty[$ (voir un exemple dans [EX]. Donc, à fortiori $u(t)$ ne peut pas être une solution « classique » de (6). En fait, dans ce cas, le problème (6) ne possède aucune solution au sens classique. Néanmoins on considère $u(t)$ comme une **solution « généralisée »** de (6). Toutefois on verra ultérieurement (cf. § VII.4) que si A est **autoadjoint** alors $u(t)$ est solution **« classique »** de (6) pour **tout** $u_0 \in H$, même si $u_0 \notin D(A)$.

✱ Remarque 5 (Semi-groupes de contractions). — Soit $t \geqslant 0$; on considère l'application linéaire $S_A(t) : u_0 \longmapsto u(t)$ de D(A) dans D(A) où $u(t)$ est la solution de (6) obtenue au théorème VII.4. Étant donné que $|S_A(t)u_0| \leqslant |u_0|$, on peut prolonger $S_A(t)$ par continuité et densité en un opérateur linéaire continu de H dans lui-même. On désigne encore ce prolongement par $S_A(t)$ [1]. On vérifie facilement que $S_A(t)$ possède les propriétés suivantes :

a) Pour chaque $t \geqslant 0$, $S_A(t) : H \to H$ est un opérateur linéaire continu et $\|S_A(t)\|_{\mathscr{L}(H)} \leqslant 1$

b) $\begin{cases} S_A(t_1 + t_2) = S_A(t_1) \circ S_A(t_2) & \forall t_1 \geqslant 0, \forall t_2 \geqslant 0 \\ S_A(0) = I \end{cases}$

c) $\lim\limits_{\substack{t \to 0 \\ t \geqslant 0}} |S_A(t)u_0 - u_0| = 0 \qquad \forall u_0 \in H.$

Une famille $\{S(t)\}_{t \geqslant 0}$ d'opérateurs de $\mathscr{L}(H)$ définie pour chaque valeur du paramètre $t \geqslant 0$ et vérifiant *a*), *b*), *c*) est, par définition, un **semi-groupe continu de contractions.**

On montre (Hille-Yosida) qu'inversement, étant donné un semi-groupe continu de contractions $S(t)$, il existe un opérateur A maximal monotone unique tel que $S(t) = S_A(t)$ pour tout $t \geqslant 0$.
On établit ainsi une **correspondance bijective entre les opérateurs maximaux monotones et les semi-groupes continus de contractions.**

Pour la démonstration, voir par exemple [EX] et les références citées dans les commentaires sur le chapitre VII.

• Remarque 6. — Soit A un opérateur maximal monotone et soit $\lambda \in \mathbb{R}$. La résolution de l'équation

$$\begin{cases} \dfrac{du}{dt} + Au + \lambda u = 0 & \text{sur} \quad [0, +\infty[\\ u(0) = u_0 \end{cases}$$

se ramène très simplement à la résolution de (6) grâce à l'artifice classique suivant. On pose

$$v(t) = e^{\lambda t} u(t).$$

Alors v vérifie

$$\begin{cases} \dfrac{dv}{dt} + Av = 0 & \text{sur} \quad [0, +\infty[\\ v(0) = u_0. \end{cases}$$

VII.3. Régularité

On va maintenant compléter le résultat du théorème VII.4 en montrant que la solution u de (6) est **plus régulière** [2] moyennant des hypothèses supplémentaires sur la donnée initiale u_0.

---

[1] Il revient au même de définir $S_A(t)$ comme étant l'application $u_0 \in H \longmapsto u(t) \in H$ mise en évidence à la remarque 4.

[2] Rappelons que la conclusion du théorème VII.4 affirme seulement que $u \in C^1([0, \infty[; H)$.

Pour cela, on définit par récurrence l'espace

$$D(A^k) = \{v \in D(A^{k-1}); \quad Av \in D(A^{k-1})\}, \quad k \text{ entier} \geqslant 2.$$

On vérifie aisément que $D(A^k)$ est un espace de Hilbert pour le produit scalaire

$$(u, v)_{D(A^k)} = \sum_{j=0}^{k} (A^j u, A^j v);$$

la norme correspondante est

$$|u|_{D(A^k)} = \left(\sum_{j=0}^{k} |A^j u|^2 \right)^{1/2}.$$

Théorème VII.5. – ***On suppose que $u_0 \in D(A^k)$ avec $k \geqslant 2$. Alors la solution u du problème (6) obtenue au théorème* VII.4 *vérifie de plus***

$$u \in C^{k-j}([0, +\infty[; D(A^j)) \quad \textit{pour} \quad j = 0, 1, \ldots k.$$

Démonstration. – Commençons par supposer que $k = 2$.

On considère l'espace de Hilbert $H_1 = D(A)$ muni du produit scalaire $(u, v)_{D(A)}$. On vérifie aisément que l'opérateur $A_1 : D(A_1) \subset H_1 \to H_1$ défini par

$$\begin{cases} D(A_1) = D(A^2) \\ A_1 u = Au \quad \text{pour} \quad u \in D(A_1) \end{cases}$$

est maximal monotone dans H_1. Appliquant le théorème VII.4 **à l'opérateur** A_1 **dans l'espace** H_1 on voit qu'il existe une fonction

$$u \in C^1([0, +\infty[; H_1) \cap C([0, +\infty[; D(A_1))$$

telle que

$$\begin{cases} \dfrac{du}{dt} + A_1 u = 0 \quad \text{sur} \quad [0, +\infty[\\ u(0) = u_0. \end{cases}$$

En particulier u satisfait (6); grâce à l'unicité il s'agit donc de **la** solution de (6). Il reste seulement à vérifier que $u \in C^2([0, +\infty[; H)$. Comme

$$A \in \mathscr{L}(H_1, H) \quad \text{et que} \quad u \in C^1([0, +\infty[; H_1),$$

il en résulte que $Au \in C^1([0, +\infty[; H)$ et que

$$\frac{d}{dt}(Au) = A\left(\frac{du}{dt}\right). \tag{19}$$

Appliquant (6) on voit que $\dfrac{du}{dt} \in C^1([0, +\infty[; H)$, c'est-à-dire $u \in C^2([0, +\infty[; H)$ et que

$$\frac{d}{dt}\left(\frac{du}{dt}\right) + A\left(\frac{du}{dt}\right) = 0 \quad \text{sur} \quad [0, +\infty[. \tag{20}$$

Passons maintenant au cas général $k \geqslant 3$. On raisonne par récurrence sur k: admettons le résultat jusqu'à l'ordre $k - 1$ et supposons que $u_0 \in D(A^k)$. D'après

ce qui précède on sait déjà que la solution u de (6) appartient à $C^2([0, \infty[; H) \cap C^1([0, \infty[; D(A))$ et que u vérifie (20).
Posant

$$v = \frac{du}{dt}$$

on obtient

$$v \in C^1([0, +\infty[; H) \cap C([0, \infty[; D(A)),$$

$$\begin{cases} \dfrac{dv}{dt} + Av = 0 & \text{sur} \quad [0, \infty[\\ v(0) = -Au_0. \end{cases}$$

Autrement dit, v est **la** solution de (6) qui correspond à la donnée initiale $v_0 = -Au_0$. Comme $v_0 \in D(A^{k-1})$ on sait, d'après l'hypothèse de récurrence que

(21) $$v \in C^{k-1-j}([0, +\infty[; D(A^j)) \quad \text{pour} \quad j = 0, 1, \dots k-1,$$

i.e.

$$u \in C^{k-j}([0, +\infty[; D(A^j)) \quad \text{pour} \quad j = 0, 1, \dots k-1.$$

Il reste seulement à vérifier que

(22) $$u \in C([0, +\infty[; D(A^k)).$$

Appliquant (21) avec $j = k - 1$, on obtient que

(23) $$\frac{du}{dt} \in C([0, +\infty[; D(A^{k-1})).$$

On déduit de (23) et de l'équation (6) que

$$Au \in C([0, \infty[; D(A^{k-1}))$$

i.e. (22).

VII.4. Le cas autoadjoint

Soit $A : D(A) \subset H \to H$ un opérateur linéaire non-borné avec $\overline{D(A)} = H$. Si l'on fait l'identification $H' = H$ on peut considérer A^* comme un opérateur non-borné dans H.

Définition. – On dit que

A est **symétrique** si

$$(Au, v) = (u, Av) \qquad \forall u, v \in D(A);$$

A est **autoadjoint** si

$$A^* = A$$

ce qui sous-entend $D(A^*) = D(A)$.

REMARQUE 7. — Lorsque $A \in \mathscr{L}(H)$, il n'y a pas lieu de distinguer entre opérateur symétrique et opérateur autoadjoint. Par contre si A est **non-borné** la distinction entre « **symétrique** » et « **autoadjoint** » est **subtile.** Il est clair qu'un opérateur autoadjoint est symétrique. La réciproque n'est pas vraie : A est symétrique si et seulement si $A \subset A^*$ — ce qui sous-entend $D(A) \subset D(A^*)$ et $A^* = A$ sur D(A). Lorsque A est symétrique, il peut arriver que $A \subsetneqq A^*$ (voir [EX]).
Le résultat suivant montre que lorsque A est **maximal monotone,** alors

$$(\text{A symétrique}) \Leftrightarrow (\text{A autoadjoint}).$$

Proposition VII.6. — ***Soit A un opérateur maximal monotone, symétrique. Alors A est autoadjoint.***

DÉMONSTRATION. — Soit $J_1 = (I + A)^{-1}$. Montrons d'abord que J_1 est autoadjoint. Il suffit de vérifier — puisque $J_1 \in \mathscr{L}(H)$) — que

$$(24) \qquad (J_1 u, v) = (u, J_1 v) \qquad \forall u, v \in H.$$

Posons $u_1 = J_1 u$, $v_1 = J_1 v$ de sorte que

$$\begin{aligned} u_1 + Au_1 &= u \\ v_1 + Av_1 &= v. \end{aligned}$$

Comme $(u_1, Av_1) = (Au_1, v_1)$ il en résulte que $(u_1, v) = (u, v_1)$ i.e. (24).
Soit $u \in D(A^*)$ et posons $f = u + A^*u$. On a

$$\begin{aligned} &(f, v) = (u, v + Av) \qquad \forall v \in D(A) \\ \text{i.e.} \quad &(f, J_1 w) = (u, w) \qquad \forall w \in H. \end{aligned}$$

Par conséquent $u = J_1 f$ et donc $u \in D(A)$. Conclusion : $D(A^*) = D(A)$.

REMARQUE 8. — Il faut faire très attention. Si A est un opérateur monotone, même symétrique, alors A* n'est pas nécessairement monotone ; voir [EX]. Par contre on démontre les équivalences suivantes (voir [EX]) :

A maximal monotone
$\Leftrightarrow$ A* maximal monotone
$\Leftrightarrow$ A fermé, D(A) dense, A et A* monotones.

• **Théorème VII.7.** — ***Soit A un opérateur maximal monotone, autoadjoint. Alors pour tout $u_0 \in H$ [1] il existe une fonction***

$$u \in C([0, +\infty[; H) \cap C^1(]0, +\infty[; H) \cap C(]0, +\infty[; D(A))$$

unique telle que

$$\begin{cases} \dfrac{du}{dt} + Au = 0 \qquad \text{sur} \qquad]0, +\infty[\\ u(0) = u_0 . \end{cases}$$

---

[1] Insistons sur la différence entre le théorème VII.4 et le théorème VII.7 : ici $u_0 \in H$ (au lieu de $u_0 \in D(A)$). La conclusion est plus faible puisque $\dfrac{du}{dt}(t)$ peut éventuellement « exploser » lorsque $t \to 0$.

De plus on a

$$|u(t)| \leqslant |u_0| \quad et \quad \left|\frac{du}{dt}(t)\right| = |Au(t)| \leqslant \frac{1}{t}\,|u_0| \quad \forall t > 0$$

(25) $$u \in C^k(]0, +\infty[\,;\, D(A^l)) \quad \forall k,\ l \text{ entiers.}$$

DÉMONSTRATION.

Unicité. Soient u et $\bar{u}$ deux solutions. Appliquant la monotonie de A on voit que la fonction $\varphi(t) = |u(t) - \bar{u}(t)|^2$ est décroissante sur $]0, +\infty[$. D'autre part elle est continue sur $[0, +\infty[$ et $\varphi(0) = 0$. Donc $\varphi \equiv 0$.

Existence.

1re étape. Supposons d'abord que $u_0 \in D(A^2)$ et soit u la solution de (6) obtenue au théorème VII.4. On va établir l'estimation

(26) $$\left|\frac{du}{dt}(t)\right| \leqslant \frac{1}{t}\,|u_0| \qquad \forall t > 0.$$

Notons que

$$J_\lambda^* = J_\lambda \qquad \text{et} \qquad A_\lambda^* = A_\lambda \qquad \forall \lambda > 0$$

(voir la démonstration de la proposition VII.6).
Reprenons l'approximation utilisée dans la démonstration du théorème VII.4 :

(27) $$\frac{du_\lambda}{dt} + A_\lambda u_\lambda = 0 \quad \text{sur} \quad [0, \infty[, \quad u_\lambda(0) = u_0.$$

Multipliant scalairement (27) par u_λ et intégrant sur $[0, T]$ on obtient

(28) $$\frac{1}{2}\,|u_\lambda(T)|^2 + \int_0^T (A_\lambda u_\lambda, u_\lambda)\,dt = \frac{1}{2}\,|u_0|^2.$$

Prenant ensuite le produit scalaire de (27) avec $t\dfrac{du_\lambda}{dt}(t)$ et intégrant sur $[0, T]$ il vient

(29) $$\int_0^T \left|\frac{du_\lambda}{dt}(t)\right|^2 t\,dt + \int_0^T \left(A_\lambda u_\lambda(t), \frac{du_\lambda}{dt}(t)\right) t\,dt = 0.$$

Or

$$\frac{d}{dt}(A_\lambda u_\lambda, u_\lambda) = \left(A_\lambda \frac{du_\lambda}{dt}, u_\lambda\right) + \left(A_\lambda u_\lambda, \frac{du_\lambda}{dt}\right) = 2\left(A_\lambda u_\lambda, \frac{du_\lambda}{dt}\right)$$

puisque $A_\lambda^* = A_\lambda$.
Par conséquent, en intégrant par parties, on trouve

(30) $$\begin{cases} \displaystyle\int_0^T \left(A_\lambda u_\lambda(t), \frac{du_\lambda}{dt}(t)\right) t\,dt = \frac{1}{2}\int_0^T \frac{d}{dt}\left[(A_\lambda u_\lambda, u_\lambda)\right] t\,dt \\ \displaystyle = \frac{1}{2}(A_\lambda u_\lambda(T), u_\lambda(T))T - \frac{1}{2}\int_0^T (A_\lambda u_\lambda, u_\lambda)\,dt. \end{cases}$$

D'autre part, comme la fonction $t \longmapsto |\frac{du_\lambda}{dt}(t)|$ est décroissante (lemme VII.1) on a

$$(31) \qquad \int_0^T |\frac{du_\lambda}{dt}(t)|^2 t\, dt \geqslant |\frac{du_\lambda}{dt}(T)|^2 \frac{T^2}{2}.$$

Combinant (28), (29), (30) et (31) on aboutit à

$$\frac{1}{2}|u_\lambda(T)|^2 + T(A_\lambda u_\lambda(T), u_\lambda(T)) + T^2 |\frac{du_\lambda}{dt}(T)|^2 \leqslant \frac{1}{2}|u_0|^2 ;$$

d'où il résulte, en particulier, que

$$(32) \qquad |\frac{du_\lambda}{dt}(T)| \leqslant \frac{1}{T}|u_0| \qquad \forall T > 0.$$

On conclut la démonstration de (26) en passant à la limite dans (32) quand $\lambda \to 0$ (noter que $\frac{du_\lambda}{dt} \to \frac{du}{dt}$ grâce à la 5e étape de la démonstration du théorème VII.4).

2e étape. On suppose maintenant que $u_0 \in H$. Soit (u_{0n}) une suite dans $D(A^2)$ telle que $u_{0n} \to u_0$. Soit u_n la solution de l'équation

$$\begin{cases} \frac{du_n}{dt} + Au_n = 0 & \text{sur} \quad [0, +\infty[\\ u_n(0) = u_{0n}. \end{cases}$$

On sait (théorème VII.4) que

$$|u_n(t) - u_m(t)| \leqslant |u_{0n} - u_{0m}| \qquad \forall m, n, \qquad \forall t \geqslant 0$$

et (1re étape) que

$$\left|\frac{du_n}{dt}(t) - \frac{du_m}{dt}(t)\right| \leqslant \frac{1}{t}|u_{0n} - u_{0m}| \qquad \forall m, n \qquad \forall t > 0.$$

Il en résulte que $u_n(t)$ converge vers une limite $u(t)$ uniformément sur $[0, \infty[$ et $\frac{du_n}{dt}$ converge vers $\frac{du}{dt}$ uniformément sur chaque intervalle $[\delta, +\infty[$ avec $\delta > 0$. Donc

$$u \in C([0, +\infty[; H) \cap C^1(]0, +\infty[; H).$$

On conclut aisément que $u(t) \in D(A)$ pour tout $t > 0$ et vérifie l'équation $\frac{du}{dt} + Au = 0$ sur $]0, +\infty[$ (utiliser le fait que A est fermé).

Preuve de (25). — On va établir par récurrence sur $k \geqslant 2$ que

$$(33) \qquad u \in C^{k-j}(]0, +\infty[; D(A^j)) \qquad \forall j = 0, 1 \ldots k.$$

Admettons donc (33) à l'ordre $k - 1$; d'où il résulte en particulier que

$$(34) \qquad u \in C(]0, +\infty[; D(A^{k-1}))$$

Pour établir (33) à l'ordre k, il suffit (grâce au théorème VII.5) de vérifier que

$$u \in C(]0, +\infty[; D(A^k)). \tag{35}$$

Dans l'espace de Hilbert $\tilde{H} = D(A^{k-1})$, on considère l'opérateur $\tilde{A} : D(\tilde{A}) \subset \tilde{H} \to \tilde{H}$ défini par

$$\begin{cases} D(\tilde{A}) = D(A^k) \\ \tilde{A} = A. \end{cases}$$

On vérifie aisément que $\tilde{A}$ est maximal monotone et symétrique (donc autoadjoint) dans $\tilde{H}$.

Appliquant la première partie du théorème VII.7 dans $\tilde{H}$ à l'opérateur $\tilde{A}$ on voit que, pour tout $v_0 \in \tilde{H}$, il existe une solution unique du problème

$$\begin{cases} \dfrac{dv}{dt} + Av = 0 \quad \text{sur} \quad]0, +\infty[\\ v(0) = v_0 \end{cases} \tag{36}$$

avec

$$v \in C([0, \infty[; \tilde{H}) \cap C^1(]0, \infty[; \tilde{H}) \cap C(]0, \infty[; D(\tilde{A})).$$

Choisissant $v_0 = u(\varepsilon)$ $(\varepsilon > 0)$ ($v_0 \in \tilde{H}$ grâce à (34)) on voit que $u \in C(]\varepsilon, +\infty[; D(A^k))$. D'où (35).

Commentaires sur le chapitre VII

1) Le théorème de Hille-Yosida dans les espaces de Banach

Le théorème de Hille-Yosida s'étend aux espaces de Banach sous la forme suivante.
Soit E un espace de Banach et soit $A : D(A) \subset E \to E$ un opérateur linéaire non-borné. On dit que A est *m*-**accrétif** si $\overline{D(A)} = E$ et si pour tout $\lambda > 0$, $I + \lambda A$ est bijectif de $D(A)$ sur E avec $\|(I + \lambda A)^{-1}\|_{\mathscr{L}(E)} \leqslant 1$.

Théorème VII.8 (Hille-Yosida). — ***Soit* A *un opérateur m-accrétif dans* E. *Alors pour tout* $u_0 \in D(A)$ *il existe une fonction***

$$u \in C^1([0, +\infty[; E) \cap C([0, +\infty[; D(A))$$

unique telle que

$$\begin{cases} \dfrac{du}{dt} + Au = 0 \quad \textit{sur} \quad [0, +\infty[\\ u(0) = u_0 . \end{cases} \tag{37}$$

De plus, on a

$$\|u(t)\| \leqslant \|u_0\| \quad \textit{et} \quad \|\frac{du}{dt}(t)\| = \|Au(t)\| \leqslant \|Au_0\| \quad \forall t \geqslant 0.$$

L'opérateur $u_0 \mapsto u(t)$ ***prolongé par continuité à* E *est noté*** $S_A(t)$; $S_A(t)$ ***est un semi-groupe continu de contractions sur* E.**

***Réciproquement, étant donné un semi-groupe continu de contractions* $S(t)$, *il existe un opérateur* A *m-accrétif, unique, tel que* $S(t) = S_A(t)$ *pour tout* $t \geqslant 0$.**

Pour la démonstration, voir par exemple J. Goldstein [1], Yosida [1], Schechter [1], Reed-Simon [1], volume 2, Tanabe [1], Pazy [1], Dunford-Schwartz [1], volume 1, Friedman [2], Davies [1], Balakrishnan [1] et [EX]. Ces références contiennent des développements abondants sur la théorie des semi-groupes.

2) Formule exponentielle.

Il existe de nombreuses méthodes itératives permettant de résoudre le problème (37). Citons en particulier le

Théorème VII.9. — ***On suppose que* A *est m-accrétif. Alors pour tout* $u_0 \in D(A)$ *la solution* u *de* (37) *est donnée par la formule exponentielle***

$$u(t) = \lim_{n \to \infty} [(I + \frac{t}{n} A)^{-1}]^n u_0 \tag{38}$$

Voir par exemple Yosida [1] et Pazy [1].

On notera que la formule (38) correspond exactement en langage d'**Analyse Numérique** à la convergence d'un schéma implicite de **discrétisation en t** pour l'équation (37) (voir Raviart-Thomas [1]). En effet pour déterminer la solution de (37) on fixe $t > 0$ et on divise l'intervalle $[0, t]$ en n intervalles égaux de longueur $\Delta t = \frac{t}{n}$; on résout successivement les équations

$$\frac{u_{j+1} - u_j}{\Delta t} + Au_{j+1} = 0, \qquad j = 0, 1 \dots n - 1,$$

à partir de u_0. Autrement dit

$$u_n = (I + \Delta t\, A)^{-n} u_0 = \left(I + \frac{t}{n} A\right)^{-n} u_0 .$$

Lorsque $n \to \infty$ (i.e. $\Delta t \to 0$) il est tout à fait « naturel » que u_n converge vers $u(t)$.

3) Le théorème VII.7 est un premier pas vers la théorie des **semi-groupes analytiques**; à ce sujet voir Yosida [1], Kato [1], Reed-Simon [1], Friedman [2], Pazy [1], Tanabe [1].

4) Équations avec second membre. Équations non linéaires.

Considérons le problème

$$\begin{cases} \dfrac{du}{dt}(t) + Au(t) = f(t) & \text{sur} \quad [0, T] \\ u(0) = u_0 . \end{cases} \tag{39}$$

On a le résultat suivant

Théorème VII.10. — ***On suppose que* A *est m-accrétif. Alors pour tout* $u_0 \in D(A)$ *et tout* $f \in C^1([0, T]; E)$ *il existe une fonction***

$$u \in C^1([0, T]; E) \cap C([0, T]; D(A))$$

unique solution de* (39). *De plus u est donnée par la formule

$$u(t) = S_A(t)u_0 + \int_0^t S_A(t-s)f(s)\,ds, \tag{40}$$

***où* $S_A(t)$ *désigne le semi-groupe introduit en* 1).**

On retiendra que si $f \in L^1(0, T\,; E)$ la formule (40) – qui a toujours un sens – peut être considérée comme une solution généralisée de (39). Sur ces questions voir Kato [1], Pazy [1], Martin [1], Tanabe [1].

Dans les applications, on rencontre de nombreuses équations « semi-linéaires » du type

$$\frac{du}{dt} + Au = F(u)$$

où F est un opérateur **non linéaire** de X dans X ; voir par exemple Martin [1], Brezis [2] et les commentaires sur le chapitre X.

Dans le même esprit indiquons que la plupart des résultats du chapitre VII admettent une version non linéaire, i.e. $A : D(A) \subset E \to E$ est un opérateur non linéaire ; voir Brezis [1], Barbu [1], Bénilan-Crandall-Pazy [1].

VIII

ESPACES DE SOBOLEV ET FORMULATION VARIATIONNELLE DES PROBLÈMES AUX LIMITES EN DIMENSION UN

VIII.1. Motivation

Considérons le problème suivant. Étant donné $f \in C([a, b])$ trouver une fonction $u(x)$ vérifiant

$$(1) \qquad \begin{cases} -u'' + u = f & \text{sur} \quad [a, b] \\ u(a) = u(b) = 0. \end{cases}$$

Une solution **classique** – ou solution **forte** – du problème (1) est une fonction de classe C^2 sur $[a, b]$ vérifiant (1) au sens usuel. Bien entendu (1) peut être résolu explicitement par un calcul très simple, mais nous ignorerons cet aspect des choses afin d'illustrer la méthode sur cet exemple élémentaire.

On multiplie (1) par $\varphi \in C^1([a, b])$ et on intègre par parties ; il vient

$$(2) \qquad \int_a^b u'\varphi' + \int_a^b u\varphi = \int_a^b f\varphi \qquad \forall \varphi \in C^1([a, b]), \qquad \varphi(a) = \varphi(b) = 0.$$

On notera que (2) a un sens dès que $u \in C^1([a, b])$ (contrairement à (1) qui suppose u deux fois dérivable) ; en fait il suffirait même d'avoir $u, u' \in L^1(a, b)$, u' en un sens à préciser. Disons (provisoirement) qu'une fonction u de classe C^1 qui vérifie (2) est une solution **faible** de (1).

Le programme suivant décrit les grandes lignes de l'**approche variationnelle** en théorie des équations aux dérivées partielles :

Étape A. – On précise la notion de solution faible ; celle-ci fait intervenir les **espaces de Sobolev** qui sont **les outils de base.**

Étape B. – On établit l'**existence** et l'**unicité** d'une **solution faible** par la méthode variationnelle, via le théorème de Lax-Milgram.

Étape C. – On prouve que la solution faible est de classe C^2 (par exemple) : c'est un résultat de **régularité.**

Étape D. — Retour aux solutions classiques. On montre qu'une solution faible de classe C^2 est une solution classique.

L'étape D est très simple. En effet supposons que $u \in C^2([a, b])$, $u(a) = u(b) = 0$ et u vérifie (2). En intégrant (2) par parties on obtient

$$\int_a^b (-u'' + u - f)\varphi = 0 \qquad \forall \varphi \in C^1([a, b]), \qquad \varphi(a) = \varphi(b) = 0$$

et a fortiori

$$\int_a^b (-u'' + u - f)\varphi = 0 \qquad \forall \varphi \in C_c^1(]a, b[).$$

Or $C_c^1(]a, b[$ est dense dans $L^2(a, b)$ (corollaire IV.23) et donc $-u'' + u = f$ p.p. (en fait partout puisque $u \in C^2$).

VIII.2. L'espace de Sobolev $W^{1,p}(I)$

Soit $I =]a, b[$ un intervalle **borné ou non** et soit $p \in \mathbb{R}$ avec $1 \leqslant p \leqslant \infty$.

Définition. — **L'espace de Sobolev** $W^{1,p}(I)$ est défini par [1]

$$\boxed{W^{1,p}(I) = \{u \in L^p(I) ;\ \exists g \in L^p(I) \text{ tel que } \int_I u\varphi' = -\int_I g\varphi \quad \forall \varphi \in C_c^1(I)\}.}$$

On pose

$$\boxed{H^1(I) = W^{1,2}(I).}$$

Pour $u \in W^{1,p}(I)$ on note $u' = g$ [2].

Remarque 1. — Dans la définition de $W^{1,p}$ on dit que φ est une **fonction test.** On peut utiliser indifféremment $C_c^1(I)$ ou $C_c^\infty(I)$ comme ensemble de fonctions test puisque si $\varphi \in C_c^1(I)$, alors $\rho_n \star \varphi \in C_c^\infty(I)$ pour n assez grand et $\rho_n \star \varphi \to \varphi$ dans C^1 (voir § IV.4; bien entendu, pour définir le produit de convolution $\rho_n \star \varphi$ on commence par prolonger φ par 0 en dehors de I).

Remarque 2. — Il est clair que si $u \in C^1(I) \cap L^p(I)$ et si $u' \in L^p(I)$ (ici u' est la dérivée usuelle de u), alors $u \in W^{1,p}(I)$. De plus la dérivée usuelle de u coïncide avec la dérivée de u au sens $W^{1,p}$. En particulier si I est borné, alors $C^1(\bar{I}) \subset W^{1,p}(I)$ pour tout $1 \leqslant p \leqslant \infty$.

Exemples. — Soit $I =]-1, +1[$. Vérifier à titre d'exercice que :

i) La fonction $u(x) = \frac{1}{2}(|x| + x)$ appartient à $W^{1,p}(I)$ pour tout $1 \leqslant p \leqslant \infty$ et que $u' = H$ où

$$H(x) = \begin{cases} +1 & \text{si} \quad 0 < x < 1 \\ 0 & \text{si} \quad -1 < x < 0. \end{cases}$$

---

[1] Quand il n'y aura pas de confusion on écrira $W^{1,p}$ au lieu de $W^{1,p}(I)$.
[2] Remarquer que ceci a bien un sens : g est unique grâce au lemme IV.2.

Plus généralement une fonction continue sur $\bar{I}$ et continûment dérivable par morceaux sur $\bar{I}$ appartient à $W^{1,p}(I)$ pour tout $1 \leqslant p \leqslant \infty$.

ii) La fonction H n'appartient **pas** à $W^{1,p}$ pour tout $1 \leqslant p \leqslant \infty$.

∗ REMARQUE 3. — Pour définir $W^{1,p}$ on peut aussi utiliser le langage de la théorie des distributions (voir L. Schwartz [1]). Toute fonction $u \in L^p(I)$ admet une dérivée au sens des distributions qui est un élément de l'énorme espace $\mathscr{D}'(I)$. On dit que $u \in W^{1,p}$ si cette dérivée-distribution coïncide, dans l'espace $\mathscr{D}'(I)$, avec une fonction de L^p.

Lorsque $I = \mathbb{R}$ et $p = 2$ on peut aussi définir les espaces de Sobolev par transformée de Fourier ; voir par exemple Lions-Magenes [1] ou Malliavin [1]. Nous n'envisagerons pas ce point de vue ici.

Notations. — L'espace $W^{1,p}$ est muni de la norme

$$\boxed{\|u\|_{W^{1,p}} = \|u\|_{L^p} + \|u'\|_{L^p}}$$

(ou parfois, si $1 < p < \infty$, de la norme équivalente $[\|u\|_{L^p}^p + \|u'\|_{L^p}^p]^{1/p}$). L'espace H^1 est muni du produit scalaire

$$\boxed{(u, v)_{H^1} = (u, v)_{L^2} + (u', v')_{L^2};}$$

la norme associée

$$\|u\|_{H^1} = (\|u\|_{L^2}^2 + \|u'\|_{L^2}^2)^{1/2}$$

est équivalente à la norme de $W^{1,2}$.

Proposition VIII.1. — ***L'espace $W^{1,p}$ est un espace de Banach pour $1 \leqslant p \leqslant \infty$. L'espace $W^{1,p}$ est réflexif*(1) *pour $1 < p < \infty$ et séparable pour $1 \leqslant p < \infty$.***
L'espace H^1 est un espace de Hilbert séparable.

DÉMONSTRATION. — *a*) Soit (u_n) une suite de Cauchy dans $W^{1,p}$; donc (u_n) et (u_n') sont des suites de Cauchy dans L^p. Par conséquent $u_n \to u$ dans L^p et $u_n' \to g$ dans L^p. On a

$$\int_I u_n \varphi' = -\int_I u_n' \varphi \qquad \forall \varphi \in C_c^1(I),$$

et à la limite

$$\int_I u \varphi' = -\int_I g \varphi \qquad \forall \varphi \in C_c^1(I).$$

Donc $u \in W^{1,p}$, $u' = g$ et $\|u_n - u\|_{W^{1,p}} \to 0$.

b) $W^{1,p}$ est **réflexif** pour $1 < p < \infty$.
En effet l'espace produit $E = L^p(I) \times L^p(I)$ est réflexif. L'opérateur $T : W^{1,p} \to E$ défini par $Tu = [u, u']$ est une isométrie de $W^{1,p}$ dans E ; donc $T(W^{1,p})$ est un sous-espace fermé de E. Il en résulte (proposition III.17) que $T(W^{1,p})$ est réflexif — et par suite $W^{1,p}$ aussi.

---

(1) Cette propriété est un avantage **considérable** de l'espace $W^{1,p}$. Dans les problèmes de **calcul des variations** on utilise de préférence $W^{1,p}$ plutôt que C^1 qui n'est pas réflexif (voir corollaire III.20).

c) $W^{1,p}$ est **séparable** pour $1 \leqslant p < \infty$.
En effet l'espace produit $E = L^p(I) \times L^p(I)$ est séparable; donc $T(W^{1,p})$ est aussi séparable (voir proposition III.22). Par conséquent $W^{1,p}$ est séparable.

REMARQUE 4. — Il convient de retenir de la démonstration précédente le fait suivant : soit (u_n) une suite de $W^{1,p}$ telle que $u_n \to u$ dans L^p et u'_n converge vers une certaine limite dans L^p, alors $u \in W^{1,p}$ et $\|u_n - u\|_{W^{1,p}} \to 0$ (lorsque $1 < p \leqslant \infty$ il suffit de savoir que (u'_n) reste **borné** dans L^p pour conclure que $u \in W^{1,p}$; voir [EX]).

Les fonctions de $W^{1,p}$ sont « en gros » des primitives de fonctions de L^p. Plus précisément on a le

Théorème VIII.2. — *Soit $u \in W^{1,p}(I)$; alors il existe une fonction $\tilde{u} \in C(\bar{I})$ telle que*

$$u = \tilde{u} \text{ p.p. sur } I$$

et

$$\tilde{u}(x) - \tilde{u}(y) = \int_y^x u'(t)\,dt \qquad \forall x, y \in \bar{I}.$$

REMARQUE 5. — Précisons bien la portée du théorème VIII.2. Notons d'abord que si une fonction $u \in W^{1,p}$, alors toute fonction v telle que $u = v$ p.p. sur I appartient aussi à $W^{1,p}$. Le théorème VIII.2 affirme que toute fonction u de $W^{1,p}$ admet un (et un seul) **représentant continu** i.e. il existe une fonction continue qui appartient à la classe d'équivalence de u pour la relation $u \sim v$ si $u = v$ p.p. Quand cela sera utile ([1]) on remplacera systématiquement u par son représentant continu; afin de ne pas alourdir les notations on désignera également par u le représentant continu. On remarquera enfin que la propriété « u admet un représentant continu » est distincte de la propriété « u est continue p.p. ».

REMARQUE 6. — Il est clair que si $u \in W^{1,p}$ et si $u' \in C(\bar{I})$ alors $u \in C^1(\bar{I})$ (plus précisément $\tilde{u} \in C^1(\bar{I})$, mais comme il est dit ci-dessus nous ne distinguerons pas u et $\tilde{u}$).

Dans la démonstration du théorème VIII.2 on utilisera les

Lemme VIII.1. — *Soit $f \in L^1_{loc}(I)$ tel que*

$$\int_I f\varphi' = 0 \qquad \forall \varphi \in C^1_c(I). \tag{3}$$

Alors il existe une constante C *telle que $f = C$ p.p.*

DÉMONSTRATION. — On **fixe** une fonction $\psi \in C_c(I)$ telle que $\int \psi = 1$. Pour toute fonction $w \in C_c(I)$ il existe $\varphi \in C^1_c(I)$ tel que

$$\varphi' = w - \left(\int_I w\right)\psi.$$

En effet la fonction $h = w - \left(\int_I w\right)\psi$ est continue, à support compact inclus dans I et

[1] Par exemple, pour donner un sens à $u(x)$ $\forall x \in \bar{I}$.

comme $\int_I h = 0$, h admet une primitive (unique) à support compact. On déduit de (3) que

$$\int_I f\left[w - \left(\int_I w\right)\psi\right] = 0 \qquad \forall w \in C_c(I)$$

i.e.

$$\int_I \left[f - \left(\int_I f\psi\right)\right]w = 0 \qquad \forall w \in C_c(I)$$

et par suite (lemme IV.2), $f - \left(\int_I f\psi\right) = 0$ p.p., i.e. $f = C$ p.p. avec $C = \int_I f\psi$.

Lemme VIII.2. — *Soit* $g \in L^1_{loc}(I)$; *pour* y_0 *fixé dans* I *on pose*

$$v(x) = \int_{y_0}^{x} g(t)\,dt, \qquad x \in I.$$

Alors $v \in C(I)$ *et*

$$\int_I v\varphi' = -\int_I g\varphi \qquad \forall \varphi \in C_c^1(I).$$

DÉMONSTRATION. — On a

$$\int_I v\varphi' = \int_I \left[\int_{y_0}^{x} g(t)\,dt\right]\varphi'(x)\,dx = -\int_a^{y_0} dx \int_x^{y_0} g(t)\varphi'(x)\,dt + \int_{y_0}^{b} dx \int_{y_0}^{x} g(t)\varphi'(x)\,dt.$$

Appliquant le théorème de Fubini, on en déduit que

$$\int_I v\varphi' = -\int_a^{y_0} g(t)\,dt \int_a^{t} \varphi'(x)\,dx + \int_{y_0}^{b} g(t)\,dt \int_t^{b} \varphi'(x)\,dx$$
$$= -\int_I g(t)\varphi(t)\,dt.$$

DÉMONSTRATION DU THÉORÈME VIII.2. — On fixe $y_0 \in I$ et on pose $\bar{u}(x) = \int_{y_0}^{x} u'(t)\,dt$.

D'après le lemme VIII.2 on a

$$\int_I \bar{u}\varphi' = -\int_I u'\varphi \qquad \forall \varphi \in C_c^1(I).$$

Donc $\int (u - \bar{u})\varphi' = 0$ $\forall \varphi \in C_c^1(I)$. Il résulte du lemme VIII.1 que $u - \bar{u} = C$ p.p. La fonction $\tilde{u}(x) = \bar{u}(x) + C$ a les propriétés désirées.

REMARQUE 7. — Le lemme VIII.2 montre que la primitive v d'une fonction g de L^p appartient à $W^{1,p}$ dès que $v \in L^p$ — ce qui est toujours le cas lorsque I est borné.

Proposition VIII.3. — *Soit* $u \in L^p$ *avec* $1 < p \leqslant \infty$. *Les propriétés suivantes sont équivalentes*

(i) $u \in W^{1,p}$.

(ii) *Il existe une constante* C *telle que*

$$\left| \int_I u\varphi' \right| \leqslant C\|\varphi\|_{L^{p'}(I)} \qquad \forall \varphi \in C_c^\infty(I).$$

(iii) *Il existe une constante* C *telle que pour tout ouvert* $\omega \subset\subset I$ *et tout* $h \in \mathbb{R}$ *avec* $|h| < \operatorname{dist}(\omega, \complement I)$ *on a*

$$\|\tau_h u - u\|_{L^p(\omega)} \leqslant C|h|.$$

De plus, on peut choisir $C = \|u'\|_{L^p(I)}$ *dans* (ii) *et* (iii).

Démonstration.

(i) ⇒ (ii) Évident.

(ii) ⇒ (i) La forme linéaire

$$\varphi \in C_c^\infty(I) \longmapsto \int u\varphi'$$

définie sur un sous-espace dense de $L^{p'}$ est continue pour la norme de $L^{p'}$. Donc elle se prolonge en une forme linéaire et continue F sur $L^{p'}$ (appliquer le théorème de Hahn-Banach, ou bien le prolongement par continuité). D'après le théorème de représentation de Riesz (théorèmes IV.11 et IV.14) il existe $g \in L^p$ tel que

$$\langle F, \varphi \rangle = \int g\varphi \qquad \forall \varphi \in L^{p'}.$$

D'où en particulier

$$\int u\varphi' = \int g\varphi \qquad \forall \varphi \in C_c^\infty$$

et donc $u \in W^{1,p}$.

(i) ⇒ (iii) D'après le théorème VIII.2, on a pour $x \in \omega$

$$u(x + h) - u(x) = \int_x^{x+h} u'(t)\,dt = h \int_0^1 u'(x + sh)\,ds.$$

Donc

$$|u(x + h) - u(x)| \leqslant |h| \int_0^1 |u'(x + sh)|\,ds.$$

La conclusion est évidente si $p = \infty$; supposons donc $1 < p < \infty$. Appliquant l'inégalité de Hölder on a

$$|u(x + h) - u(x)|^p \leqslant |h|^p \int_0^1 |u'(x + sh)|^p\,ds.$$

Par conséquent

$$\int_{\omega} |u(x+h)-u(x)|^p \, dx \leqslant |h|^p \int_{\omega} dx \int_0^1 |u'(x+sh)|^p \, ds$$
$$= |h|^p \int_0^1 ds \int_{\omega} |u'(x+sh)|^p \, dx.$$

Or, pour $0 < s < 1$, on a

$$\int_{\omega} |u'(x+sh)|^p \, dx = \int_{\omega+sh} |u'(y)|^p \, dy \leqslant \int_I |u'(y)|^p \, dy.$$

D'où l'on déduit (iii).

(iii) ⇒ (ii)

Soit $\varphi \in C_c^1(I)$; on choisit $\omega \subset\subset I$ tel que $\operatorname{Supp} \varphi \subset \omega$. Pour $h \in \mathbb{R}$ avec $|h| < \operatorname{dist}(\omega, \complement I)$ on a

$$\int_I [u(x+h)-u(x)]\varphi(x) \, dx = \int_I u(x)[\varphi(x-h)-\varphi(x)] \, dx.$$

Utilisant l'inégalité de Hölder et (iii) on obtient

$$\left| \int_I [u(x+h)-u(x)]\varphi(x) \, dx \right| \leqslant C|h| \, \|\varphi\|_{L^{p'}}.$$

Passant à la limite quand $h \to 0$ on en déduit que

$$\left| \int u\varphi' \right| \leqslant C\|\varphi\|_{L^{p'}} \qquad \forall \varphi \in C_c^1.$$

✱ REMARQUE 8. — Lorsque $p = 1$ les implications suivantes restent vraies :

(i) ⇒ (ii) ⇔ (iii).

Supposons dans la suite que I soit **borné.** Les fonctions vérifiant (i), c'est-à-dire les fonctions de $W^{1,1}$ sont les fonctions **absolument continues.** Elles sont aussi caractérisées par la propriété :

(AC) $\begin{cases} \forall \varepsilon > 0 \ \exists \delta > 0 \text{ tel que pour toute suite finie d'intervalles disjoints }]a_k, b_k[\text{ de I} \\ \text{telle que } \Sigma|b_k - a_k| < \delta, \text{ alors } \Sigma|f(b_k) - f(a_k)| < \varepsilon. \end{cases}$

Tandis que les fonctions vérifiant (ii) [ou (iii)] avec $p = 1$ sont les fonctions à **variation bornée ;** ces fonctions peuvent être caractérisées de diverses manières :

– ce sont les différences de deux fonctions croissantes bornées (éventuellement discontinues) sur I,

– ce sont les fonctions u vérifiant la **propriété** :

(VB) $\begin{cases} \text{il existe une constante C telle que} \\ \displaystyle\sum_{i=0}^{k-1} |u(t_{i+1}) - u(t_i)| \leqslant C \text{ pour toute suite } t_0 < t_1 < \ldots < t_k \text{ de I,} \end{cases}$

– ce sont les fonctions $u \in L^1(I)$ dont la dérivée-distribution est une mesure bornée.

Sur ce sujet on pourra consulter Hewitt-Stromberg [1], Kolmogorov-Fomin [1] ou Chae [1].

Corollaire VIII.4. — *Une fonction u de* $L^\infty(I)$ *appartient à* $W^{1,\infty}(I)$ *si et seulement s'il existe une constante* C *telle que*

$$|u(x) - u(y)| \leqslant C|x - y| \qquad p.p. \quad x, y \in I$$

DÉMONSTRATION. — Appliquer la proposition VIII.3 [(i) ⇔ (iii)] avec $p = \infty$.

Certaines opérations fondamentales de l'Analyse ont un sens uniquement pour des fonctions définies sur $\mathbb{R}$ tout entier (par exemple la convolution, la transformée de Fourier, etc.). Il est donc utile de pouvoir prolonger une fonction $u \in W^{1,p}(I)$ en une fonction $\bar{u} \in W^{1,p}(\mathbb{R})$ (1). Le résultat suivant répond à cette préoccupation.

Théorème VIII.5 (Opérateur de prolongement). — ***Soit*** $1 \leqslant p \leqslant \infty$. ***Il existe un* opérateur de prolongement** $P: W^{1,p}(I) \to W^{1,p}(\mathbb{R})$ ***linéaire et continu tel que***

(i) $Pu_{|I} = u \qquad \forall u \in W^{1,p}(I)$.

(ii) $\|Pu\|_{L^p(\mathbb{R})} \leqslant C\|u\|_{L^p(I)} \qquad \forall u \in W^{1,p}(I)$.

(iii) $\|Pu\|_{W^{1,p}(\mathbb{R})} \leqslant C\|u\|_{W^{1,p}(I)} \qquad \forall u \in W^{1,p}(I)$

(*où* C *dépend seulement de* $|I| \leqslant \infty$ (2)).

DÉMONSTRATION. — Commençons par le cas $I =]0, +\infty[$ et montrons que le **prolongement par réflexion** défini par

$$(Pu)(x) = u^*(x) = \begin{cases} u(x) & \text{si} \quad x \geqslant 0 \\ u(-x) & \text{si} \quad x < 0 \end{cases}$$

répond à la question.
Tout d'abord on a $\|u^*\|_{L^p(\mathbb{R})} \leqslant 2\|u\|_{L^p(I)}$.
Posons

$$v(x) = \begin{cases} u'(x) & \text{si} \quad x > 0 \\ -u'(-x) & \text{si} \quad x < 0. \end{cases}$$

On vérifie aisément que $v \in L^p(\mathbb{R})$ et que

$$u^*(x) - u(0) = \int_0^x v(t)\,dt \qquad \forall x \in \mathbb{R}.$$

Par conséquent $u^* \in W^{1,p}(\mathbb{R})$ (voir remarque 7) et $\|u^*\|_{W^{1,p}(\mathbb{R})} \leqslant 2\|u\|_{W^{1,p}(I)}$.

Considérons maintenant le cas d'un **intervalle borné** I; on peut toujours se ramener au cas $I =]0, 1[$. On **fixe** une fonction $\eta \in C^1(\mathbb{R})$, $0 \leqslant \eta \leqslant 1$, telle que

$$\eta(x) = \begin{cases} 1 & \text{si} \quad x < \frac{1}{4} \\ 0 & \text{si} \quad x > \frac{3}{4} \end{cases}$$

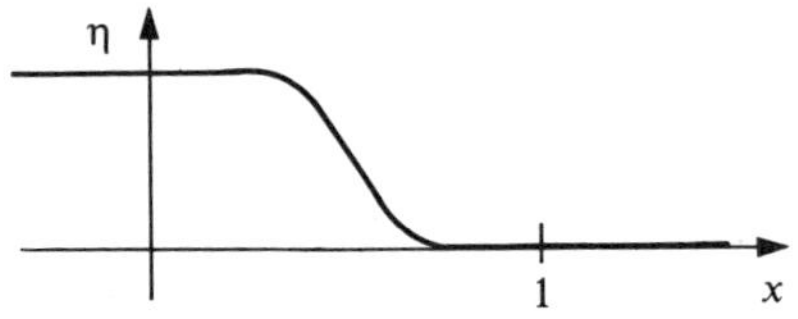

(1) Si l'on prolonge u par 0 en dehors de I la fonction ainsi obtenue n'appartient en général pas à $W^{1,p}(\mathbb{R})$ (voir § VIII.3).

(2) On peut prendre $C = 4$ dans (ii) et $C = 4\left(1 + \frac{1}{|I|}\right)$ dans (iii).

Étant donnée une fonction f définie sur $]0, 1[$ on pose

$$\tilde{f}(x) = \begin{cases} f(x) & \text{si} \quad 0 < x < 1 \\ 0 & \text{si} \quad x \geqslant 1. \end{cases}$$

On aura besoin du

Lemme VIII.3. — ***Soit*** $u \in W^{1,p}(I)$, ***alors***

$$\eta\tilde{u} \in W^{1,p}(0, \infty) \qquad \textit{et} \qquad (\eta\tilde{u})' = \eta'\tilde{u} + \eta\tilde{u}'.$$

DÉMONSTRATION. — Soit $\varphi \in C_c^1(]0, \infty[)$; on a

$$\int_0^\infty \eta\tilde{u}\varphi' = \int_0^1 \eta u\varphi' = \int_0^1 u[(\eta\varphi)' - \eta'\varphi]$$
$$= -\int_0^1 u'\eta\varphi - \int_0^1 u\eta'\varphi \qquad \text{puisque} \qquad \eta\varphi \in C_c^1(]0, 1[)$$
$$= -\int_0^\infty (\tilde{u}'\eta + \tilde{u}\eta')\varphi.$$

FIN DE LA DÉMONSTRATION DU THÉORÈME VIII.5. — Étant donné $u \in W^{1,p}(I)$ on écrit

$$u = \eta u + (1 - \eta)u.$$

La fonction ηu est **d'abord** prolongée à $]0, \infty[$ par $\eta\tilde{u}$ (grâce au lemme VIII.3) et **ensuite** prolongée à $\mathbb{R}$ par réflexion. On obtient ainsi une fonction $v_1 \in W^{1,p}(\mathbb{R})$ qui prolonge ηu et telle que

$$\|v_1\|_{L^p(\mathbb{R})} \leqslant 2\|u\|_{L^p(I)} \quad , \quad \|v_1\|_{W^{1,p}(\mathbb{R})} \leqslant C\|u\|_{W^{1,p}(I)}$$

(où C dépend de $\|\eta'\|_{L^\infty}$).
On procède de manière analogue avec $(1 - \eta)u$, c'est-à-dire que l'on prolonge d'**abord** $(1 - \eta)u$ à $]-\infty, 1[$ par 0 sur $]-\infty, 0]$ et **ensuite** on prolonge à $\mathbb{R}$ par une réflexion (par rapport au point 1). On obtient ainsi une fonction $v_2 \in W^{1,p}(\mathbb{R})$ qui prolonge $(1 - \eta)u$ et telle que

$$\|v_2\|_{L^p(\mathbb{R})} \leqslant 2\|u\|_{L^p(I)}, \qquad \|v_2\|_{W^{1,p}(\mathbb{R})} \leqslant C\|u\|_{W^{1,p}(I)}.$$

Alors $Pu = v_1 + v_2$ répond à la question.

Certaines propriétés des fonctions de classe C^1 restent valables pour les fonctions de $W^{1,p}$ (voir par exemple les corollaires VII.9 et VII.10). Il est très commode d'établir ces propriétés « **par densité** » à l'aide du résultat suivant.

• **Théorème VIII.6** (**Densité**). — ***Soit*** $u \in W^{1,p}(I)$ ***avec*** $1 \leqslant p < \infty$. ***Alors il existe une suite*** (u_n) ***dans*** $C_c^\infty(\mathbb{R})$ ***telle que*** $u_{n|I} \to u$ ***dans*** $W^{1,p}(I)$.

DÉMONSTRATION. — On peut toujours supposer que $I = \mathbb{R}$; sinon on commence par prolonger u en une fonction de $W^{1,p}(\mathbb{R})$ grâce au théorème VIII.5. On utilise une technique importante de **convolution** (qui rend les fonctions C^∞) et de **troncature** (qui rend les fonctions à support compact).

a) Convolution

On aura besoin du

Lemme VIII.4. – *Soit* $\rho \in L^1(\mathbb{R})$ *et soit* $v \in W^{1,p}(\mathbb{R})$ *avec* $1 \leqslant p \leqslant \infty$. *Alors* $\rho * v \in W^{1,p}(\mathbb{R})$ *et* $(\rho * v)' = \rho * v'$.

DÉMONSTRATION. – Supposons d'abord que ρ est à support compact. On sait que $\rho * v \in L^p$. Soit $\varphi \in C_c^1(\mathbb{R})$; d'après les propositions IV.16 et IV.20 on a

$$\int (\rho * v)\varphi' = \int v(\check{\rho} * \varphi') = \int v(\check{\rho} * \varphi)' = -\int v'(\check{\rho} * \varphi) = -\int (\rho * v')\varphi.$$

D'où

$$\rho * v \in W^{1,p} \quad \text{et} \quad (\rho * v)' = \rho * v'.$$

Si ρ n'est pas à support compact on introduit une suite (ρ_n) de $C_c(\mathbb{R})$ telle que $\rho_n \to \rho$ dans L^1. D'après ce qui précède on a

$$\rho_n * v \in W^{1,p} \quad \text{et} \quad (\rho_n * v)' = \rho_n * v'.$$

Or $\rho_n * v \to \rho * v$ dans L^p et $\rho_n * v' \to \rho * v'$ dans L^p (voir théorème IV.22). On conclut à l'aide de la remarque 4 que

$$\rho * v \in W^{1,p} \quad \text{et que} \quad (\rho * v)' = \rho * v'.$$

b) Troncature

On fixe une fonction $\zeta \in C_c^\infty(\mathbb{R})$ telle que $0 \leqslant \zeta \leqslant 1$ et

$$\zeta(x) = \begin{cases} 1 & \text{si} \quad |x| \leqslant 1 \\ 0 & \text{si} \quad |x| \geqslant 2. \end{cases}$$

On définit la suite

(4) $$\zeta_n(x) = \zeta\left(\frac{x}{n}\right) \quad \text{pour} \quad n = 1, 2, \ldots$$

On vérifie aisément, grâce au théorème de convergence dominée, que si une fonction $f \in L^p$ avec $1 \leqslant p < \infty$ alors $\zeta_n f \to f$ dans L^p.

c) Conclusion

On choisit une suite régularisante (ρ_n). Montrons que la suite $u_n = \zeta_n(\rho_n * u)$ converge vers u dans $W^{1,p}$. Tout d'abord on a $\|u_n - u\|_{L^p} \to 0$. En effet on écrit

$$u_n - u = \zeta_n[(\rho_n * u) - u] + [\zeta_n u - u]$$

et donc

$$\|u_n - u\|_{L^p} \leqslant \|(\rho_n * u) - u\|_{L^p} + \|\zeta_n u - u\|_{L^p} \to 0.$$

Ensuite, grâce au lemme VIII.4 on a

$$u_n' = \zeta_n'(\rho_n * u) + \zeta_n(\rho_n * u').$$

Par conséquent

$$\|u_n' - u'\|_{L^p} \leqslant \|\zeta_n'(\rho_n * u)\|_{L^p} + \|\zeta_n(\rho_n * u') - u'\|_{L^p}$$
$$\leqslant \frac{C}{n}\|u\|_{L^p} + \|(\rho_n * u') - u'\|_{L^p} + \|\zeta_n u' - u'\|_{L^p} \to 0$$

où $C = \|\zeta'\|_{L^\infty}$.

REMARQUE 9. — En général on ne peut pas choisir au théorème VIII.6 une suite (u_n) de $C_c^\infty(I)$ (à ce sujet voir § VIII.3). Autrement dit $C_c^\infty(I)$ n'est pas dense dans $W^{1,p}(I)$ (sauf si $I = \mathbb{R}$).

• **Théorème VIII.7.** — ***Il existe une constante* C *(dépendant seulement de* $|I| \leqslant \infty$*) telle que***

(5) $$\|u\|_{L^\infty(I)} \leqslant C\|u\|_{W^{1,p}(I)} \qquad \forall u \in W^{1,p}(I), \qquad \forall\ 1 \leqslant p \leqslant \infty,$$

autrement dit $W^{1,p}(I) \subset L^\infty(I)$ ***avec injection* continue *pour tout*** $1 \leqslant p \leqslant \infty$.

De plus, lorsque* I *est* borné *on a

(6) ***l'injection*** $W^{1,p}(I) \subset C(\bar{I})$ ***est* compacte *pour*** $1 < p \leqslant \infty$

(7) ***l'injection*** $W^{1,1}(I) \subset L^q(I)$ ***est* compacte *pour*** $1 \leqslant q < \infty$.

DÉMONSTRATION. — On commence par établir (5) pour $I = \mathbb{R}$; le cas général s'en déduit grâce au théorème de prolongement (théorème VIII.5). Soit $v \in C_c^1(\mathbb{R})$; si $1 \leqslant p < \infty$ on pose $G(s) = |s|^{p-1}s$. La fonction $w = G(v)$ appartient à $C_c^1(\mathbb{R})$ et

$$w' = G'(v)v' = p|v|^{p-1}v'.$$

Donc pour $x \in \mathbb{R}$ on a

$$G(v(x)) = \int_{-\infty}^{x} p|v(t)|^{p-1}v'(t)\,dt,$$

et en utilisant l'inégalité de Hölder on obtient

$$|v(x)|^p \leqslant p\|v\|_{L^p}^{p-1}\|v'\|_{L^p}.$$

D'où l'on déduit, grâce à l'inégalité de Young (voir § IV.2) que

(8) $$\|v\|_{L^\infty} \leqslant C\|v\|_{W^{1,p}} \qquad \forall v \in C_c^1(\mathbb{R})$$

où C est une constante universelle [1].

On raisonne maintenant par densité. Soit $u \in W^{1,p}$; il existe une suite $(u_n) \in C_c^1(\mathbb{R})$ telle que $u_n \to u$ dans $W^{1,p}(\mathbb{R})$ (théorème VIII.6). Appliquant (8) on voit que (u_n) est de Cauchy dans L^∞. Donc $u_n \to u$ dans L^∞ et on obtient (5).

Preuve de (6). — Soit $\mathcal{F}$ la boule unité de $W^{1,p}(I)$ avec $1 < p \leqslant \infty$. Pour $u \in \mathcal{F}$ on a

$$|u(x) - u(y)| = \left|\int_y^x u'(t)\,dt\right| \leqslant \|u'\|_{L^p}|x - y|^{1/p'} \leqslant |x - y|^{1/p'} \qquad \forall x, y \in I.$$

Il résulte alors du théorème d'Ascoli que $\mathcal{F}$ est relativement compact dans $C(\bar{I})$.

Preuve de (7). — Soit $\mathcal{F}$ la boule unité de $W^{1,1}(I)$. Pour montrer que $\mathcal{F}$ est relativement compact dans $L^q(I)$ avec $1 \leqslant q < \infty$ on applique le corollaire IV.26. Vérifions la

---

(1) Noter que $p^{1/p} \leqslant e^{1/e}\ \ \forall p \geqslant 1$.

condition (IV.23). Soit $\omega \subset\subset I$, $u \in \mathscr{F}$ et $|h| < \operatorname{dist}(\omega, \complement I)$. D'après la proposition VIII.3 (iii) on a

$$\|\tau_h u - u\|_{L^1(\omega)} \leqslant |h| \|u'\|_{L^1(I)} \leqslant |h| .$$

Donc

$$\int_\omega |u(x+h) - u(x)|^q \, dx \leqslant (2\|u\|_{L^\infty(I)})^{q-1} \int_\omega |u(x+h) - u(x)| dx \leqslant C|h|,$$

et par conséquent

$$\left(\int_\omega |u(x+h) - u(x)|^q \, dx\right)^{1/q} \leqslant C^{1/q}|h|^{1/q} < \varepsilon \quad \text{si} \quad |h| < \delta.$$

Vérifions la condition (IV.24). Pour $u \in \mathscr{F}$ on a

$$\|u\|_{L^q(I\backslash\omega)} \leqslant \|u\|_{L^\infty(I)} |I\backslash\omega|^{1/q} \leqslant C|I\backslash\omega|^{1/q} < \varepsilon$$

pourvu que $|I\backslash\omega|$ soit assez petit; on choisit ω pour que ceci soit vérifié.

Remarque 10. — L'injection $W^{1,1}(I) \subset C(\bar{I})$ est continue mais n'est **jamais compacte,** même si I est un intervalle borné; essayer de s'en convaincre ou voir [EX]. Néanmoins si (u_n) est bornée dans $W^{1,1}(I)$ (avec I borné ou non borné) il existe une sous-suite (u_{n_k}) telle que $u_{n_k}(x)$ converge pour **tout** $x \in I$ (c'est le **théorème de Helly;** voir par exemple [EX]). Lorsque I n'est **pas borné** et $1 < p \leqslant \infty$, l'injection $W^{1,p}(I) \subset L^\infty(I)$ est continue, mais elle n'est pas compacte; essayer de s'en convaincre ou voir [EX]. Toutefois si (u_n) est bornée dans $W^{1,p}(I)$ avec $1 < p \leqslant \infty$, il existe une sous-suite (u_{n_k}) et il existe $u \in W^{1,p}(I)$ tels que $u_{n_k} \to u$ dans $L^\infty(J)$ pour **tout J borné,** $J \subset I$ (voir par exemple [EX]).

Remarque 11. — Soient I un intervalle borné et $1 \leqslant q \leqslant \infty$. Grâce à (5) on montre aisément que la norme

$$|||u||| = \|u'\|_{L^p} + \|u\|_{L^q}$$

est équivalente à la norme de $W^{1,p}(I)$ (voir par exemple [EX]).

Remarque 12. — Soit I un intervalle **non borné.** Si $u \in W^{1,p}(I)$, alors $u \in L^q(I)$ pour tout $q \in [p, \infty]$ puisque

$$\int |u|^q \leqslant \|u\|_{L^\infty}^{q-p} \|u\|_{L^p}^p .$$

Mais en général $u \notin L^q(I)$ pour $q \in [1, p[$ (voir [EX]).

Corollaire VIII.8. — ***On suppose que* I *n'est pas borné et soit* $u \in W^{1,p}(I)$ *avec* $1 \leqslant p < \infty$. *Alors on a***

$$\lim_{\substack{x \in I \\ |x| \to \infty}} u(x) = 0. \tag{9}$$

Démonstration. — D'après le théorème VIII.6 il existe une suite $(u_n) \in C_c^1(\mathbb{R})$ telle que $u_{n|I} \to u$ dans $W^{1,p}(I)$. On déduit de (5) que $\|u_n - u\|_{L^\infty(I)} \to 0$; d'où (9). En effet $\varepsilon > 0$ étant donné, on choisit n assez grand pour que $\|u_n - u\|_{L^\infty(I)} < \varepsilon$; or pour $|x|$ assez grand on a $u_n(x) = 0$ et donc $|u(x)| < \varepsilon$.

• **Corollaire VIII.9 (Dérivation d'un produit).** – *Soient* $u, v \in W^{1,p}(I)$ **avec** $1 \leqslant p \leqslant \infty$. *Alors* $uv \in W^{1,p}(I)$ [1] *et*

$$(uv)' = u'v + uv'. \tag{10}$$

De plus on a la formule d'intégration par parties

$$\int_y^x u'v = u(x)v(x) - u(y)v(y) - \int_y^x uv' \qquad \forall x, y \in \bar{I} \tag{11}$$

DÉMONSTRATION. – Notons d'abord que $u \in L^\infty$ (théorème VIII.7) et donc $uv \in L^p$. Commençons par le cas où $1 \leqslant p < \infty$; soient (u_n) et (v_n) des suites de $C_c^1(\mathbb{R})$ telles que $u_{n|I} \to u$ et $v_{n|I} \to v$ dans $W^{1,p}(I)$. Alors $u_n \to u$ et $v_n \to v$ dans $L^\infty(I)$ (théorème VIII.7); par conséquent $u_n v_n \to uv$ dans $L^\infty(I)$ et dans $L^p(I)$. On a

$$(u_n v_n)' = u_n' v_n + u_n v_n' \to u'v + uv' \qquad \text{dans} \qquad L^p(I).$$

Il en résulte que $uv \in W^{1,p}(I)$ et que $(uv)' = u'v + uv'$ (appliquer la remarque 4 à la suite $u_n v_n$). Enfin on obtient (11) en intégrant (10).
Supposons maintenant que $u, v \in W^{1,\infty}(I)$. Alors

$$uv \in L^\infty(I) \qquad \text{et} \qquad u'v + uv' \in L^\infty(I).$$

Il reste à vérifier que

$$\int_I uv\varphi' = -\int_I (u'v + uv')\varphi \qquad \forall \varphi \in C_c^1(I).$$

Pour cela, on fixe un intervalle ouvert borné $J \subset I$ tel que $\operatorname{Supp} \varphi \subset J$. Alors $u, v \in W^{1,p}(J)$ pour tout $p < \infty$ et d'après ce qui précède on sait que

$$\int_J uv\varphi' = -\int_J (u'v + uv')\varphi$$

c'est-à-dire

$$\int_I uv\varphi' = -\int_I (u'v + uv')\varphi.$$

Corollaire VIII.10 (Dérivation d'un produit de composition). – *Soit* $G \in C^1(\mathbb{R})$ ***tel que*** $G(0) = 0$ [2] *et soit* $u \in W^{1,p}(I)$. *Alors*

$$G \circ u \in W^{1,p}(I) \qquad \textit{et} \qquad (G \circ u)' = (G' \circ u)u'.$$

DÉMONSTRATION. – Soit $M = \|u\|_{L^\infty}$. Comme $G(0) = 0$ il existe une constante C telle que $|G(s)| \leqslant C|s|$ pour $s \in [-M, +M]$. Donc $G \circ u \in L^p(I)$ puisque $|G \circ u| \leqslant C|u|$. De même $(G' \circ u)u' \in L^p(I)$. Il reste à vérifier que

$$\int_I (G \circ u)\varphi' = -\int_I (G' \circ u)u'\varphi \qquad \forall \varphi \in C_c^1(I). \tag{12}$$

Supposons d'abord que $1 \leqslant p < \infty$. Alors il existe une suite (u_n) de $C_c^\infty(\mathbb{R})$ telle que $u_n \to u$ dans $W^{1,p}(I)$ et dans $L^\infty(I)$. Donc $G \circ u_n \to G \circ u$ dans $L^\infty(I)$ et $(G' \circ u_n)u_n' \to (G' \circ u)u'$

---

[1] Noter que ce résultat **contraste** avec les propriétés de L^p : en général si u et v appartiennent à L^p le produit $u.v$ n'appartient **pas** à L^p. On dit que $W^{1,p}$ est une **algèbre de Banach.**

[2] Cette restriction est inutile lorsque I est borné [ou bien lorsque I est non borné et $p = \infty$]. Elle est essentielle si I est non borné et $1 \leqslant p < \infty$.

dans $L^p(I)$. Or on a

$$\int (G \circ u_n)\varphi' = - \int (G' \circ u_n)u_n'\varphi \qquad \forall \varphi \in C_c^1(I).$$

D'où l'on déduit (12).
Pour le cas $p = \infty$ on procède comme au corollaire VIII.9.

Les espaces de Sobolev $W^{m,p}(I)$

Définition. – Étant donnés un entier $m \geqslant 2$ et un réel $1 \leqslant p \leqslant \infty$, on définit par récurrence l'espace

$$W^{m,p}(I) = \{ u \in W^{m-1,p}(I); \quad u' \in W^{m-1,p}(I) \}.$$

On pose

$$H^m(I) = W^{m,2}(I).$$

On vérifie aisément que $u \in W^{m,p}(I)$ si et seulement s'il existe m fonctions $g_1, \dots g_m \in L^p(I)$ telles que

$$\int u D^j \varphi = (-1)^j \int g_j \varphi \qquad \forall \varphi \in C_c^\infty(I), \qquad \forall j = 1, 2, \dots m$$

où $D^j\varphi$ désigne la dérivée à l'ordre j de φ. Lorsque $u \in W^{m,p}(I)$ on peut donc considérer les dérivées successives $u' = g_1, (u')' = g_2 \dots$ jusqu'à l'ordre m; on les note Du, $D^2u \dots D^mu$. L'espace $W^{m,p}$ est muni de la norme

$$\|u\|_{W^{m,p}} = \|u\|_{L^p} + \sum_{\alpha=1}^{m} \|D^\alpha u\|_{L^p}$$

et l'espace H^m est muni du produit scalaire

$$(u, v)_{H^m} = (u, v)_{L^2} + \sum_{\alpha=1}^{m} (D^\alpha u, D^\alpha v)_{L^2}.$$

On montre que la norme $\| \ \|_{W^{m,p}}$ est équivalente à la norme $|||u||| = \|u\|_{L^p} + \|D^m u\|_{L^p}$; plus précisément on établit que si $1 \leqslant j \leqslant m - 1$, alors $\forall \varepsilon > 0 \ \exists C$ (dépendant de ε et $|I| \leqslant \infty$) tel que

$$\|D^j u\|_{L^p} \leqslant \varepsilon \|D^m u\|_{L^p} + C\|u\|_{L^p} \qquad \forall u \in W^{m,p}$$

(voir par exemple [EX]).

Le lecteur pourra étendre aux espaces $W^{m,p}$ les propriétés démontrées pour $W^{1,p}$; par exemple $W^{m,p}(I) \subset C^{m-1}(\bar{I})$ avec injection continue.

VIII.3. L'espace $W_0^{1,p}(I)$

Définition. – Étant donné $1 \leqslant p < \infty$, on désigne par $W_0^{1,p}(I)$ la fermeture de $C_c^1(I)$ dans $W^{1,p}(I)$. On note $H_0^1(I) = W_0^{1,2}(I)$ (1).

(1) On écrira souvent $W_0^{1,p}$ et H_0^1 au lieu de $W_0^{1,p}(I)$ et $H_0^1(I)$.

L'espace $W_0^{1,p}$ est muni de la norme induite par $W^{1,p}$; l'espace H_0^1 est muni du produit scalaire induit par H^1.

L'espace $W_0^{1,p}$ est un espace de Banach séparable; il est de plus réflexif pour $1 < p < \infty$. L'espace H_0^1 est un espace de Hilbert séparable.

REMARQUE 13. — Lorsque $I = \mathbb{R}$ on sait que $C_c^1(\mathbb{R})$ est dense dans $W^{1,p}(\mathbb{R})$ (voir théorème VIII.6) et par conséquent $W_0^{1,p}(\mathbb{R}) = W^{1,p}(\mathbb{R})$.

REMARQUE 14. — En utilisant une suite régularisante (ρ_n) on vérifie aisément que :

(i) $C_c^\infty(I)$ est dense dans $W_0^{1,p}(I)$,

ii) si $u \in W^{1,p}(I) \cap C_c(I)$ alors $u \in W_0^{1,p}(I)$.

Le résultat suivant fournit une caractérisation essentielle des fonctions de $W_0^{1,p}(I)$:

• **Théorème VIII.11.** — ***Soit*** $u \in W^{1,p}(I)$, ***alors*** $u \in W_0^{1,p}(I)$ ***si et seulement si*** $u = 0$ ***sur*** ∂I.

REMARQUE 15. — Le théorème VIII.11 explique le rôle important joué par l'espace $W_0^{1,p}$. En effet les équations différentielles (ou aux dérivées partielles) sont couplées avec des **conditions aux limites,** c'est-à-dire que la valeur de u est prescrite sur ∂I.

DÉMONSTRATION. — Si $u \in W_0^{1,p}$, il existe une suite (u_n) de $C_c^1(I)$ telle que $u_n \to u$ dans $W^{1,p}(I)$. Donc $u_n \to u$ uniformément sur $\bar{I}$ et par conséquent $u = 0$ sur ∂I.

Réciproquement, soit $u \in W^{1,p}(I)$ tel que $u = 0$ sur ∂I. On fixe une fonction $G \in C^1(\mathbb{R})$ telle que

$$G(t) = \begin{cases} 0 & \text{si} \quad |t| \leqslant 1 \\ t & \text{si} \quad |t| \geqslant 2 \end{cases}$$

et

$$|G(t)| \leqslant |t| \qquad \text{pour tout} \qquad t \in \mathbb{R}.$$

On pose $u_n = \frac{1}{n} G(nu)$ de sorte que $u_n \in W^{1,p}(I)$ (corollaire VIII.10). D'autre part

$$\operatorname{Supp} u_n \subset \{x \in I; \quad |u(x)| \geqslant \frac{1}{n}\}$$

et donc Supp u_n est un compact inclus dans I (utiliser le fait que $u = 0$ sur ∂I et $u(x) \to 0$ quand $|x| \to \infty$, $x \in I$). Par conséquent $u_n \in W_0^{1,p}$ (voir remarque 14). Enfin, on vérifie aisément à l'aide du théorème de convergence dominée que $u_n \to u$ dans $W^{1,p}$.

REMARQUE 16. — Indiquons deux autres caractérisations des fonctions de $W_0^{1,p}$ (voir par exemple [EX]) :

(i) Soient $1 < p < \infty$ et $u \in L^p(I)$, alors $u \in W_0^{1,p}(I)$ si et seulement s'il existe une constante C telle que

$$\left|\int_I u\varphi'\right| \leqslant C\|\varphi\|_{L^{p'}(I)} \qquad \forall \varphi \in C_c^1(\mathbb{R})$$

(ii) Soient $1 \leqslant p < \infty$ et $u \in L^p(I)$; on définit $\bar{u}$ par

$$\bar{u}(x) = \begin{cases} u(x) & \text{si} \quad x \in I \\ 0 & \text{si} \quad x \in \mathbb{R} \backslash I. \end{cases}$$

Alors $u \in W_0^{1,p}(I)$ si et seulement si $\bar{u} \in W^{1,p}(\mathbb{R})$.

• **Proposition VIII.12 (Inégalité de Poincaré).** — ***On suppose que* I *est* borné. *Alors il existe une constante* C (*dépendant de* |I|) *telle que***

(13) $$\|u\|_{W^{1,p}} \leqslant C\|u'\|_{L^p} \quad \forall u \in W_0^{1,p}(I).$$

Autrement dit, sur $W_0^{1,p}(I)$ ***la quantité*** $\|u'\|_{L^p}$ ***est une* norme équivalente *à la norme de*** $W^{1,p}$**.**

Démonstration. — Pour $u \in W_0^{1,p}(I)$ on a

$$|u(x)| = |u(x) - u(a)| = \left| \int_a^x u'(t)\,dt \right| \leqslant \|u'\|_{L^1}.$$

Donc $\|u\|_{L^\infty} \leqslant \|u'\|_{L^1}$; on en déduit (13) grâce à l'inégalité de Hölder.

Remarque 17. — Si I est borné l'expression $(u', v')_{L^2}$ définit sur H_0^1 un produit scalaire et la norme associée — c'est-à-dire $\|u'\|_{L^2}$ — est équivalente à la norme de H^1.

Remarque 18. — Étant donnés un entier $m \geqslant 2$ et un réel $1 \leqslant p < \infty$ on définit l'espace $W_0^{m,p}(I)$ comme étant la fermeture de $C_c^m(I)$ dans $W^{m,p}(I)$. On montre que

$$W_0^{m,p}(I) = \{u \in W^{m,p}(I) ;\ u = Du = \ldots = D^{m-1}u = 0 \text{ sur } \partial I\}.$$

Il convient de **bien distinguer**

$$W_0^{2,p}(I) = \{u \in W^{2,p}(I) ;\ u = Du = 0 \text{ sur } \partial I\}$$

et

$$W^{2,p}(I) \cap W_0^{1,p}(I) = \{u \in W^{2,p}(I) ;\ u = 0 \text{ sur } \partial I\} ;$$

voir [EX].

∗ **L'espace dual de** $W_0^{1,p}$

Notation. — On désigne par $W^{-1,p'}(I)$ l'espace dual de $W_0^{1,p}(I)$ (avec $1 \leqslant p < \infty$) et par $H^{-1}(I)$ l'espace dual de $H_0^1(I)$.

Suivant la remarque 1 du chapitre V **on identifie** L^2 **et son dual, mais on n'identifie pas** H_0^1 **et son dual.** On a les inclusions

$$H_0^1 \subset L^2 \subset H^{-1}$$

avec injections continues et denses.

Si I est borné, on a

$$W_0^{1,p} \subset L^2 \subset W^{-1,p'} \qquad \text{pour tout } 1 \leqslant p < \infty,$$

avec injections continues (et denses pour $1 < p < 1$).

Si I n'est pas borné on a seulement

$$W_0^{1,p} \subset L^2 \subset W^{-1,p'} \qquad \text{pour tout} \qquad 1 \leqslant p \leqslant 2$$

avec injections continues (et denses si $1 < p \leqslant 2$) — voir remarque 12.

Les éléments de $W^{-1,p'}$ peuvent être représentés à l'aide de fonctions de $L^{p'}$; de manière précise on a la

Proposition VIII.13. — ***Soit*** $F \in W^{-1,p'}$. ***Alors il existe*** $f_0, f_1 \in L^{p'}$ ***tels que***

$$\langle F, v \rangle = \int f_0 v + \int f_1 v' \qquad \forall v \in W_0^{1,p}$$

et

$$\|F\| = \text{Max}\,\{\|f_0\|_{L^{p'}}, \|f_1\|_{L^{p'}}\}.$$

Lorsque* I *est borné on peut prendre $f_0 = 0$.

DÉMONSTRATION. — On munit l'espace $E = L^p \times L^p$ de la norme

$$\|h\| = \|h_0\|_{L^p} + \|h_1\|_{L^p} \qquad \text{où} \qquad h = [h_0, h_1].$$

L'application $T : u \in W_0^{1,p} \longmapsto [u, u'] \in E$ est une isométrie de $W_0^{1,p}$ dans E. On pose $G = T(W_0^{1,p})$, muni de la norme induite par E, et $S = T^{-1} : G \to W_0^{1,p}$. L'application $h \in G \longmapsto \langle F, Sh \rangle$ est une forme linéaire et continue sur G. Grâce au théorème de Hahn-Banach on peut la prolonger en une forme linéaire et continue sur E notée Φ, avec $\|\Phi\|_{E'} = \|F\|$. D'après le théorème de représentation de Riesz on sait qu'il existe $f_0, f_1 \in L^{p'}$ tels que

$$\langle \Phi, h \rangle = \int f_0 h_0 + \int f_1 h_1 \qquad \forall h \in E.$$

Il est facile de vérifier que $\|\Phi\|_{E'} = \text{Max}\,\{\|f_0\|_{L^{p'}}\ \|f_1\|_{L^{p'}}\}$.
Lorsque I est **borné** on munit $W_0^{1,p}$ de la norme $\|u'\|_{L^p}$ (voir proposition VIII.12). On applique le raisonnement précédent avec $E = L^p$ et $T : u \in W_0^{1,p} \mapsto u' \in L^p$.

REMARQUE 19. — Les fonctions f_0 et f_1 ne sont pas uniques.

REMARQUE 20. — On a l'habitude d'identifier F avec la distribution $f_0 - f_1'$ (par définition, la distribution $f_0 - f_1'$ est la forme linéaire $v \longmapsto \int f_0 v + \int f_1 v'$ sur C_c^∞).

REMARQUE 21. — La première partie de la proposition VIII.13 reste valable pour les formes linéaires et continues sur $W^{1,p}$, $\forall v \in W^{1,p}$.

VIII.4. Quelques exemples de problèmes aux limites

Soit à résoudre le problème

$$(14) \qquad \begin{cases} -u'' + u = f & \text{sur} \quad I =]0, 1[\\ u(0) = u(1) = 0 \end{cases}$$

où f est une fonction donnée (par exemple dans $C(\bar{I})$, ou bien dans $L^2(I)$). La **condition aux limites** $u(0) = u(1) = 0$ s'appelle la **condition de Dirichlet** (homogène).

Définitions. — Une **solution classique** de (14) est une fonction $u \in C^2(\bar{I})$ vérifiant (14) (au sens usuel). Une **solution faible** de (14) est une fonction $u \in H_0^1(I)$ vérifiant

$$\int_I u'v' + \int_I uv = \int_I fv \qquad \forall v \in H_0^1(I) \tag{15}$$

« Mettons en marche » le programme décrit au § VIII.1.

Étape A. — **Toute solution classique est une solution faible.** Ceci est évident grâce à la formule d'intégration par parties du corollaire VIII.9.

Étape B. — **Existence et unicité d'une solution faible :**

• **Proposition VIII.14.** — ***Pour tout*** $f \in L^2$, ***il existe*** $u \in H_0^1$ ***unique solution de* (15).**
De plus u ***s'obtient par***

$$\boxed{\min_{v \in H_0^1} \left\{ \frac{1}{2} \int_I (v'^2 + v^2) - \int_I fv \right\};}$$

c'est le **principe de Dirichlet.**

Démonstration. — On applique le théorème de Lax-Milgram (ou simplement le théorème de représentation de Riesz-Fréchet) dans l'espace de Hilbert $H = H_0^1(I)$ avec la forme bilinéaire

$$a(u, v) = \int u'v' + \int uv = (u, v)_{H^1}$$

et avec la forme linéaire $\varphi : v \longmapsto \int fv.$

Remarque 22. — Étant donné $F \in H^{-1}$, on sait d'après le théorème de Riesz-Fréchet qu'il existe $u \in H_0^1$ tel que

$$(u, v)_{H^1} = \langle F, v \rangle_{H^{-1}, H_0^1} \qquad \forall v \in H_0^1.$$

L'opérateur $F \longmapsto u$ est l'isomorphisme de Riesz-Fréchet de H^{-1} sur H_0^1. On peut considérer que u est solution généralisée de l'équation $-u'' + u = F$.

Étapes C et D. — **Régularité et retour à la solution classique.**

Notons d'abord que si $f \in L^2$ et si $u \in H_0^1$ est solution faible, alors $u \in H^2$. En effet on a

$$\int u'v' = \int (f - u)v \qquad \forall v \in C_c^1$$

et donc $u' \in H^1$ (puisque $f - u \in L^2$), i.e. $u \in H^2$. Si de plus $f \in C(\bar{I})$ alors la solution faible u appartient à $C^2(\bar{I})$. En effet $(u')' \in C(\bar{I})$ et donc $u' \in C^1(\bar{I})$ (voir remarque 6); par suite $u \in C^2(\bar{I})$. Le passage d'une solution faible $u \in C^2(\bar{I})$ à une solution classique s'effectue comme au § VIII.1.

Remarque 23. — Si $f \in H^k(I)$ avec k entier $\geqslant 1$, on vérifie aisément (par récurrence) que la solution u de (15) appartient à $H^{k+2}(I)$.

La méthode décrite ci-dessus est extrêmement flexible et s'adapte à une multitude de problèmes. Nous indiquons quelques exemples rencontrés fréquemment. **Dans chaque problème il est essentiel de bien préciser l'espace fonctionnel sur lequel on travaille.**

Exemple 1 (Condition de Dirichlet non homogène). — Soit à résoudre le problème

$$(16)\qquad \begin{cases} -u'' + u = f & \text{sur} \quad]0,1[= I \\ u(0) = \alpha,\ u(1) = \beta \end{cases}$$

avec $\alpha, \beta \in \mathbb{R}$ donnés et f fonction donnée.

• **Proposition VIII.15.** — ***Étant donnés*** $f \in L^2(I)$ ***et*** $\alpha, \beta \in \mathbb{R}$, ***il existe*** $u \in H^2(I)$ ***unique vérifiant*** (16). ***De plus*** u ***s'obtient par***

$$\operatorname*{Min}_{\substack{v \in H^1 \\ v(0)=\alpha,\ v(1)=\beta}} \left\{ \frac{1}{2} \int_I (v'^2 + v^2) - \int_I fv \right\}.$$

De plus, si $f \in C(\bar{I})$, ***alors*** $u \in C^2(\bar{I})$.

Démonstration. — Indiquons deux approches possibles.

Première méthode. — On fixe une fonction u_0 régulière telle $u_0(0) = \alpha$ et $u_0(1) = \beta$ (1) et on effectue le changement d'inconnue $\tilde{u} = u - u_0$; alors $\tilde{u}$ vérifie

$$\begin{cases} -\tilde{u}'' + \tilde{u} = f + u_0'' - u_0 \\ \tilde{u}(0) = \tilde{u}(1) = 0. \end{cases}$$

On est donc ramené au problème précédent pour $\tilde{u}$.

Deuxième méthode. — Dans l'espace H^1 on introduit le convexe fermé

$$K = \{v \in H^1(I);\ v(0) = \alpha,\ v(1) = \beta\}.$$

Si u est une solution classique de (16) on a

$$\int_I u'(v-u)' + \int_I u(v-u) = \int_I f(v-u) \qquad \forall v \in K.$$

Donc en particulier on a

$$(17)\qquad \int_I u'(v-u)' + \int_I u(v-u) \geqslant \int_I f(v-u) \qquad \forall v \in K.$$

On utilise alors le théorème de Stampacchia (théorème V.6) : il existe $u \in K$, unique, vérifiant (17); de plus u s'obtient par

$$\operatorname*{Min}_{v \in K} \left\{ \frac{1}{2} \int_I (v'^2 + v^2) - \int_I fv \right\}.$$

Pour « remonter » à une solution classique on choisit dans (17) $v = u \pm w$ avec $w \in H_0^1(I)$

(1) Choisir par exemple u_0 fonction affine.

et on obtient

$$\int_I u'w' + \int_I uw = \int_I fw \qquad \forall w \in H_0^1(I).$$

Ceci implique $u \in H^2(I)$, etc.

∗ **Exemple 2.**(Problème de Sturm-Liouville). – Soit à résoudre le problème

$$(18) \qquad \begin{cases} -(pu')' + qu = f & \text{sur} \quad]0, 1[= I \\ u(0) = u(1) = 0 \end{cases}$$

où $p \in C^1(\bar{I})$, $q \in C(\bar{I})$ et $f \in L^2(I)$ sont donnés avec

$$p(x) \geqslant \alpha > 0 \qquad \forall x \in \bar{I}.$$

Si u est une solution classique de (18) on a

$$\int_I pu'v' + \int_I quv = \int_I fv \qquad \forall v \in H_0^1(I).$$

On adopte comme espace fonctionnel l'espace $H_0^1(I)$ et comme forme bilinéaire, continue, symétrique

$$a(u, v) = \int_I pu'v' + \int_I quv.$$

Si $q \geqslant 0$ cette forme est coercive grâce à l'inégalité de Poincaré (proposition VIII.12). Donc (théorème de Lax-Milgram) il existe $u \in H_0^1$ unique tel que

$$a(u, v) = \int_I fv \qquad \forall v \in H_0^1(I).$$

De plus u s'obtient par

$$\operatorname*{Min}_{v \in H_0^1} \left\{ \frac{1}{2} \int_I (pv'^2 + qv^2) - \int_I fv \right\}.$$

Il est clair que $pu' \in H^1$; donc $u' = \frac{1}{p} . pu' \in H^1$ et par suite $u \in H^2$. Enfin si $f \in C(\bar{I})$ alors $u \in C^2(\bar{I})$ et u est solution classique de (18).

Considérons maintenant le problème plus général

$$(19) \qquad \begin{cases} -(pu')' + ru' + qu = f & \text{sur} \quad]0, 1[= I \\ u(0) = u(1) = 0. \end{cases}$$

Les hypothèses sur p et q sont les mêmes que ci-dessus et $r \in C(\bar{I})$.
Si u est solution classique de (19) on a

$$\int_I pu'v' + \int_I ru'v + \int_I quv = \int_I fv \qquad \forall v \in H_0^1(I).$$

On adopte comme espace fonctionnel l'espace $H_0^1(I)$ et comme forme bilinéaire, continue

$$a(u, v) = \int_I pu'v' + \int_I ru'v + \int_I quv.$$

Cette forme n'est **pas symétrique.** Dans certains cas elle est coercive : par exemple si $q \geqslant 1$ et $r^2 \leqslant \alpha$, ou bien si $q \geqslant 1$ et $r \in C^1(\bar{I})$ avec $|r'| \leqslant 2$ – noter que

$$\int_I rv'v = -\frac{1}{2} \int_I r'v^2 \qquad \forall v \in H_0^1(I).$$

On peut alors appliquer le théorème de Lax-Milgram mais il n'y a pas de problème de minimisation associé. Indiquons un artifice qui permet de se ramener à une forme bilinéaire symétrique. On introduit une primitive R de $\frac{r}{p}$ et on pose $\zeta = e^{-R}$. L'équation (19) s'écrit après multiplication par ζ :

$$- \zeta p u'' - \zeta p' u' + \zeta r u' + \zeta q u = \zeta f$$

ou encore (puisque $\zeta' p + \zeta r = 0$) :

$$- (\zeta p u')' + \zeta q u = \zeta f.$$

On introduit alors sur H_0^1 la forme bilinéaire, continue, **symétrique**

$$a(u, v) = \int \zeta p u' v' + \int \zeta q u v.$$

Si $q \geqslant 0$, $a(u, v)$ est **coercive** et donc il existe $u \in H_0^1$ unique tel que

$$a(u, v) = \int \zeta f v \qquad \forall v \in H_0^1.$$

De plus u s'obtient par

$$\underset{v \in H_0^1}{\text{Min}} \left\{ \frac{1}{2} \int_I (\zeta p v'^2 + \zeta q v^2) - \int_I \zeta f v \right\}.$$

On vérifie aisément que $u \in H^2$ et que si $f \in C([0, 1])$, alors $u \in C^2([0, 1])$ est solution classique de (19).

Exemple 3 (Condition de Neumann homogène). Soit à résoudre le problème

$$\text{(20)} \qquad \begin{cases} - u'' + u = f & \text{sur} \quad]0, 1[= I \\ u'(0) = u'(1) = 0. \end{cases}$$

• **Proposition VIII.16.** — ***Pour tout $f \in L^2(I)$ il existe $u \in H^2(I)$ unique vérifiant (20)*** (¹)***. De plus u s'obtient par***

$$\underset{v \in H^1}{\textbf{Min}} \left\{ \frac{1}{2} \int_I (v'^2 + v^2) - \int_I f v \right\}.$$

Si $f \in C(\bar{I})$, alors $u \in C^2(\bar{I})$.

DÉMONSTRATION. — Si u est une solution classique de (20), on a

$$\text{(21)} \qquad \int_I u'v' + \int_I uv = \int_I fv \qquad \forall v \in H^1(I).$$

Il convient alors de travailler dans l'espace de Hilbert $H^1(I)$ et **non pas dans $H_0^1(I)$ comme précédemment** (insistons sur le fait que $u(0)$ et $u(1)$ sont a priori **inconnus).** On applique le théorème de Lax-Milgram (ou le théorème de représentation de Riesz-Fréchet) avec la forme bilinéaire $a(u, v) = \int_I u'v' + \int_I uv$ et avec la forme linéaire $\varphi : v \longmapsto \int_I fv$. On obtient une solution unique $u \in H^1(I)$ de (21). On déduit d'abord de (21) que $u \in H^2(I)$ et

(¹) Noter que $u \in H^2(I) \Rightarrow u \in C^1(\bar{I})$ et donc la **condition $u'(0) = u'(1) = 0$ a un sens. Elle n'aurait pas de sens si l'on savait seulement que $u \in H^1$.**

ensuite que

$$(22) \qquad \int_I (-u'' + u - f)v + u'(1)v(1) - u'(0)v(0) = 0 \qquad \forall v \in H^1(I).$$

Dans (22) on commence par choisir $v \in H_0^1(I)$ et l'on obtient $-u'' + u = f$ p.p. Revenant ensuite à (22) il reste

$$u'(1)v(1) - u'(0)v(0) = 0 \qquad \forall v \in H^1(I).$$

Comme $v(0)$ et $v(1)$ sont arbitraires, on en déduit que $u'(0) = u'(1) = 0$.

Exemple 4 (Condition de Neumann non homogène). — Soit à résoudre le problème :

$$(23) \qquad \begin{cases} -u'' + u = f & \text{sur} \quad]0, 1[= I \\ u'(0) = \alpha, \ u'(1) = \beta \end{cases}$$

avec α, $\beta \in \mathbb{R}$ donnés et f fonction donnée.

Proposition VIII.16′. — ***Pour tout $f \in L^2(I)$ et tout α, $\beta \in \mathbb{R}$ il existe $u \in H^2(I)$ unique vérifiant* (23). *De plus u s'obtient par***

$$\operatorname*{Min}_{v \in H^1} \left\{ \frac{1}{2} \int_I (v'^2 + v^2) - \int_I fv + \alpha v(0) - \beta v(1) \right\}.$$

Démonstration. — Si u est une solution classique de (23) on a

$$(24) \qquad \int_I u'v' + \int_I uv = \int_I fv - \alpha v(0) + \beta v(1) \qquad \forall v \in H^1(I).$$

Il convient alors d'appliquer le théorème de Lax-Milgram dans l'espace $H^1(I)$ avec la forme bilinéaire $a(u, v) = \int_I u'v' + \int_I uv$ et la forme linéaire

$$\varphi : v \longmapsto \int fv - \alpha v(0) + \beta v(1).$$

Cette forme linéaire est continue (grâce au théorème VIII.7). On procède ensuite comme à l'exemple 3 pour prouver que $u'(0) = \alpha$, $u'(1) = \beta$.

Exemple 5 (Conditions aux limites mêlées). — Soit à résoudre le problème :

$$(25) \qquad \begin{cases} -u'' + u = f & \text{sur} \quad]0, 1[= I \\ u(0) = 0, \ u'(1) = 0. \end{cases}$$

Si u est une solution classique de (25) on a

$$(26) \qquad \int_I u'v' + \int_I uv = \int_I fv \qquad \forall v \in H^1(I) \qquad \text{avec} \qquad v(0) = 0.$$

Il convient de travailler dans l'espace de Hilbert

$$H = \{v \in H^1(I);\ v(0) = 0\}.$$

La mise en place de la suite du programme est laissée au lecteur.

Exemple 6 (« Troisième » condition aux limites). – Soit à résoudre le problème :

$$(27)\qquad \begin{cases} -u'' + u = f & \text{sur} \quad]0, 1[= \mathrm{I} \\ u'(0) - ku(0) = 0, \ u(1) = 0 \end{cases}$$

où $k \in \mathbb{R}$ est donné ([1]).
Si u est une solution classique de (27) on a

$$\int_{\mathrm{I}} u'v' + \int_{\mathrm{I}} uv + ku(0)v(0) = \int_{\mathrm{I}} fv \qquad \forall v \in \mathrm{H}^1(\mathrm{I}) \qquad \text{avec} \qquad v(1) = 0.$$

Il convient alors d'appliquer le théorème de Lax-Milgram dans l'espace de Hilbert

$$\mathrm{H} = \{v \in \mathrm{H}^1(\mathrm{I});\ v(1) = 0\}$$

avec la forme bilinéaire, continue, symétrique

$$a(u, v) = \int_{\mathrm{I}} u'v' + \int_{\mathrm{I}} uv + ku(0)v(0).$$

Cette forme est coercive lorsque $k \geqslant 0$ ([2]).

Exemple 7 (Condition aux limites périodique). – Soit à résoudre le problème :

$$(28)\qquad \begin{cases} -u'' + u = f & \text{sur} \quad]0, 1[= \mathrm{I} \\ u(0) = u(1), \ u'(0) = u'(1). \end{cases}$$

Si u est solution classique de (28) on a

$$(29)\qquad \int_{\mathrm{I}} u'v' + \int_{\mathrm{I}} uv = \int_{\mathrm{I}} fv \qquad \forall v \in \mathrm{H}^1(\mathrm{I}) \qquad \text{avec} \qquad v(0) = v(1).$$

Il convient alors d'appliquer le théorème de Lax-Milgram dans l'espace de Hilbert

$$\mathrm{H} = \{v \in \mathrm{H}^1(\mathrm{I});\quad v(0) = v(1)\}$$

avec la forme bilinéaire $a(u, v) = \int_{\mathrm{I}} u'v' + \int_{\mathrm{I}} uv$. Lorsque $f \in \mathrm{L}^2(\mathrm{I})$ on obtient une solution $u \in \mathrm{H}^2(\mathrm{I})$ de (28); si de plus $f \in \mathrm{C}(\bar{\mathrm{I}})$, alors cette solution est classique.

Exemple 8 (Problème aux limites sur $\mathbb{R}$). – Soit à résoudre le problème

$$(30)\qquad \begin{cases} -u'' + u = f & \text{sur} \quad \mathbb{R} \\ u(x) \to 0 & \text{quand} \quad |x| \to \infty \end{cases}$$

avec $\quad f \in \mathrm{L}^2(\mathbb{R})$.

Une solution **classique** de (30) est une fonction $u \in \mathrm{C}^2(\mathbb{R})$ vérifiant (30) au sens usuel; une

---

([1]) Plus généralement on peut envisager la condition aux limites

$$\alpha_0 u'(0) + \beta_0 u(0) = 0, \qquad \alpha_1 u'(1) + \beta_1 u(1) = 0.$$

([2]) Si k est négatif avec $|k|$ assez petit la forme $a(u, v)$ est encore coercive. Par contre un calcul explicite montre qu'il existe une valeur négative de k et des fonctions f pour lesquelles (27) n'admet pas de solution (voir [EX]).

solution **faible** de (30) est une fonction $u \in H^1(\mathbb{R})$ vérifiant

$$\int_{\mathbb{R}} u'v' + \int_{\mathbb{R}} uv = \int_{\mathbb{R}} fv \qquad \forall v \in H^1(\mathbb{R}). \tag{31}$$

Tout d'abord montrons que si u est une solution classique de (30) alors u est une solution faible de (30). En effet, vérifions en premier lieu que $u \in H^1(\mathbb{R})$. On choisit une suite (ζ_n) comme dans la démonstration du théorème VIII.6 (formule (4)). Multipliant (30) par $\zeta_n u$ et intégrant par parties on obtient

$$\int_{\mathbb{R}} u'(\zeta_n u' + \zeta_n' u) + \int_{\mathbb{R}} \zeta_n u^2 = \int_{\mathbb{R}} \zeta_n f u.$$

D'où

$$\int_{\mathbb{R}} \zeta_n(u'^2 + u^2) = \int_{\mathbb{R}} \zeta_n f u + \frac{1}{2}\int_{\mathbb{R}} \zeta_n'' \; u^2. \tag{32}$$

Or

$$\frac{1}{2}\int_{\mathbb{R}} \zeta_n'' u^2 \leqslant \frac{C}{n^2}\int_{n<|x|<2n} u^2 \qquad \text{avec} \qquad C = \|\zeta''\|_{L^\infty(\mathbb{R})},$$

et $\displaystyle\frac{1}{n^2}\int_{n<|x|<2n} u^2 \to 0$ quand $n \to \infty$ car $u(x) \to 0$ quand $|x| \to \infty$. Il en résulte que $u \in H^1(\mathbb{R})$ (noter que $\displaystyle\int_{\mathbb{R}} \zeta_n f u \leqslant \frac{1}{2}\int_{\mathbb{R}} \zeta_n u^2 + \frac{1}{2}\int_{\mathbb{R}} \zeta_n f^2$ et passer à la limite dans (32) quand $n \to \infty$). Enfin si u est une solution classique de (30) on a

$$\int_{\mathbb{R}} u'v' + \int_{\mathbb{R}} uv = \int_{\mathbb{R}} fv \qquad \forall v \in C_c^1(\mathbb{R})$$

et par densité $\forall v \in H^1(\mathbb{R})$; donc u est solution faible de (30).
Pour obtenir l'existence et l'unicité d'une solution faible il suffit d'appliquer le théorème de Lax-Milgram dans l'espace de Hilbert $H^1(\mathbb{R})$. On vérifie aisément que la solution faible u appartient à $H^2(\mathbb{R})$ et si, de plus $f \in C(\mathbb{R})$, alors $u \in C^2(\mathbb{R})$.

Conclusion : étant donné $f \in L^2(\mathbb{R}) \cap C(\mathbb{R})$ il existe une solution classique unique de (30) (qui de plus appartient à $H^2(\mathbb{R})$).

Remarque 24. — Le problème

$$\begin{cases} -u'' = f & \text{sur} \quad \mathbb{R} \\ u(x) \to 0 & \text{quand} \quad |x| \to \infty \end{cases}$$

ne peut **pas** être abordé par la technique précédente car la forme bilinéaire $a(u, v) = \int_{\mathbb{R}} u'v'$ n'est **pas coercive** dans $H^1(\mathbb{R})$.

Remarque 25. — Avec la même méthode que ci-dessus on peut résoudre

$$\begin{cases} -u'' + u = f \quad \text{sur} \quad]0, \infty[\\ u(0) = 0 \quad \text{et} \quad u(x) \to 0 \quad \text{quand} \quad x \to +\infty \end{cases}$$

avec $f \in L^2(0, \infty)$ donné.

VIII.5. Principe du maximum

Soit $I =]0, 1[$; on a le

•**Théorème VIII.17.** — *Soit $f \in L^2(I)$ et soit $u \in H^2(I)$ la solution du problème de Dirichlet*

$$(33)\qquad \begin{cases} -u'' + u = f & \text{sur } I \\ u(0) = \alpha, \ u(1) = \beta. \end{cases}$$

Alors on a

$$(34)\qquad \text{Min}\,\{\alpha, \beta, \operatorname*{Inf}_I f\} \leqslant u(x) \leqslant \text{Max}\,\{\alpha, \beta, \operatorname*{Sup}_I f\} \qquad \forall x \in I\ (^1).$$

Démonstration. — (Méthode des troncatures de Stampacchia). On a

$$(35)\qquad \int_I u'v' + \int_I uv = \int_I fv \qquad \forall v \in H_0^1(I).$$

On fixe une fonction $G \in C^1(\mathbb{R})$ telle que

(i) G est strictement croissante sur $]0, +\infty[$

(ii) $G(t) = 0$ pour $t \in]-\infty, 0]$.

Soit $K = \text{Max}\,\{\alpha, \beta, \text{Sup} f\}$; on suppose que $K < \infty$. Montrons que $u \leqslant K$ p.p. sur I. Soit $v = G(u - K)$; on sait que $v \in H^1$, et l'on a même $v \in H_0^1$ puisque

$$u(0) - K = \alpha - K \leqslant 0 \qquad \text{et} \qquad u(1) - K = \beta - K \leqslant 0.$$

Reportant v dans (35) on obtient

$$\int_I u'^2 G'(u - K) + \int_I uG(u - K) = \int_I fG(u - K)$$

c'est-à-dire

$$\int_I u'^2 G'(u - K) + \int_I (u - K)G(u - K) = \int_I (f - K)G(u - K).$$

Or $(f - K) \leqslant 0$ et $G(u - K) \geqslant 0$, d'où il résulte que

$$\int_I (u - K)G(u - K) \leqslant 0$$

et comme $tG(t) \geqslant 0 \quad \forall t \in \mathbb{R}$, l'inégalité précédente implique $(u - K)G(u - K) = 0$ p.p. Par suite $u \leqslant K$ p.p. On achève la démonstration de (34) en changeant u en $-u$.

---

(1) Sup f et Inf f désignent respectivement le Sup ess de f (éventuellement $= +\infty$) et le Inf ess de f (éventuellement $= -\infty$). Rappelons que $\text{Sup ess} f = \text{Inf}\,\{C ;\ f(x) \leqslant C \text{ p.p.}\}$ et $\text{Inf ess} f = -\text{Sup ess}(-f)$.

REMARQUE 26. — Lorsque $f \in C(\bar{I})$, alors $u \in C^2(\bar{I})$ et on peut établir (34) par une méthode différente. Soit $x_0 \in \bar{I}$ le point où u atteint son maximum sur $\bar{I}$. Si $x_0 = 0$ ou bien si $x_0 = 1$ on a $u \leqslant K$. Sinon $0 < x_0 < 1$ et alors $u'(x_0) = 0$, $u''(x_0) \leqslant 0$; d'après l'équation (33) il vient

$$u(x_0) = f(x_0) + u''(x_0) \leqslant f(x_0) \leqslant K.$$

Cette méthode a l'avantage de s'étendre aux problèmes de Sturm-Liouville généraux.

Déduisons quelques conséquences immédiates du théorème VIII.17 :

• **Corollaire VIII.18.** — ***Soit u une solution de* (33)**

(i) ***Si*** $u \geqslant 0$ ***sur*** ∂I ***et si*** $f \geqslant 0$ ***sur*** I, ***alors*** $u \geqslant 0$ ***sur*** I.

(ii) ***Si*** $u = 0$ ***sur*** ∂I ***et si*** $f \in L^\infty(I)$, ***alors*** $\|u\|_{L^\infty(I)} \leqslant \|f\|_{L^\infty(I)}$.

(iii) ***Si*** $f = 0$ ***sur*** I ***alors*** $\|u\|_{L^\infty(I)} \leqslant \|u\|_{L^\infty(\partial I)}$.

On a un résultat comparable pour la condition de Neumann :

Proposition VIII.19. — ***Soit*** $f \in L^2(I)$ ***et soit*** $u \in H^2(I)$ ***la solution du problème***

$$\begin{cases} -u'' + u = f & \text{sur I} \\ u'(0) = u'(1) = 0. \end{cases}$$

Alors

$$\inf_I f \leqslant u(x) \leqslant \sup_I f \qquad \forall x \in \bar{I}. \tag{36}$$

DÉMONSTRATION. — On a

$$\int_I u'v' + \int_I uv = \int_I fv \qquad \forall v \in H^1(I). \tag{37}$$

On reporte dans (37) $v = G(u - K)$ où $K = \sup_I f$. On procède ensuite comme dans la démonstration du théorème VIII.17.

REMARQUE 27. — Si $f \in C(\bar{I})$, alors $u \in C^2(\bar{I})$ et on peut établir (36) comme dans la remarque 26. Noter que si u atteint son maximum sur ∂I, par exemple en 0, alors $u''(0) \leqslant 0$ (prolonger u par réflexion à gauche de 0).

REMARQUE 28. — On suppose que $I = \mathbb{R}$. Soit $f \in L^2(\mathbb{R})$ et soit $u \in H^2(\mathbb{R})$ la solution de

$$-u'' + u = f \qquad \text{sur } \mathbb{R}.$$

Alors

$$\inf_{\mathbb{R}} f \leqslant u(x) \leqslant \sup_{\mathbb{R}} f \qquad \forall x \in \mathbb{R}$$

(voir par exemple [EX]).

VIII.6. Fonctions propres et décomposition spectrale

Soit $I =]0, 1[$. On a le

• **Théorème VIII.20.** — ***Soient $p \in C^1(\bar{I})$ avec $p \geqslant \alpha > 0$ sur I et $q \in C(\bar{I})$. Alors il existe une suite $(\lambda_n)_{n \geqslant 1}$ de réels et une base Hilbertienne $(e_n)_{n \geqslant 1}$ de $L^2(I)$ telles que $e_n \in C^2(\bar{I})$ et***

$$(38) \qquad \begin{cases} -(pe_n')' + qe_n = \lambda_n e_n & \text{sur I} \\ e_n(0) = e_n(1) = 0. \end{cases}$$

De plus $\lambda_n \to +\infty$ quand $n \to \infty$.

On dit que les (λ_n) sont les **valeurs propres** de l'opérateur différentiel $Au = -(pu')' + qu$ avec condition de Dirichlet et que les (e_n) sont les **fonctions propres** associées.

DÉMONSTRATION. — On peut toujours supposer $q \geqslant 0$, sinon on choisit une constante C telle que $q + C \geqslant 0$, ce qui revient à remplacer λ_n par $\lambda_n + C$ dans l'équation (38). Pour tout $f \in L^2(I)$ existe alors $u \in H^2(I) \cap H_0^1(I)$ unique vérifiant

$$(39) \qquad \begin{cases} -(pu')' + qu = f & \text{sur I} \\ u(0) = u(1) = 0. \end{cases}$$

On désigne par T l'opérateur $f \longmapsto u$ **considéré comme un opérateur de $L^2(I)$ dans $L^2(I)$** [1].

Vérifions que T est autoadjoint et compact. On a, grâce à (39),

$$\int_I pu'^2 + \int_I qu^2 = \int_I fu$$

et donc $\alpha\|u'\|_{L^2}^2 \leqslant \|f\|_{L^2}\|u\|_{L^2}$. Il en résulte que $\|u\|_{H^1} \leqslant C\|f\|_{L^2}$ (où C est une constante qui dépend seulement de α), ce qui peut s'écrire

$$\|Tf\|_{H^1} \leqslant C\|f\|_{L^2}.$$

Comme l'injection de $H^1(I)$ dans $L^2(I)$ est compacte (puisque I est **borné**) on en déduit que T est un opérateur compact de $L^2(I)$ dans $L^2(I)$. Montrons que

$$\int_I (Tf)\,g = \int_I f(Tg) \qquad \forall f, g \in L^2(I).$$

En effet posons $u = Tf$ et $v = Tg$; il vient

$$(40) \qquad -(pu')' + qu = f$$
$$(41) \qquad -(pv')' + qv = g.$$

En multipliant (40) par v et (41) par u et en intégrant on a

$$\int_I pu'v' + \int_I quv = \int_I fv = \int_I gu.$$

---

[1] On pourrait aussi envisager T comme un opérateur de H_0^1 dans H_0^1 (voir § IX.8).

Notons enfin que

(42) $$\int_I (Tf)f = \int_I uf = \int_I (pu'^2 + qu^2) \geqslant 0 \qquad \forall f \in L^2(I)$$

et d'autre part $N(T) = \{0\}$ puisque si $Tf = u = 0$ alors $f = 0$.
D'après le théorème VI.11, $L^2(I)$ admet une base Hilbertienne $(e_n)_{n\geqslant 1}$ constituée de vecteurs propres de T associés à des valeurs propres $(\mu_n)_{n\geqslant 1}$. On a $\mu_n > 0$ (en effet $\mu_n \geqslant 0$ d'après (42) et $\mu_n \neq 0$ puisque $N(T) = \{0\}$) et on sait que $\mu_n \to 0$.
En écrivant que $Te_n = \mu_n e_n$ on voit que

$$-(pe_n')' + qe_n = \lambda_n e_n \qquad \text{où} \qquad \lambda_n = \frac{1}{\mu_n}\cdot$$

Enfin on note que $e_n \in C^2(\bar{I})$ puisque $f = \lambda_n e_n \in C(\bar{I})$ (en fait si $p, q \in C^\infty(\bar{I})$, alors $e_n \in C^\infty(\bar{I})$).

Exemple. — Si $p \equiv 1$ et $q \equiv 0$ on obtient

$$e_n(x) = \sqrt{2}\sin(n\pi x) \qquad \text{et} \qquad \lambda_n = n^2\pi^2, \qquad n = 1, 2...$$

REMARQUE 29. — **Pour un même opérateur différentiel, les valeurs propres et les fonctions propres dépendent des conditions aux limites.** A titre d'exercice on pourra déterminer les valeurs propres de l'opérateur $Au = -u''$ avec les conditions aux limites des exemples 3, 5, 6 et 7.

REMARQUE 30. — L'hypothèse **I borné** est intervenue de manière essentielle pour établir la **compacité** de l'opérateur T. Lorsque I n'est pas borné la conclusion du théorème VIII.20 est fausse en général (¹); on rencontre alors le phénomène très intéressant de **spectre continu,** voir Reed-Simon [1]. A titre d'exercice on pourra déterminer les valeurs propres et le spectre de l'opérateur $T : f \longmapsto u$ où $u \in H^2(\mathbb{R})$ est la solution de $-u'' + u = f$ sur $\mathbb{R}$ (T est un opérateur borné autoadjoint de $L^2(\mathbb{R})$ dans $L^2(\mathbb{R})$, mais il n'est pas compact); voir [EX].

Commentaires sur le chapitre VIII

1) Quelques inégalités

Signalons quelques inégalités très utiles portant sur les normes de Sobolev.

A) Inégalité de Poincaré-Wirtinger

Soit I un intervalle borné. Étant donné $u \in L^1(I)$ on pose $\bar{u} = \frac{1}{|I|}\int_I u$ (c'est la moyenne de u sur I). On a

$$\|u - \bar{u}\|_{L^\infty} \leqslant \|u'\|_{L^1} \qquad \forall u \in W^{1,1}(I)$$

(voir [EX]).

(¹) Dans certaines circonstances la conclusion du théorème VIII.20 reste vraie (voir [EX]).

B) Inégalité de Hardy

Soit $I =]0, 1[$ et soit $u \in W_0^{1,p}(I)$ avec $1 < p < \infty$. Alors $\dfrac{u(x)}{x(1-x)} \in L^p(I)$ et de plus

$$\left\|\frac{u(x)}{x(1-x)}\right\|_{L^p} \leqslant C_p \|u'\|_{L^p} \qquad \forall u \in W_0^{1,p}(I)$$

(voir [BT]).

C) Inégalités d'interpolation de Gagliardo-Nirenberg

Soit I un intervalle borné. Soient $1 \leqslant r \leqslant \infty$ et $1 \leqslant q \leqslant p \leqslant \infty$. Alors il existe une constante C telle que

$$\|u\|_{L^p} \leqslant C \|u\|_{L^q}^{1-a} \|u\|_{W^{1,r}}^{a} \qquad \forall u \in W^{1,r}(I) \tag{43}$$

où $0 \leqslant a \leqslant 1$ est défini par $a\left(\dfrac{1}{q} - \dfrac{1}{r} + 1\right) = \dfrac{1}{q} - \dfrac{1}{p}$; voir [EX].
De l'inégalité (43) on déduit en particulier que si $p < \infty$ (ou bien si $p = \infty$ et $r > 1$), alors

$$\begin{cases} \forall \varepsilon > 0 \quad \exists C_\varepsilon \quad \text{tel que} \\ \|u\|_{L^p} \leqslant \varepsilon \|u\|_{W^{1,r}} + C_\varepsilon \|u\|_{L^q} \qquad \forall u \in W^{1,r}(I). \end{cases} \tag{44}$$

(On peut aussi établir (44) par une « **méthode de compacité** »; voir [EX]).

On trouvera d'autres inégalités plus générales dans Nirenberg [1] (voir aussi Friedman [2] ou [BT]). Notons, entre autres, l'inégalité

$$\|u'\|_{L^p} \leqslant C \|u\|_{W^{2,r}}^{1/2} \|u\|_{L^q}^{1/2} \qquad \forall u \in W^{2,r}(I)$$

où p est la **moyenne harmonique** de q et r, i.e. $\dfrac{1}{p} = \dfrac{1}{2}\left(\dfrac{1}{q} + \dfrac{1}{r}\right)$.

2) Opérateur de Hilbert-Schmidt

Soit $I =]0,1[$. On montre que l'opérateur $f \mapsto u$ qui à $f \in L^2(I)$ associe l'unique solution du problème

$$\begin{cases} -(pu')' + qu = f & \text{sur I} \\ u(0) = u(1) = 0 \end{cases}$$

(avec $p \geqslant \alpha > 0$ et $q \geqslant 0$)

est un opérateur de Hilbert-Schmidt de $L^2(I)$ dans $L^2(I)$; voir [EX].

3) Propriétés spectrales

On connaît de nombreuses propriétés spectrales de l'opérateur de Sturm-Liouville $Au = -(pu')' + qu$ avec condition de Dirichlet sur $]0, 1[$. Entre autres on sait que :

A) chaque valeur propre est de multiplicité 1 : on dit aussi que chaque valeur propre est **simple,**

B) si l'on range les valeurs propres (λ_n) dans un ordre croissant, alors la fonction propre $e_n(x)$ associée à λ_n possède exactement $(n - 1)$ zéros sur $]0, 1[$; en particulier la **première fonction propre $e_1(x)$ a un signe constant sur** $]0, 1[$.

C) le quotient $\dfrac{\lambda_n}{n^2}$ converge quand $n \to \infty$ vers une limite > 0.

Sur ces questions on pourra consulter Weinberger [1], Protter-Weinberger [1], Coddington-Levinson [1], Hartman [1] et Agmon [1[.

IX

ESPACES DE SOBOLEV ET FORMULATION VARIATIONNELLE DE PROBLÈMES AUX LIMITES ELLIPTIQUES EN DIMENSION N

IX.1. Définition et propriétés élémentaires des espaces de Sobolev $W^{1,p}(\Omega)$.

Soit $\Omega \subset \mathbb{R}^N$ un ouvert et soit $p \in \mathbb{R}$ avec $1 \leqslant p \leqslant \infty$.

Définition. – L'espace de Sobolev $W^{1,p}(\Omega)$ est défini par [1]

$$\boxed{W^{1,p}(\Omega) = \left\{ u \in L^p(\Omega) \;\middle|\; \begin{array}{l} \exists g_1, g_2, \dots, g_N \in L^p(\Omega) \text{ tels que} \\ \displaystyle\int_\Omega u \frac{\partial \varphi}{\partial x_i} = - \int_\Omega g_i \varphi \quad \forall \varphi \in C_c^\infty(\Omega) \quad \forall i = 1, 2, \dots, N \end{array} \right\}}$$

On pose $\boxed{H^1(\Omega) = W^{1,2}(\Omega)}$

Pour $u \in W^{1,p}(\Omega)$ on note

$$\frac{\partial u}{\partial x_i} = g_i \text{ [2]} \qquad \text{et} \qquad \nabla u = \left(\frac{\partial u}{\partial x_1}, \frac{\partial u}{\partial x_2}, \dots, \frac{\partial u}{\partial x_N} \right) = \text{grad } u.$$

L'espace $W^{1,p}(\Omega)$ est muni de la norme

$$\boxed{\|u\|_{W^{1,p}} = \|u\|_{L^p} + \sum_{i=1}^N \left\| \frac{\partial u}{\partial x_i} \right\|_{L^p}}$$

ou parfois de la norme équivalente $\left(\|u\|_{L^p}^p + \sum_{i=1}^N \left\| \frac{\partial u}{\partial x_i} \right\|_{L^p}^p \right)^{1/p}$ (si $1 \leqslant p < \infty$).

---

[1] Quand il n'y aura pas de confusion on écrira souvent $W^{1,p}$ au lieu de $W^{1,p}(\Omega)$.
[2] Cette notation a bien un sens : g_i est unique grâce au lemme IV.2.

L'espace $H^1(\Omega)$ est muni du produit scalaire

$$\boxed{(u, v)_{H^1} = (u, v)_{L^2} + \sum_{i=1}^{N} \left(\frac{\partial u}{\partial x_i}, \frac{\partial v}{\partial x_i}\right)_{L^2};}$$

la norme associée

$$\|u\|_{H^1} = \left(\|u\|_{L^2}^2 + \sum_{i=1}^{N} \left\|\frac{\partial u}{\partial x_i}\right\|_{L^2}^2\right)^{1/2}$$

est équivalente à la norme de $W^{1,2}$.

• **Proposition IX.1.** – ***L'espace $W^{1,p}$ est un espace de Banach pour $1 \leqslant p \leqslant \infty$; $W^{1,p}$ est réflexif pour $1 < p < \infty$ et séparable pour $1 \leqslant p < \infty$.***
L'espace H^1 est un espace de Hilbert séparable.

Démonstration. – Adapter la démonstration de la proposition VIII.1 (utiliser l'opérateur $Tu = [u, \nabla u]$).

Remarque 1. – Dans la définition de $W^{1,p}$ on peut utiliser indifféremment $C_c^1(\Omega)$ ou $C_c^\infty(\Omega)$ comme ensemble de fonctions test (pour le démontrer utiliser une suite régularisante (ρ_n)).

Remarque 2. – Il est clair que si $u \in C^1(\Omega) \cap L^p(\Omega)$ et si $\frac{\partial u}{\partial x_i} \in L^p(\Omega)$ pour tout $i = 1, 2, \ldots, N$ (ici $\frac{\partial u}{\partial x_i}$ désigne la dérivée partielle de u au sens usuel), alors $u \in W^{1,p}(\Omega)$; de plus les dérivées partielles au sens usuel coïncident avec les dérivées partielles au sens $W^{1,p}$. En particulier si Ω est **borné**, alors $C^1(\overline{\Omega}) \subset W^{1,p}(\Omega)$ pour tout $1 \leqslant p \leqslant \infty$. Inversement on démontre que si $u \in W^{1,p}(\Omega) \cap C(\Omega)$ avec $1 \leqslant p \leqslant \infty$ et si $\frac{\partial u}{\partial x_i} \in C(\Omega)$ pour tout $i = 1, 2, \ldots, N$ $\left(\frac{\partial u}{\partial x_i}\text{ désigne ici la dérivée partielle au sens de } W^{1,p}\right)$, alors $u \in C^1(\Omega)$ (voir [EX]).

* Remarque 3. – Soit $u \in L^1_{loc}(\Omega)$; la **théorie des distributions** permet de donner un sens à $\frac{\partial u}{\partial x_i}$ $\left(\frac{\partial u}{\partial x_i}\right.$ est un élément de l'« énorme » espace des distributions $\mathscr{D}'(\Omega)$ – espace qui contient en particulier $\left.L^1_{loc}(\Omega)\right)$. Utilisant le langage des distributions on peut dire que $W^{1,p}(\Omega)$ est l'ensemble des fonctions $u \in L^p(\Omega)$ telles toutes les dérivées partielles $\frac{\partial u}{\partial x_i}$, $1 \leqslant i \leqslant N$ (au sens des dérivées-distributions) appartiennent à $L^p(\Omega)$.

Lorsque $\Omega = \mathbb{R}^N$ et $p = 2$ on peut aussi définir les espaces de Sobolev par transformée de Fourier; voir par exemple Lions-Magenes [1], Goulaouic [1] ou Malliavin [1]. Nous n'envisagerons pas ce point de vue ici.

Remarque 4. – Il convient de retenir les quelques faits suivants :

a) Soit (u_n) une suite de $W^{1,p}$ telle que $u_n \to u$ dans L^p et (∇u_n) converge vers une limite dans $(L^p)^N$, alors $u \in W^{1,p}$ et $\|u_n - u\|_{W^{1,p}} \to 0$. Lorsque $1 < p \leqslant \infty$ il suffit de savoir que $u_n \to u$ dans L^p et que (∇u_n) reste **borné** dans $(L^p)^N$ pour conclure que $u \in W^{1,p}$.

b) Étant donnée une fonction f définie sur Ω on désigne par $\bar{f}$ son prolongement par 0 en dehors de Ω, c'est-à-dire

$$\bar{f}(x) = \begin{cases} f(x) & \text{si} \quad x \in \Omega \\ 0 & \text{si} \quad x \in \mathbb{R}^N \backslash \Omega. \end{cases}$$

Soient $u \in W^{1,p}(\Omega)$ et $\alpha \in C_c^1(\Omega)$. Alors (¹)

$$\overline{\alpha u} \in W^{1,p}(\mathbb{R}^N) \quad \text{et} \quad \frac{\partial}{\partial x_i}(\overline{\alpha u}) = \overline{\alpha \frac{\partial u}{\partial x_i} + \frac{\partial \alpha}{\partial x_i} u}.$$

En effet soit $\varphi \in C_c^1(\mathbb{R}^N)$; on a

$$\int_{\mathbb{R}^N} \overline{\alpha u} \frac{\partial \varphi}{\partial x_i} = \int_\Omega \alpha u \frac{\partial \varphi}{\partial x_i} = \int_\Omega u \left[\frac{\partial}{\partial x_i}(\alpha\varphi) - \frac{\partial \alpha}{\partial x_i} \varphi\right]$$

$$= - \int_\Omega \left(\frac{\partial u}{\partial x_i} \alpha\varphi + u \frac{\partial \alpha}{\partial x_i} \varphi\right) = - \int_{\mathbb{R}^N} \left(\overline{\alpha \frac{\partial u}{\partial x_i} + \frac{\partial \alpha}{\partial x_i} u}\right) \varphi.$$

La même conclusion reste valable si, au lieu de supposer $\alpha \in C_c^1(\Omega)$ on prend $\alpha \in C^1(\mathbb{R}^N) \cap L^\infty(\mathbb{R}^N)$ avec $\nabla\alpha \in L^\infty(\mathbb{R}^N)^N$ et $\operatorname{Supp} \alpha \subset \mathbb{R}^N \backslash \Gamma$.

Voici un premier résultat de densité ; on établira ultérieurement (corollaire IX.8) un résultat plus précis moyennant des hypothèses supplémentaires sur Ω.

• **Théorème IX.2 (Friedrichs).** — ***Soit*** $u \in W^{1,p}(\Omega)$ ***avec*** $1 \leqslant p < \infty$. ***Alors il existe une suite*** (u_n) ***de*** $C_c^\infty(\mathbb{R}^N)$ ***telle que***

(1) $\quad u_{n|\Omega} \to u \quad$ ***dans*** $\quad L^p(\Omega)$

(2) $\quad \nabla u_{n|\omega} \to \nabla u_{|\omega} \quad$ ***dans*** $\quad L^p(\omega)^N$ ***pour tout*** $\omega \subset\subset \Omega$.

(rappelons que la notation $\omega \subset\subset \Omega$ signifie que ω est un ouvert tel que $\bar{\omega} \subset \Omega$ et $\bar{\omega}$ est compact).
Dans la démonstration on utilisera le :

Lemme IX.1. — ***Soit*** $\rho \in L^1(\mathbb{R}^N)$ ***et soit*** $v \in W^{1,p}(\mathbb{R}^N)$ ***avec*** $1 \leqslant p \leqslant \infty$. ***Alors***

$$\rho * v \in W^{1,p}(\mathbb{R}^N) \quad \textit{et} \quad \frac{\partial}{\partial x_i}(\rho * v) = \rho * \frac{\partial v}{\partial x_i} \quad \forall i = 1, 2, \ldots N.$$

Démonstration du lemme IX.1. — Adapter la démonstration du lemme VIII.4.

Démonstration du théorème IX.2. — On note

$$\bar{u}(x) = \begin{cases} u(x) & \text{si} \quad x \in \Omega \\ 0 & \text{si} \quad x \in \mathbb{R}^N \backslash \Omega, \end{cases}$$

et on pose $v_n = \rho_n * \bar{u}$ (où ρ_n est une suite régularisante). On sait (voir § IV.4) que $v_n \in C^\infty(\mathbb{R}^N)$ et $v_n \to \bar{u}$ dans $L^p(\mathbb{R}^N)$. Montrons que $\nabla v_{n|\omega} \to \nabla u_{|\omega}$ dans $L^p(\omega)$ pour tout $\omega \subset\subset \Omega$. Étant donné $\omega \subset\subset \Omega$ on **fixe** une fonction $\alpha \in C_c^1(\Omega)$, $0 \leqslant \alpha \leqslant 1$, telle que $\alpha = 1$

(¹) Attention, en général $\bar{u} \notin W^{1,p}(\mathbb{R}^N)$ (pourquoi ?)

sur un voisinage de ω (une telle fonction existe ; voir par exemple [EX]). Notons que pour n assez grand on a

(3) $$\rho_n * \overline{\alpha u} = \rho_n * \bar{u} \quad \text{sur } \omega.$$

En effet,

$$\operatorname{Supp}(\rho_n * \overline{\alpha u} - \rho_n * \bar{u}) = \operatorname{Supp}[\rho_n * (1 - \bar{\alpha})\bar{u}]$$
$$\subset \operatorname{Supp}\rho_n + \operatorname{Supp}(1 - \bar{\alpha})\bar{u} \subset B(0, \frac{1}{n}) + \operatorname{Supp}(1 - \bar{\alpha}) \subset \complement\, \omega$$

pour n assez grand. D'où (3).
D'après le lemme IX.1 et la remarque 4b on a

$$\frac{\partial}{\partial x_i}(\rho_n * \overline{\alpha u}) = \rho_n * \overline{\left(\alpha \frac{\partial u}{\partial x_i} + \frac{\partial \alpha}{\partial x_i} u\right)}$$

et par conséquent

$$\frac{\partial}{\partial x_i}(\rho_n * \overline{\alpha u}) \to \overline{\alpha \frac{\partial u}{\partial x_i} + \frac{\partial \alpha}{\partial x_i} u} \quad \text{dans} \quad L^p(\mathbb{R}^N).$$

En particulier

$$\frac{\partial}{\partial x_i}(\rho_n * \overline{\alpha u}) \to \frac{\partial u}{\partial x_i} \quad \text{dans} \quad L^p(\omega),$$

et, grâce à (3)

$$\frac{\partial}{\partial x_i}(\rho_n * \bar{u}) \to \frac{\partial u}{\partial x_i} \quad \text{dans} \quad L^p(\omega).$$

Enfin on « tronque » la suite (v_n) comme dans la démonstration du théorème VIII.6. Plus précisément on pose $u_n = \zeta_n v_n$(1). On vérifie aisément que la suite (u_n) a les propriétés souhaitées c'est-à-dire $u_n \in C_c^\infty(\mathbb{R}^N)$, $u_n \to u$ dans $L^p(\Omega)$ et $\nabla u_n \to \nabla u$ dans $L^p(\omega)^N$.

∗ Remarque 5. — On démontre (théorème de Meyers-Serrin) que si $u \in W^{1,p}(\Omega)$ avec $1 \leqslant p < \infty$, alors il existe une suite (u_n) telle que $u_n \in C^\infty(\Omega) \cap W^{1,p}(\Omega)$ et $u_n \to u$ dans $W^{1,p}(\Omega)$; la démonstration de ce résultat est assez délicate (voir, par exemple, Adams [1] ou Friedman [2]). En général si Ω est un ouvert **arbitraire** et si $u \in W^{1,p}(\Omega)$ on ne peut pas construire une suite (u_n) dans $C_c^1(\mathbb{R}^N)$ telle que $u_n \to u$ dans $W^{1,p}(\Omega)$ (voir [EX]); comparer le théorème de Meyers-Serrin (valable pour un ouvert Ω arbitraire) au corollaire IX.8 (qui suppose Ω régulier).

---

(1) Dorénavant on désignera **systématiquement** par (ζ_n) une suite « **tronquante** », c'est-à-dire on fixe une fonction $\zeta \in C_c^\infty(\mathbb{R}^N)$ avec $0 \leqslant \zeta \leqslant 1$ et

$$\zeta(x) = \begin{cases} 1 & \text{si } |x| \leqslant 1 \\ 0 & \text{si } |x| \geqslant 2 \end{cases}$$

et on pose $\zeta_n(x) = \zeta\left(\frac{x}{n}\right)$, $n = 1, 2, \ldots$

Voici une caractérisation simple des fonctions de $W^{1,p}$:

Proposition IX.3. — *Soit $u \in L^p(\Omega)$ avec $1 < p \leqslant \infty$. Les propriétés suivantes sont équivalentes :*

(i) $u \in W^{1,p}(\Omega)$.

(ii) *Il existe une constante* C *telle que*

$$\left| \int_\Omega u \frac{\partial \varphi}{\partial x_i} \right| \leqslant C \|\varphi\|_{L^{p'}} \qquad \forall \varphi \in C_c^\infty(\Omega), \qquad \forall i = 1, 2, \ldots N.$$

(iii) *Il existe une constante* C *telle que pour tout ouvert* $\omega \subset\subset \Omega$ *et tout* $h \in \mathbb{R}^N$ *avec* $|h| < \operatorname{dist}(\omega, \complement\Omega)$ *on a*

$$\|\tau_h u - u\|_{L^p(\omega)} \leqslant C|h|.$$

De plus, on peut prendre $C = \|\nabla u\|_{L^p(\Omega)}$ *dans* (ii) *et* (iii).

✻ Remarque 6. — Lorsque $p = 1$ les implications suivantes restent valables :

$$\text{(i)} \Rightarrow \text{(ii)} \Leftrightarrow \text{(iii)}.$$

Les fonctions qui vérifient **(ii)** [ou **(iii)**] avec $p = 1$ sont les fonctions à **variation bornée** (en langage de distributions, il s'agit des fonctions de L^1 dont toutes les dérivées premières au sens des distributions sont des mesures bornées). Cet espace joue un rôle **plus important** que l'espace $W^{1,1}$; on rencontre des fonctions à variation bornée (ou de même nature) en théorie des **surfaces minima** (voir, par exemple Giusti [1] et les travaux cités de De Giorgi, Miranda etc.), dans des questions de **plasticité** (fonctions à déformation bornée, voir, Temam-Strang [2] et le travail cité de Suquet), dans les équations **quasilinéaires du premier ordre** qui admettent des **solutions discontinues,** ou **ondes de choc** (voir, par exemple, Volpert [1]).

✻ Remarque 7. — Il résulte du théorème IV.25 et de la proposition IX.3 que si $\mathcal{F}$ désigne la boule unité de $W^{1,p}(\Omega)$ avec $1 \leqslant p \leqslant \infty$ (Ω ouvert quelconque), alors $\mathcal{F}_{|\omega}$ est relativement compact dans $L^p(\omega)$ pour tout $\omega \subset\subset \Omega$. [On verra ultérieurement (théorème IX.16) que si Ω est **borné** et **régulier**, alors $\mathcal{F}$ est relativement compact dans $L^p(\Omega)$; cette conclusion peut tomber en défaut si Ω n'est pas borné, ou bien si Ω n'est pas régulier]. Il s'en suit que si (u_n) est une suite bornée de $W^{1,p}(\Omega)$ avec $1 \leqslant p \leqslant \infty$ et Ω ouvert quelconque, on peut extraire une sous-suite (u_{n_k}) telle que $u_{n_k}(x)$ converge p.p. sur Ω (voir [EX]).

Démonstration

(i) ⇒ (ii) Évident

(ii) ⇒ (i) Procéder comme dans la démonstration de la proposition VIII.3.

(i) ⇒ (iii)

Commençons par supposer que $u \in C_c^\infty(\mathbb{R}^N)$. Soit $h \in \mathbb{R}^N$ et posons

$$v(t) = u(x + th), \qquad t \in \mathbb{R}.$$

Alors $v'(t) = h.\nabla u(x + th)$ et donc

$$u(x + h) - u(x) = v(1) - v(0) = \int_0^1 v'(t)\, dt = \int_0^1 h.\nabla u(x + th)\, dt.$$

Par suite

$$|\tau_h u(x) - u(x)|^p \leqslant |h|^p \int_0^1 |\nabla u(x + th)|^p \, dt$$

et

$$\int_\omega |\tau_h u(x) - u(x)|^p \, dx \leqslant |h|^p \int_\omega dx \int_0^1 |\nabla u(x + th)|^p \, dt$$
$$= |h|^p \int_0^1 dt \int_\omega |\nabla u(x + th|^p \, dx = |h|^p \int_0^1 dt \int_{\omega + th} |\nabla u(y)|^p \, dy.$$

Fixant $|h| < \operatorname{dist}(\omega, \complement\, \Omega)$, il existe un ouvert $\omega' \subset\subset \Omega$ tel que $\omega + th \subset \omega'$ pour tout $t \in [0, 1]$ et donc

(4) $$\|\tau_h u - u\|^p_{L^p(\omega)} \leqslant |h|^p \int_{\omega'} |\nabla u|^p.$$

Maintenant, pour $u \in W^{1,p}(\Omega)$ et $p \neq \infty$ il existe une suite (u_n) dans $C_c^\infty(\mathbb{R}^N)$ telle que $u_n \to u$ dans $L^p(\Omega)$ et $\nabla u_n \to \nabla u$ dans $L^p(\omega)$ $\forall \omega \subset\subset \Omega$. On applique l'inégalité (4) à u_n et à la limite on obtient (iii). Lorsque $p = \infty$, on applique ce qui précède (pour $p < \infty$) et ensuite on fait tendre p vers l'infini.

(iii) $\Rightarrow$ (ii)

Soit $\varphi \in C_c^\infty(\Omega)$; on considère un ouvert ω tel que $\operatorname{Supp} \varphi \subset \omega \subset\subset \Omega$. Soit $h \in \mathbb{R}^N$ avec $|h| < \operatorname{dist}(\omega, \complement\, \Omega)$. Grâce à (iii) on a

$$\left| \int_\Omega (\tau_h u - u)\varphi \right| \leqslant C|h| \, \|\varphi\|_{L^{p'}}.$$

D'autre part, comme

$$\int_\Omega (u(x + h) - u(x))\varphi(x) \, dx = \int_\Omega u(y)(\varphi(y - h) - \varphi(y)) \, dy,$$

il vient

$$\left| \int_\Omega u(y) \frac{(\varphi(y - h) - \varphi(y))}{|h|} \, dy \right| \leqslant C\|\varphi\|_{L^{p'}}.$$

Choisissant $h = te_i$, $t \in \mathbb{R}$, et passant à la limite quand $t \to 0$ on obtient (ii).

∗ Remarque 8. — La proposition IX.3 **((i) $\Rightarrow$ (iii))** montre que si $u \in W^{1,\infty}(\Omega)$ et si Ω est un ouvert **connexe,** alors on a

(5) $$|u(x) - u(y)| \leqslant \|\nabla u\|_{L^\infty} \operatorname{dist}_\Omega(x, y) \quad \text{p.p.} \quad x, y \in \Omega$$

où $\operatorname{dist}_\Omega(x, y)$ désigne la **distance géodésique** de x à y dans Ω ; il s'en suit que u admet un représentant continu qui vérifie (5) pour tout $x, y \in \Omega$. On en déduit que si $u \in W^{1,p}(\Omega)$ avec $1 \leqslant p \leqslant \infty$ et Ω ouvert quelconque, et si $\nabla u = 0$ p.p. sur Ω, alors u est constante sur chaque composante connexe de Ω.
On notera enfin que si $u \in W^{1,\infty}(\Omega)$ avec Ω ouvert **convexe,** alors on a

$$|u(x) - u(y)| \leqslant \|\nabla u\|_{L^\infty} |x - y| \qquad \forall x, y \in \Omega.$$

Proposition IX.4 (Dérivation d'un produit). – *Soient u, $v \in W^{1,p}(\Omega) \cap L^\infty(\Omega)$ avec $1 \leqslant p \leqslant \infty$. Alors $uv \in W^{1,p}(\Omega) \cap L^\infty(\Omega)$ et*

$$\frac{\partial}{\partial x_i}(uv) = \frac{\partial u}{\partial x_i} v + u \frac{\partial v}{\partial x_i}, \qquad i = 1, 2, \ldots N.$$

DÉMONSTRATION. – On peut toujours se ramener au cas où $1 \leqslant p < \infty$ (voir la démonstration du corollaire VIII.9).
D'après le théorème IX.2 il existe des suites (u_n), (v_n) dans $C_c^\infty(\mathbb{R}^N)$ telles que

$$\begin{aligned} u_n &\to u, \quad v_n \to v \quad \text{dans } L^p(\Omega) \text{ et p.p. sur } \Omega \\ \nabla u_n &\to \nabla u, \quad \nabla v_n \to \nabla v \quad \text{dans } L^p(\omega)^N \text{ pour tout } \omega \subset\subset \Omega. \end{aligned}$$

Reprenant la démonstration du théorème IX.2 on voit aisément que l'on a de plus

$$\|u_n\|_{L^\infty} \leqslant \|u\|_{L^\infty} \quad \text{et} \quad \|v_n\|_{L^\infty} \leqslant \|v\|_{L^\infty}.$$

Par ailleurs on a

$$\int_\Omega u_n v_n \frac{\partial \varphi}{\partial x_i} = -\int_\Omega \left(\frac{\partial u_n}{\partial x_i} v_n + u_n \frac{\partial v_n}{\partial x_i}\right)\varphi \qquad \forall \varphi \in C_c^1(\Omega).$$

Passant à la limite, par convergence dominée, il vient

$$\int_\Omega uv \frac{\partial \varphi}{\partial x_i} = -\int_\Omega \left(\frac{\partial u}{\partial x_i} v + u \frac{\partial v}{\partial x_i}\right)\varphi \qquad \forall \varphi \in C_c^1(\Omega).$$

Proposition IX.5 (Dérivation d'un produit de composition). – *Soit $G \in C^1(\mathbb{R})$ telle que $G(0) = 0$ et $|G'(s)| \leqslant M$ $\forall s \in \mathbb{R}$. Soit $u \in W^{1,p}(\Omega)$, alors*

$$G \circ u \in W^{1,p}(\Omega) \quad \text{et} \quad \frac{\partial}{\partial x_i}(G \circ u) = (G' \circ u)\frac{\partial u}{\partial x_i}.$$

DÉMONSTRATION. – On a $|G(s)| \leqslant M|s|$ $\forall s \in \mathbb{R}$ et donc $|G \circ u| \leqslant M|u|$; par suite $G \circ u \in L^p(\Omega)$, et de même $(G' \circ u)\dfrac{\partial u}{\partial x_i} \in L^p(\Omega)$. Il reste à vérifier que

$$(6) \qquad \int_\Omega (G \circ u)\frac{\partial \varphi}{\partial x_i} = -\int_\Omega (G' \circ u)\frac{\partial u}{\partial x_i}\varphi \qquad \forall \varphi \in C_c^1(\Omega).$$

Lorsque $1 \leqslant p < \infty$, on choisit une suite (u_n) dans $C_c^\infty(\mathbb{R}^N)$ telle que $u_n \to u$ dans $L^p(\Omega)$ et p.p. sur Ω, $\nabla u_n \to \nabla u$ dans $L^p(\omega)^N$ $\forall \omega \subset\subset \Omega$ (théorème IX.2). On a

$$\int_\Omega (G \circ u_n)\frac{\partial \varphi}{\partial x_i} = -\int_\Omega (G' \circ u_n)\frac{\partial u_n}{\partial x_i}\varphi \qquad \forall \varphi \in C_c^1(\Omega).$$

Or $G \circ u_n \to G \circ u$ dans $L^p(\Omega)$ et $(G' \circ u_n)\dfrac{\partial u_n}{\partial x_i} \to (G' \circ u)\dfrac{\partial u}{\partial x_i}$ dans $L^p(\omega)$ par convergence dominée. On en déduit (6).
Lorsque $p = \infty$, on fixe un ouvert Ω' tel que $\operatorname{Supp} \varphi \subset \Omega' \subset\subset \Omega$. Alors $u \in W^{1,p}(\Omega')$ $\forall p < \infty$ et on déduit (6) de ce qui précède.

Proposition IX.6 (Formule de changement de variables). — ***Soient Ω et Ω' deux ouverts de $\mathbb{R}^N$ et soit $H : \Omega' \to \Omega$ une application bijective, $x = H(y)$, telle que***

$$H \in C^1(\Omega'), \qquad H^{-1} \in C^1(\Omega), \qquad \text{Jac}\, H \in L^\infty(\Omega'), \qquad \text{Jac}\, H^{-1} \in L^\infty(\Omega)\,(^1).$$

Soit $u \in W^{1,p}(\Omega)$, alors $u \circ H \in W^{1,p}(\Omega')$ et

$$\frac{\partial}{\partial y_j}(u \circ H)(y) = \sum_i \frac{\partial u}{\partial x_i}(H(y)) \frac{\partial H_i}{\partial y_j}(y) \qquad \forall j = 1, 2, \ldots N.$$

Démonstration. — Lorsque $1 \leqslant p < \infty$ on choisit une suite (u_n) dans $C_c^\infty(\mathbb{R}^N)$ telle que $u_n \to u$ dans $L^p(\Omega)$ et $\nabla u_n \to \nabla u$ dans $L^p(\omega)^N$ $\forall \omega \subset\subset \Omega$. Alors $u_n \circ H \to u \circ H$ dans $L^p(\Omega')$ et

$$\left(\frac{\partial u_n}{\partial x_i} \circ H\right) \frac{\partial H_i}{\partial y_j} \to \left(\frac{\partial u}{\partial x_i} \circ H\right) \frac{\partial H_i}{\partial y_j} \quad \text{dans} \quad L^p(\omega') \quad \forall \omega' \subset\subset \Omega'.$$

Étant donnée $\psi \in C_c^1(\Omega')$ on a

$$\int_{\Omega'} (u_n \circ H) \frac{\partial \psi}{\partial y_j}\, dy = - \int_{\Omega'} \sum_i \left(\frac{\partial u_n}{\partial x_i} \circ H\right) \frac{\partial H_i}{\partial y_j} \psi\, dy.$$

A la limite on obtient le résultat désiré.
Lorsque $p = \infty$, on procède comme à la fin de la démonstration de la proposition IX.5.

Les espaces $W^{m,p}(\Omega)$.

Soient $m \geqslant 2$ un entier et soit p un réel avec $1 \leqslant p \leqslant \infty$. On définit par récurrence

$$W^{m,p}(\Omega) = \left\{ u \in W^{m-1,p}(\Omega);\ \frac{\partial u}{\partial x_i} \in W^{m-1,p}(\Omega) \quad \forall i = 1, 2, \ldots, N \right\}.$$

Il revient au même d'introduire (²)

$$W^{m,p}(\Omega) = \left\{ u \in L^p(\Omega) \;\middle|\; \begin{array}{l} \forall \alpha \quad \text{avec} \quad |\alpha| \leqslant m \quad \exists g_\alpha \in L^p(\Omega) \quad \text{tel que} \\ \displaystyle\int_\Omega u D^\alpha \varphi = (-1)^{|\alpha|} \int_\Omega g_\alpha \varphi \quad \forall \varphi \in C_c^\infty(\Omega) \end{array} \right\}.$$

On note $D^\alpha u = g_\alpha$.
L'espace $W^{m,p}(\Omega)$ muni de la norme

$$\|u\|_{W^{m,p}} = \sum_{0 \leqslant |\alpha| \leqslant m} \|Du\|_{L^p}$$

est un espace de Banach.

(¹) Jac H désigne la matrice Jacobienne $\dfrac{\partial H_i}{\partial y_j}$; il s'agit donc d'une fonction de $L^\infty(\Omega')^{N \times N}$.

(²) Un multi-indice α est une suite $\alpha = (\alpha_1, \alpha_2, \ldots, \alpha_N)$ avec $\alpha_i \geqslant 0$ entier; on pose

$$|\alpha| = \sum_{i=1}^N \alpha_i \quad \text{et} \quad D^\alpha \varphi = \frac{\partial^{\alpha_1 + \alpha_2 + \cdots + \alpha_N}}{\partial x_1^{\alpha_1} \partial x_2^{\alpha_2} \ldots \partial x_N^{\alpha_N}} \varphi.$$

On pose $H^m(\Omega) = W^{m,2}(\Omega)$; $H^m(\Omega)$ muni du produit scalaire

$$(u, v)_{H^m} = \sum_{0 \leqslant |\alpha| \leqslant m} (D^\alpha u, D^\alpha v)_{L^2}$$

est un espace de Hilbert.

✻ REMARQUE 9. — On démontre que si Ω est « assez régulier » avec $\Gamma = \partial\Omega$ borné, alors la norme de $W^{m,p}(\Omega)$ est équivalente à la norme

$$\|u\|_{L^p} + \sum_{|\alpha| = m} \|D^\alpha u\|_{L^p}.$$

Plus précisément on montre que pour tout multi-indice α avec $0 < |\alpha| < m$ et tout $\varepsilon > 0$ il existe une constante C (dépendant de Ω, ε, α) telle que

$$\|D^\alpha u\|_{L^p} \leqslant \varepsilon \sum_{|\beta| = m} \|D^\beta u\|_{L^p} + C\|u\|_{L^p} \quad \forall u \in W^{m,p}(\Omega)$$

(voir Adams [1] ou [EX]).

IX.2. Opérateurs de prolongement

Il est souvent commode d'établir des propriétés des fonctions de $W^{1,p}(\Omega)$ en commençant par le cas où $\Omega = \mathbb{R}^N$ (voir par exemple les résultats du § IX.3). Il est donc utile de savoir prolonger une fonction $u \in W^{1,p}(\Omega)$ en une fonction $\tilde{u} \in W^{1,p}(\mathbb{R}^N)$. Ceci n'est pas toujours possible. Toutefois si l'ouvert Ω est « **régulier** » on peut construire un tel prolongement. Commençons par préciser la notion d'ouvert régulier.

Notations. — Étant donné $x \in \mathbb{R}^N$ on écrit

$$x = (x', x_N) \qquad \text{avec} \qquad x' \in \mathbb{R}^{N-1}, \quad x' = (x_1, x_2, \ldots, x_{N-1})$$

et on pose

$$|x'| = \left(\sum_{i=1}^{N-1} x_i^2\right)^{1/2}$$

On note

$$\begin{aligned}
\mathbb{R}^N_+ &= \{x = (x', x_N);\ \ x_N > 0\} \\
Q &= \{x = (x', x_N);\ \ |x'| < 1 \ \text{ et } \ |x_N| < 1\} \\
Q_+ &= Q \cap \mathbb{R}^N_+ \\
Q_0 &= \{x = (x', x_N);\ \ |x'| < 1 \ \text{ et } \ x_N = 0\}.
\end{aligned}$$

Définition. — On dit qu'un ouvert Ω est de **classe C^1** si pour tout $x \in \Gamma = \partial\Omega$ il existe un voisinage U de x dans $\mathbb{R}^N$ et une application $H : Q \to U$ bijective telle que

$$H \in C^1(\overline{Q}), \quad H^{-1} \in C^1(\overline{U}), \quad H(Q_+) = U \cap \Omega \quad \text{et} \quad H(Q_0) = U \cap \Gamma.$$

Théorème IX.7. — ***On suppose que Ω est de classe C^1 avec Γ borné (ou bien $\Omega = \mathbb{R}^N_+$). Alors il existe un* opérateur de prolongement**

$$\mathbf{P} : W^{1,p}(\Omega) \to W^{1,p}(\mathbb{R}^N)$$

linéaire, tel que pour tout $u \in W^{1,p}(\Omega)$

(i) $\mathbf{P}u|_\Omega = u$

(ii) $\|\mathbf{P}u\|_{L^p(\mathbb{R}^N)} \leqslant C\|u\|_{L^p(\Omega)}$

(iii) $\|\mathbf{P}u\|_{W^{1,p}(\mathbb{R}^N)} \leqslant C\|u\|_{W^{1,p}(\Omega)}$

où C ***dépend seulement de*** Ω.

Commençons par démontrer un lemme simple, mais fondamental, concernant le *prolongement par réflexion.*

Lemme IX.2. — ***Étant donnée*** $u \in W^{1,p}(Q_+)$ ***on définit sur*** Q ***la fonction*** u^* ***prolongée par réflexion, c'est-à-dire***

$$u^*(x', x_N) = \begin{cases} u(x', x_N) & si \quad x_N > 0 \\ u(x', -x_N) & si \quad x_N < 0. \end{cases}$$

Alors $u^* \in W^{1,p}(Q)$ ***et***

$$\|u^*\|_{L^p(Q)} \leqslant 2\|u\|_{L^p(Q_+)}, \qquad \|u\|_{W^{1,p}(Q)} \leqslant 2\|u\|_{W^{1,p}(Q_+)}.$$

Démonstration. — Vérifions que

(7) $$\frac{\partial u^*}{\partial x_i} = \left(\frac{\partial u}{\partial x_i}\right)^* \quad \text{pour} \quad 1 \leqslant i \leqslant N-1$$

(8) $$\frac{\partial u^*}{\partial x_N} = \left(\frac{\partial u}{\partial x_N}\right)^\square$$

où $\left(\frac{\partial u}{\partial x_i}\right)^*$ désigne le prolongement par réflexion de $\frac{\partial u}{\partial x_i}$

et où l'on pose pour f définie sur Q_+

$$f^\square(x', x_N) = \begin{cases} f(x', x_N) & \text{si} \quad x_N > 0 \\ -f(x', -x_N) & \text{si} \quad x_N < 0. \end{cases}$$

On utilisera la suite (η_k) de fonctions de $C^\infty(\mathbb{R})$ définie par

$$\eta_k(t) = \eta(kt) \qquad t \in \mathbb{R}, \qquad k = 1, 2, \ldots$$

où η est une fonction **fixée,** $\eta \in C^\infty(\mathbb{R})$ telle que

$$\eta(t) = \begin{cases} 0 & \text{si} \quad t < \frac{1}{2} \\ 1 & \text{si} \quad t > 1. \end{cases}$$

Prouvons (7); soit $\varphi \in C^1_c(Q)$. On a pour $1 \leqslant i \leqslant N-1$

(9) $$\int_Q u^* \frac{\partial \varphi}{\partial x_i} = \int_{Q_+} u \frac{\partial \psi}{\partial x_i}$$

où

$$\psi(x', x_N) = \varphi(x', x_N) + \varphi(x', -x_N).$$

La fonction ψ n'appartient pas en général à $C_c^1(Q_+)$ et elle ne peut pas être utilisée comme fonction test, mais par contre

$$\eta_k(x_N)\psi(x', x_N) \in C_c^1(Q_+)$$

et donc

$$\int_{Q_+} u \frac{\partial}{\partial x_i}(\eta_k\psi) = -\int_{Q_+} \frac{\partial u}{\partial x_i}\eta_k\psi.$$

D'autre part $\frac{\partial}{\partial x_i}(\eta_k\psi) = \eta_k \frac{\partial \psi}{\partial x_i}$, et par conséquent

$$\int_{Q_+} u\eta_k \frac{\partial \psi}{\partial x_i} = -\int_{Q_+} \frac{\partial u}{\partial x_i}\eta_k\psi. \tag{10}$$

Passant à la limite dans (10) quand $k \to \infty$ (par convergence dominée) on obtient

$$\int_{Q_+} u \frac{\partial \psi}{\partial x_i} = -\int_{Q_+} \frac{\partial u}{\partial x_i}\psi. \tag{11}$$

Combinant (9) et (11) on a

$$\int_Q u^* \frac{\partial \varphi}{\partial x_i} = -\int_{Q_+} \frac{\partial u}{\partial x_i}\psi = -\int_Q \left(\frac{\partial u}{\partial x_i}\right)^* \varphi.$$

D'où (7).

Prouvons (8); soit $\varphi \in C_c^1(Q)$. On a

$$\int_Q u^* \frac{\partial \varphi}{\partial x_N} = \int_{Q_+} u \frac{\partial \chi}{\partial x_N} \tag{12}$$

où

$$\chi(x', x_N) = \varphi(x', x_N) - \varphi(x', -x_N).$$

On notera que $\chi(x', 0) = 0$, et donc il existe une constante M telle que $|\chi(x', x_N)| \leqslant M|x_N|$ sur Q. Comme $\eta_k\chi \in C_c^1(Q_+)$ on a

$$\int_{Q_+} u \frac{\partial}{\partial x_N}(\eta_k\chi) = -\int_{Q_+} \frac{\partial u}{\partial x_N}\eta_k\chi. \tag{13}$$

Mais

$$\frac{\partial}{\partial x_N}(\eta_k\chi) = \eta_k \frac{\partial \chi}{\partial x_N} + k\eta'(kx_N)\chi. \tag{14}$$

Montrons que

$$\int_{Q_+} uk\eta'(kx_N)\chi \to 0 \quad \text{quand} \quad k \to \infty. \tag{15}$$

En effet, on a

$$\left|\int_Q uk\eta'(kx_N)\chi\right| \leqslant kMC \int_{0<x_N<\frac{1}{k}} |u|x_N\,dx \leqslant MC \int_{0<x_N<\frac{1}{k}} |u|\,dx$$

avec $C = \operatorname{Sup}_{t\in[0,1]} |\eta'(t)|$; d'où (15).

On déduit alors de (13), (14) et (15) que

$$\int_{Q_+} u \frac{\partial \chi}{\partial x_N} = - \int_{Q_+} \frac{\partial u}{\partial x_N} \chi.$$

Enfin on a

$$(16) \qquad \int_{Q_+} \frac{\partial u}{\partial x_N} \chi = \int_{Q} \left(\frac{\partial u}{\partial x_N}\right)^{\square} \varphi.$$

Combinant (12) et (16) on obtient (8).

La conclusion du lemme IX.2 reste valable si l'on remplace Q_+ par $\mathbb{R}^N_+$ (démonstration inchangée) – ce qui établit le théorème IX.7 pour $\Omega = \mathbb{R}^N_+$.

* Remarque 10. – Le lemme IX.2 permet de construire très simplement des opérateurs de prolongement pour certains ouverts qui ne sont pas de classe C^1. Soit par exemple

$$\Omega = \{x \in \mathbb{R}^2 ; \quad 0 < x_1 < 1, \quad 0 < x_2 < 1\}.$$

Soit $u \in W^{1,p}(\Omega)$. Par quatre réflexions successives on obtient un prolongement $\tilde{u} \in W^{1,p}(\tilde{\Omega})$ de u dans

$$\tilde{\Omega} = \{x \in \mathbb{R}^2 ; \quad -1 < x_1 < 3, \quad -1 < x_2 < 3\},$$

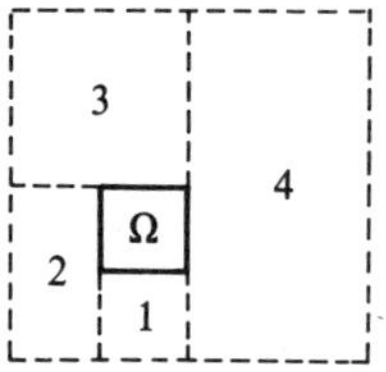

On fixe ensuite une fonction $\psi \in C^1_c(\tilde{\Omega})$ telle que $\psi = 1$ sur Ω. On désigne par Pu la fonction $\psi\tilde{u}$ prolongée à $\mathbb{R}^2$ par 0 en dehors de $\tilde{\Omega}$. On montre aisément que l'opérateur $P : W^{1,p}(\Omega) \to W^{1,p}(\mathbb{R}^2)$ vérifie **(i) (ii)** et **(iii).**

Dans la suite nous utiliserons le :

Lemme IX.3 (Partition de l'unité). – ***Soient*** Γ ***un compact de*** $\mathbb{R}^N$ ***et*** $U_1, U_2, \dots U_k$ ***des ouverts tels que*** $\Gamma \subset \bigcup_{i=1}^{k} U_i$.
Alors il existe des fonctions $\theta_0, \theta_1, \theta_2, \dots \theta_k$ ***de*** $C^\infty(\mathbb{R}^N)$ ***telles que***

(i) $0 \leqslant \theta_i \leqslant 1 \quad \forall i = 0, 1, 2, \dots k$ ***et*** $\sum_{i=0}^{k} \theta_i = 1$ ***sur*** $\mathbb{R}^N$

(ii) $\begin{cases} \textbf{Supp}\ \theta_i \textit{ est compact et } \textbf{Supp}\ \theta_i \subset U_i \quad \forall i = 1, 2, \dots k \\ \textbf{Supp}\ \theta_0 \subset \mathbb{R}^N \setminus \Gamma. \end{cases}$

Lorsque Ω ***est un ouvert borné et*** $\Gamma = \partial\Omega$, ***alors*** $\theta_{0|\Omega} \in C^\infty_c(\Omega)$.

Démonstration. – Voir [EX]. Ce lemme est classique ; on trouvera des énoncés voisins par exemple dans Agmon [1], Adams [1], Folland [1], L. Schwartz [1], Malliavin [1].

DÉMONSTRATION DU THÉORÈME IX.7. — **On « rectifie » Γ par cartes locales et on introduit une partition de l'unité** ([1]). Plus précisément comme Γ est compact et de classe C^1 il existe des ouverts $(U_i)_{1 \leqslant i \leqslant k}$ de $\mathbb{R}^N$ tels que $\Gamma \subset \bigcup_{i=1}^{k} U_i$ et il existe des applications $H_i : Q \to U_i$ bijectives telles que

$$H_i \in C^1(\overline{Q}), \qquad H_i^{-1} \in C^1(\overline{U_i}), \qquad H_i(Q_+) = U_i \cap \Omega \qquad \text{et} \qquad H_i(Q_0) = U_i \cap \Gamma.$$

On considère les fonctions $\theta_0, \theta_1, \ldots, \theta_k$ introduites au lemme IX.3. Étant donné $u \in W^{1,p}(\Omega)$ on écrit

$$u = \sum_{i=0}^{k} \theta_i u = \sum_{i=0}^{k} u_i, \qquad \text{où} \qquad u_i = \theta_i u.$$

On prolonge maintenant chacune des fonctions u_i à $\mathbb{R}^N$ en distinguant u_0 et les $(u_i)_{1 \leqslant i \leqslant k}$.

a) **Prolongement de u_0.** — On définit le prolongement de u_0 à $\mathbb{R}^N$ par

$$\bar{u}_0(x) = \begin{cases} u_0(x) & \text{si} \quad x \in \Omega \\ 0 & \text{si} \quad x \in \mathbb{R}^N \backslash \Omega. \end{cases}$$

Rappelons que $\theta_0 \in C^1(\mathbb{R}^N) \cap L^\infty(\mathbb{R}^N)$ et $\nabla\theta_0 \in L^\infty(\mathbb{R}^N)$ puisque $\nabla\theta_0 = -\sum_{i=1}^{k} \nabla\theta_i$ est à support compact et Supp $\theta_0 \subset \mathbb{R}^N \backslash \Gamma$. Il s'en suit (remarque 4b) que

$$\overline{u_0} \in W^{1,p}(\mathbb{R}^N) \qquad \text{et} \qquad \frac{\partial}{\partial x_i} \overline{u_0} = \theta_0 \overline{\frac{\partial u}{\partial x_i}} + \frac{\partial \theta_0}{\partial x_i} \bar{u}.$$

Donc

$$\|\overline{u_0}\|_{W^{1,p}(\mathbb{R}^N)} \leqslant C \|u\|_{W^{1,p}(\Omega)}.$$

b) **Prolongement de u_i, $1 \leqslant i \leqslant k$.** On considère la restriction de u à $U_i \cap \Omega$ et on « transporte » cette fonction sur Q_+ à l'aide de H_i; plus précisément on pose $v_i(y) = u(H_i(y))$ pour $y \in Q_+$. On sait (proposition IX.6) que $v_i \in W^{1,p}(Q_+)$. On définit ensuite sur Q le prolongement par réflexion de v_i (lemme IX.2), soit v_i^*; on sait que $v_i^* \in W^{1,p}(Q)$. On « retransporte » v_i^* sur U_i à l'aide de H_i^{-1}, soit

$$w_i(x) = v_i^*[H_i^{-1}(x)] \qquad \text{pour} \qquad x \in U_i.$$

On a alors $w_i \in W^{1,p}(U_i)$, $w_i = u$ sur $U_i \cap \Omega$ et

$$\|w_i\|_{W^{1,p}(U_i)} \leqslant c \|u\|_{W^{1,p}(U_i \cap \Omega)}.$$

Enfin, on pose pour $x \in \mathbb{R}^N$

$$\hat{u}_i(x) = \begin{cases} \theta_i(x) w_i(x) & \text{si} \quad x \in U_i \\ 0 & \text{si} \quad x \in \mathbb{R}^N \backslash U_i, \end{cases}$$

([1]) Dans la suite on utilisera fréquemment cette technique pour passer d'un résultat démontré sur $\mathbb{R}^N_+$ (ou Q_+) à la même conclusion sur Ω ouvert régulier.

de sorte que $\hat{u}_i \in W^{1,p}(\mathbb{R}^N)$ (remarque 4b), $\hat{u}_i = u_i$ sur Ω et

$$\|\hat{u}_i\|_{W^{1,p}(\mathbb{R}^N)} \leqslant C\|u\|_{W^{1,p}(U_i \cap \Omega)}.$$

Conclusion. — L'opérateur $Pu = \bar{u}_0 + \sum_{i=1}^{k} \hat{u}_i$ possède toutes les propriétés désirées.

• **Corollaire IX.8** (**Densité**). — ***On suppose Ω de classe C^1. Soit $u \in W^{1,p}(\Omega)$ avec $1 \leqslant p < \infty$. Alors il existe une suite (u_n) de $C_c^\infty(\mathbb{R}^N)$ telle que $u_{n|\Omega} \to u$ dans $W^{1,p}(\Omega)$. Autrement dit, les restrictions à Ω des fonctions de $C_c^\infty(\mathbb{R}^N)$ forment un sous-espace dense de $W^{1,p}(\Omega)$.***

DÉMONSTRATION. — Supposons d'abord Γ **borné.** Il existe alors un opérateur de prolongement P (théorème IX.7). La suite (1) $\zeta_n(\rho_n \star Pu)$ converge vers Pu dans $W^{1,p}(\mathbb{R}^N)$ et donc répond à la question. Lorsque Γ n'est **pas borné,** on commence par considérer la suite $\zeta_n u$; étant donné $\varepsilon > 0$ on fixe n_0 tel que $\|\zeta_{n_0} u - u\|_{W^{1,p}} < \varepsilon$. On peut alors construire un prolongement $v \in W^{1,p}(\mathbb{R}^N)$ de $\zeta_{n_0} u$ [puisque seule intervient l'intersection de Γ avec une grande boule]. On fabrique enfin $w \in C_c^\infty(\mathbb{R}^N)$ tel que $\|w - v\|_{W^{1,p}(\mathbb{R}^N)} < \varepsilon$.

IX. 3. Inégalités de Sobolev

Au chapitre VIII on a vu que si Ω est de dimension 1, alors $W^{1,p}(\Omega) \subset L^\infty(\Omega)$ avec injection continue. En dimension $N \geqslant 2$ cette inclusion reste vraie seulement pour $p > N$; lorsque $p \leqslant N$ on peut construire des exemples de fonctions de $W^{1,p}$ qui n'appartiennent pas à L^∞ (voir remarque 17 et [EX]). Néanmoins un résultat important, dû essentiellement à Sobolev, affirme que si $1 \leqslant p < N$ alors $W^{1,p}(\Omega) \subset L^{p^*}(\Omega)$ avec injection continue pour un certain $p^* \in]p, +\infty[$.

Commençons par envisager le :

A. Cas où $\Omega = \mathbb{R}^N$.

• **Théorème IX.9.** — (**Sobolev, Gagliardo, Nirenberg**). — ***Soit $1 \leqslant p < N$, alors***

$$W^{1,p}(\mathbb{R}^N) \subset L^{p^*}(\mathbb{R}^N) \qquad \textit{où } p^* \textit{ est donné par} \qquad \frac{1}{p^*} = \frac{1}{p} - \frac{1}{N},$$

et il existe une constante $C = C(p, N)$ (2) telle que

(17) $$\|u\|_{L^{p^*}} \leqslant C\|\nabla u\|_{L^p} \quad \forall u \in W^{1,p}(\mathbb{R}^N).$$

---

(1) (ρ_n) suite régularisante et (ζ_n) suite tronquante comme dans la démonstration du théorème IX.2.

(2) On peut prendre $C(p, N) = \dfrac{(N-1)p}{N-p}$, mais cette constante n'est pas optimale ; la meilleure constante est connue (et compliquée !), voir Th. Aubin [1], Talenti [1] et Lieb [1].

REMARQUE 11. — La valeur de p^* peut s'obtenir par un argument d'**homogénéité** très simple (retenir que les raisonnements par homogénéité donnent parfois des renseignements intéressants moyennant peu d'efforts). En effet **s'il existe** des constantes C et $1 \leqslant q \leqslant \infty$ vérifiant

$$\|u\|_{L^q} \leqslant C\|\nabla u\|_{L^p} \qquad \forall u \in W^{1,p}(\mathbb{R}^N) \tag{18}$$

alors nécessairement $q = p^*$. Pour le voir on choisit dans (18) $u_\lambda(x) = u(\lambda x)(\lambda > 0)$ au lieu de u. Il vient

$$\|u\|_{L^q} \leqslant C\lambda^{\left(1+\frac{N}{q}-\frac{N}{p}\right)}\|\nabla u\|_{L^p} \qquad \forall \lambda > 0,$$

ce qui implique $q = p^*$.

Dans la démonstration du théorème IX.9 nous utiliserons le

Lemme IX.4. — ***Soient*** $N \geqslant 2$ ***et*** $f_1, f_2, \dots f_N \in L^{N-1}(\mathbb{R}^{N-1})$***. Pour*** $x \in \mathbb{R}^N$ ***et*** $1 \leqslant i \leqslant N$ ***on pose***

$$\tilde{x}_i = (x_1, x_2, \dots x_{i-1}, x_{i+1}, \dots x_N) \in \mathbb{R}^{N-1}.$$

Alors la fonction

$$f(x) = f_1(\tilde{x}_1)f_2(\tilde{x}_2)\dots f_N(\tilde{x}_N), \qquad x \in \mathbb{R}^N$$

appartient à $L^1(\mathbb{R}^N)$ ***et***

$$\|f\|_{L^1(\mathbb{R}^N)} \leqslant \prod_{i=1}^{N} \|f_i\|_{L^{N-1}(\mathbb{R}^{N-1})}.$$

DÉMONSTRATION. — Le cas N = 2 est trivial. Considérons le cas N = 3; on a

$$\int_{\mathbb{R}} |f(x)|\, dx_3 = |f_3(x_1, x_2)| \int_{\mathbb{R}} |f_1(x_2, x_3)|\, |f_2(x_1, x_3)|\, dx_3$$
$$\leqslant |f_3(x_1, x_2)| \left(\int_{\mathbb{R}} |f_1(x_2, x_3)|^2\, dx_3\right)^{1/2} \left(\int_{\mathbb{R}} |f_2(x_1, x_3)|^2\, dx_3\right)^{1/2}$$

(par Cauchy-Schwarz). Appliquant à nouveau l'inégalité de Cauchy-Schwarz on a

$$\int_{\mathbb{R}^3} |f(x)|\, dx \leqslant \|f_3\|_{L^2(\mathbb{R}^2)}\|f_1\|_{L^2(\mathbb{R}^2)}\|f_2\|_{L^2(\mathbb{R}^2)}.$$

Le cas général s'obtient par récurrence; admettons le résultat pour N et démontrons le pour (N + 1). On **fixe** x_{N+1}; grâce à l'inégalité de Hölder on a

$$\int |f(x)|\, dx_1\, dx_2 \dots dx_N \leqslant \|f_{N+1}\|_{L^N(\mathbb{R}^N)}\left[\int |f_1 \cdot f_2 \dots f_N|^{N'}\, dx_1 \dots dx_N\right]^{1/N'}$$
$$\left(N' = \frac{N}{N-1}\right).$$

Appliquant l'hypothèse de récurrence aux fonctions $|f_1|^{N'}, |f_2|^{N'}, \dots |f_N|^{N'}$ il vient

$$\int |f_1|^{N'} \dots |f_N|^{N'}\, dx_1 \dots dx_N \leqslant \prod_{i=1}^{N} \|f_i\|^{N'}_{L^N(\mathbb{R}^{N-1})}.$$

D'où

$$\int |f(x)|\, dx_1 \ldots dx_N \leqslant \|f_{N+1}\|_{L^N(\mathbb{R}^N)} \prod_{i=1}^{N} \|f_i\|_{L^N(\mathbb{R}^{N-1})}.$$

On **fait maintenant varier** x_{N+1}; chacune des fonctions $x_{N+1} \mapsto \|f_i\|_{L^N(\mathbb{R}^{N-1})}$ appartient à $L^N(\mathbb{R})$, $1 \leqslant i \leqslant N$. Par conséquent le produit $\prod_{i=1}^{N} \|f_i\|_{L^N(\mathbb{R}^{N-1})}$ appartient à $L^1(\mathbb{R})$ (voir la remarque 2 suivant l'inégalité de Hölder au chapitre IV) et

$$\int |f(x)|\, dx_1 \ldots dx_N\, dx_{N+1} \leqslant \prod_{i=1}^{N+1} \|f_i\|_{L^N(\mathbb{R}^N)}.$$

Démonstration du théorème IX.9. — Commençons par le cas $p = 1$ avec $u \in C_c^1(\mathbb{R}^N)$. On a

$$|u(x_1, x_2, \ldots x_N)| = \left| \int_{-\infty}^{x_1} \frac{\partial u}{\partial x_1}(t, x_2, \ldots x_N)\, dt \right| \leqslant \int_{-\infty}^{+\infty} \left| \frac{\partial u}{\partial x_1}(t, x_2, \ldots x_N) \right| dt$$

et de même pour $1 \leqslant i \leqslant N$

$$|u(x)| \leqslant \int_{-\infty}^{+\infty} \left| \frac{\partial u}{\partial x_i}(x_1, x_2, \ldots x_{i-1}, t, x_{i+1}, \ldots x_N) \right| dt \overset{\text{déf}}{\equiv} f_i(\tilde{x}_i).$$

Donc

$$|u(x)|^N \leqslant \prod_{i=1}^{N} f_i(\tilde{x}_i).$$

On déduit du lemme IX.4 que

$$\int |u(x)|^{\frac{N}{N-1}} dx \leqslant \prod_{i=1}^{N} \|f_i\|_{L^1(\mathbb{R}^{N-1})}^{\frac{1}{N-1}} = \prod_{i=1}^{N} \left\| \frac{\partial u}{\partial x_i} \right\|_{L^1(\mathbb{R}^N)}^{\frac{1}{N-1}}.$$

Par conséquent on a

(19)
$$\|u\|_{L^{N/(N-1)}(\mathbb{R}^N)} \leqslant \prod_{i=1}^{N} \left\| \frac{\partial u}{\partial x_i} \right\|_{L^1(\mathbb{R}^N)}^{\frac{1}{N}}.$$

Soit $t \geqslant 1$; on applique (19) à $|u|^{t-1}u$ au lieu de u. Il vient :

(20)
$$\|u\|_{L^{tN/(N-1)}}^{t} \leqslant t \prod_{i=1}^{N} \left\| |u|^{t-1} \frac{\partial u}{\partial x_i} \right\|_{L^1}^{\frac{1}{N}} \leqslant t \|u\|_{L^{p'(t-1)}}^{t-1} \prod_{i=1}^{N} \left\| \frac{\partial u}{\partial x_i} \right\|_{L^p}^{\frac{1}{N}}.$$

On **choisit** alors t de telle sorte que $\dfrac{tN}{N-1} = p'(t-1)$, ce qui donne $t = \dfrac{N-1}{N} p^*$ ($t \geqslant 1$ car $1 \leqslant p < N$).
On obtient

$$\|u\|_{L^{p^*}} \leqslant t \prod_{i=1}^{N} \left\| \frac{\partial u}{\partial x_i} \right\|_{L^p}^{\frac{1}{N}}$$

Donc

$$\|u\|_{L^{p^*}} \leqslant C\|\nabla u\|_{L^p} \qquad \forall u \in C_c^1(\mathbb{R}^N).$$

Soit maintenant $u \in W^{1,p}(\mathbb{R}^N)$; on sait qu'il existe une suite $(u_n) \in C_c^1(\mathbb{R}^N)$ telle que $u_n \to u$ dans $W^{1,p}(\mathbb{R}^N)$. On peut aussi supposer (en extrayant si besoin une sous-suite) que $u_n \to u$ p.p. On a pour tout n.

$$\|u_n\|_{L^{p^*}} \leqslant C\|\nabla u_n\|_{L^p}.$$

Il résulte du lemme de Fatou ([1]) que

$$u \in L^{p^*} \quad \text{et que} \quad \|u\|_{L^{p^*}} \leqslant C\|\nabla u\|_{L^p}.$$

• **Corollaire IX.10.** – ***Soit* $1 \leqslant p < N$. *Alors***

$$\mathbf{W}^{1,p}(\mathbb{R}^N) \subset \mathbf{L}^q(\mathbb{R}^N) \qquad \forall q \in [p, p^*]$$

avec injection continue.

Démonstration. – Étant donné $p \leqslant q \leqslant p^*$ on écrit

$$\frac{1}{q} = \frac{\alpha}{p} + \frac{1-\alpha}{p^*} \qquad \text{avec} \qquad 0 \leqslant \alpha \leqslant 1.$$

On sait (voir remarque IV.2) que

$$\|u\|_{L^q} \leqslant \|u\|_{L^p}^{\alpha} \|u\|_{L^{p^*}}^{1-\alpha} \leqslant \|u\|_{L^p} + \|u\|_{L^{p^*}}$$

(d'après l'inégalité de Young). On conclut grâce au théorème IX.9 que

$$\|u\|_{L^q} \leqslant C\|u\|_{W^{1,p}} \qquad \forall u \in W^{1,p}(\mathbb{R}^N).$$

• **Corollaire IX.11 (Le cas limite $p = N$).** – ***On a***

$$\mathbf{W}^{1,N}(\mathbb{R}^N) \subset \mathbf{L}^q(\mathbb{R}^N) \qquad \forall q \in [N, +\infty[$$

avec injection continue.

Démonstration. – Supposons que $u \in C_c^1(\mathbb{R}^N)$; appliquant (20) avec $p = N$ on a

$$\|u\|_{L^{tN/(N-1)}}^{t} \leqslant t\|u\|_{L^{(t-1)N/(N-1)}}^{t-1} \|\nabla u\|_{L^N} \qquad \forall t \geqslant 1$$

et grâce à l'inégalité de Young on obtient

(21) $$\|u\|_{L^{tN/(N-1)}} \leqslant C(\|u\|_{L^{(t-1)N/(N-1)}} + \|\nabla u\|_{L^N}).$$

([1]) On peut obtenir la même conclusion en remarquant que la suite (u_n) est de Cauchy dans L^{p^*}.

Dans (21) on choisit $t = N$; il vient

$$\|u\|_{L^{N^2/(N-1)}} \leqslant C\|u\|_{W^{1,N}}$$

et par l'inégalité d'interpolation (remarque IV.2) on a

(22) $$\|u\|_{L^q} \leqslant C\|u\|_{W^{1,N}}$$

pour tout $N \leqslant q \leqslant \dfrac{N^2}{N-1}$.
Réitérant cet argument avec $t = N + 1$, $t = N + 2$ etc... on aboutit à

(23) $$\|u\|_{L^q} \leqslant C\|u\|_{W^{1,N}} \quad \forall u \in C_c^1, \quad \forall\, N \leqslant q < \infty$$

avec une constante C qui dépend de q et N([1]). L'inégalité (23) se prolonge par densité à $W^{1,N}$.

• **Théorème IX.12 (Morrey).** – ***Soit $p > N$, alors***

(24) $$W^{1,p}(\mathbb{R}^N) \subset L^\infty(\mathbb{R}^N)$$

avec injection continue.
De plus, pour tout $u \in W^{1,p}(\mathbb{R}^N)$ on a

(25) $$|u(x) - u(y)| \leqslant C|x - y|^\alpha\, \|\nabla u\|_{L^p} \quad p.p. \quad x, y \in \mathbb{R}^N$$

avec $\alpha = 1 - \dfrac{N}{p}$ et C est une constante (qui dépend seulement de p et N).

Remarque 12. – L'inégalité (25) implique l'existence d'une fonction $\tilde{u} \in C(\mathbb{R}^N)$ telle que $u = \tilde{u}$ p.p. sur $\mathbb{R}^N$. [En effet, soit $A \subset \mathbb{R}^N$ un ensemble négligeable tel que (25) a lieu pour $x, y \in \mathbb{R}^N \backslash A$; comme $\mathbb{R}^N \backslash A$ est dense dans $\mathbb{R}^N$, $u_{|\mathbb{R}^N \backslash A}$ admet un (unique) prolongement continu à $\mathbb{R}^N$]. Autrement dit toute fonction $u \in W^{1,p}$, $p > N$, admet un **représentant continu.** Dans la suite nous remplacerons systématiquement u par son représentant continu quand cela sera utile.

Démonstration. – On commence par établir (25) pour $u \in C_c^1(\mathbb{R}^N)$. Soit Q un cube ouvert, contenant 0, dont les côtés – de longueur r – sont parallèles aux axes de coordonnées. Pour $x \in Q$ on a

$$u(x) - u(0) = \int_0^1 \frac{d}{dt} u(tx)\, dt$$

et donc

(26) $$|u(x) - u(0)| \leqslant \int_0^1 \sum_{i=1}^N |x_i| \left|\frac{\partial u}{\partial x_i}(tx)\right| dt \leqslant r \sum_{i=1}^N \int_0^1 \left|\frac{\partial u}{\partial x_i}(tx)\right| dt.$$

([1]) et qui « explose » quand $q \to +\infty$.

Posons $\bar{u} = \frac{1}{|Q|} \int_Q u(x)\,dx$ ($\bar{u}$ est la moyenne de u sur Q). Intégrant (26) sur Q on obtient

$$|\bar{u} - u(0)| \leqslant \frac{r}{|Q|} \int_Q dx \sum_{i=1}^{N} \int_0^1 \left| \frac{\partial u}{\partial x_i}(tx) \right| dt$$

$$= \frac{1}{r^{N-1}} \int_0^1 dt \int_Q \sum_{i=1}^{N} \left| \frac{\partial u}{\partial x_i}(tx) \right| dx = \frac{1}{r^{N-1}} \int_0^1 dt \int_{tQ} \sum_{i=1}^{N} \left| \frac{\partial u}{\partial x_i}(y) \right| \frac{dy}{t^N}.$$

Or, d'après l'inégalité de Hölder, on a

$$\int_{tQ} \left| \frac{\partial u}{\partial x_i}(y) \right| dy \leqslant \left(\int_Q \left| \frac{\partial u}{\partial x_i} \right|^p \right)^{1/p} |tQ|^{1/p'}$$

(puisque $tQ \subset Q$ pour $0 < t < 1$).
On en déduit que

$$|\bar{u} - u(0)| \leqslant \frac{1}{r^{N-1}} \|\nabla u\|_{L^p(Q)}\, r^{N/p'} \int_0^1 \frac{t^{N/p'}}{t^N}\, dt = \frac{r^{1-N/p}}{1 - N/p} \|\nabla u\|_{L^p(Q)}.$$

Par translation cette inégalité reste vraie pour tout cube Q de côté r dont les côtés sont parallèles aux axes de coordonnées; d'où

$$(27) \qquad |\bar{u} - u(x)| \leqslant \frac{r^{1-N/p}}{1 - N/p} \|\nabla u\|_{L^p(Q)} \qquad \forall x \in Q.$$

Par addition (et inégalité du triangle) on a

$$(28) \qquad |u(x) - u(y)| \leqslant \frac{2r^{1-N/p}}{1 - N/p} \|\nabla u\|_{L^p(Q)} \qquad \forall x, y \in Q.$$

Pour deux points quelconques x, y de $\mathbb{R}^N$ il existe un cube Q de côté $r = 2|x - y|$ contenant x et y. On en déduit (25) pour $u \in C_c^1(\mathbb{R}^N)$. Lorsque $u \in W^{1,p}(\mathbb{R}^N)$ on utilise une suite (u_n) de $C_c^1(\mathbb{R}^N)$ telle que $u_n \to u$ dans $W^{1,p}(\mathbb{R}^N)$ et $u_n \to u$ p.p.

Prouvons maintenant (24). Soient $u \in C_c^1(\mathbb{R}^N)$, $x \in \mathbb{R}^N$ et Q un cube de côté $r = 1$ contenant x. D'après (27) on a

$$|u(x)| \leqslant |\bar{u}| + C\|\nabla u\|_{L^p(Q)} \leqslant C\|u\|_{W^{1,p}(Q)} \leqslant C\|u\|_{W^{1,p}(\mathbb{R}^N)}$$

où C dépend seulement de p et N. Donc

$$\|u\|_{L^\infty(\mathbb{R}^N)} \leqslant C\|u\|_{W^{1,p}(\mathbb{R}^N)} \qquad \forall u \in C_c^1(\mathbb{R}^N).$$

Lorsque $u \in W^{1,p}(\mathbb{R}^N)$ on utilise une suite (u_n) de $C_c^1(\mathbb{R}^N)$ telle que $u_n \to u$ dans $W^{1,p}(\mathbb{R}^N)$ et p.p.

Remarque 13. — On déduit de (24) que si $u \in W^{1,p}(\mathbb{R}^N)$ avec $N < p < \infty$, alors

$$\lim_{|x| \to \infty} u(x) = 0.$$

En effet il existe une suite (u_n) dans $C_c^1(\mathbb{R}^N)$ telle que $u_n \to u$ dans $W^{1,p}(\mathbb{R}^N)$; d'après (24) u est aussi limite uniforme sur $\mathbb{R}^N$ des u_n.

• **Corollaire IX.13.** – *Soient $m \geqslant 1$ un entier et $1 \leqslant p < \infty$. On a*

$$\text{si} \quad \frac{1}{p} - \frac{m}{N} > 0, \quad \text{alors} \quad W^{m,p}(\mathbb{R}^N) \subset L^q(\mathbb{R}^N) \text{ où } \frac{1}{q} = \frac{1}{p} - \frac{m}{N},$$

$$\text{si} \quad \frac{1}{p} - \frac{m}{N} = 0, \quad \text{alors} \quad W^{m,p}(\mathbb{R}^N) \subset L^q(\mathbb{R}^N) \quad \forall q \in [p, +\infty[,$$

$$\text{si} \quad \frac{1}{p} - \frac{m}{N} < 0, \quad \text{alors} \quad W^{m,p}(\mathbb{R}^N) \subset L^\infty(\mathbb{R}^N),$$

avec injections continues.

De plus, si $m - \frac{N}{p} > 0$ n'est pas entier, on pose

$$k = \left[m - \frac{N}{p}\right] \text{ et } \theta = m - \frac{N}{p} - k \quad (0 < \theta < 1).$$

On a, pour tout $u \in W^{m,p}(\mathbb{R}^N)$

$$\|D^\alpha u\|_{L^\infty} \leqslant C\|u\|_{W^{m,p}} \quad \forall\alpha \quad \text{avec} \quad |\alpha| \leqslant k \ (^1)$$

et

$$|D^\alpha u(x) - D^\alpha u(y)| \leqslant C\|u\|_{W^{m,p}} |x - y|^\theta \quad p.p. \quad x, y \in \mathbb{R}^N, \ \forall\alpha, \quad |\alpha| = k.$$

En particulier $W^{m,p}(\mathbb{R}^N) \subset C^k(\mathbb{R}^N)$ (2).

Démonstration. – Tous ces résultats s'obtiennent par application réitérée du théorème IX.9, du corollaire IX.11 et du théorème IX.12.

∗ Remarque 14. – Le cas $p = 1$ et $m = N$ est assez particulier : on a $W^{N,1} \subset L^\infty$. En effet, soit $u \in C_c^\infty$; on a

$$u(x_1, x_2, \ldots x_N) = \int_{-\infty}^{x_1} \int_{-\infty}^{x_2} \cdots \int_{-\infty}^{x_N} \frac{\partial^N u}{\partial x_1 \, \partial x_2 \ldots \partial x_N}(t_1, t_2, \ldots t_N) \, dt_1 \, dt_2 \ldots dt_N$$

et donc

$$(29) \qquad \|u\|_{L^\infty} \leqslant \|u\|_{W^{N,1}} \quad \forall u \in C_c^\infty.$$

Si $u \in W^{N,1}$ on procède par densité.

Considérons maintenant le :

B. Cas où $\Omega \subset \mathbb{R}^N$. – On suppose que Ω est un ouvert de classe C^1 avec Γ borné, ou bien $\Omega = \mathbb{R}^N_+$.

• **Corollaire IX.14.** – *Soit $1 \leqslant p \leqslant \infty$. On a*

si	$1 \leqslant p < N$,	*alors*	$W^{1,p}(\Omega) \subset L^{p^*}(\Omega)$ *où* $\frac{1}{p^*} = \frac{1}{p} - \frac{1}{N}$,
si	$p = N$,	*alors*	$W^{1,p}(\Omega \subset L^q(\Omega) \quad \forall q \in [p, +\infty[$,
si	$p > N$,	*alors*	$W^{1,p}(\Omega) \subset L^\infty(\Omega)$,

avec injections continues.

(1) D'où il résulte que $|D^\alpha u(x) - D^\alpha u(y)| \leqslant C\|u\|_{W^{m,p}}|x - y| \ \forall x, y \in \mathbb{R}^N$ et $\forall\alpha$ avec $|\alpha| < k$.
(2) Modulo le choix d'un représentant continu.

De plus, si $p > \mathrm{N}$ on a pour tout $u \in W^{1,p}(\Omega)$

$$|u(x) - u(y)| \leqslant C\|u\|_{W^{1,p}}|x - y|^{\alpha} \qquad p.p.\ x, y \in \Omega$$

avec $\alpha = 1 - \dfrac{N}{p}$ *et* C *dépend seulement de* Ω, p *et* N. *En particulier* $W^{1,p}(\Omega) \subset C(\overline{\Omega})$ (1).

Démonstration. — On introduit l'opérateur de prolongement

$$P : W^{1,p}(\Omega) \to W^{1,p}(\mathbb{R}^N)$$

(voir théorème IX.7); on applique ensuite le théorème IX.9, le corollaire IX.11 et le théorème IX.12.

• **Corollaire IX.15.** — *La conclusion du corollaire* IX.13 *reste vraie si l'on remplace* $\mathbb{R}^N$ *par* Ω (2).

Démonstration. — Par application réitérée du corollaire IX.14 (3).

• **Théorème IX.16 (Rellich-Kondrachov).** — *On suppose* Ω **borné** *de classe* C^1. *On a*

si $p < N$, *alors* $W^{1,p}(\Omega) \subset L^q(\Omega)$, $\forall q \in [1, p^*[$ *où* $\dfrac{1}{p^*} = \dfrac{1}{p} - \dfrac{1}{N}$,

si $p = N$, *alors* $W^{1,p}(\Omega) \subset L^q(\Omega)$, $\forall q \in [1, +\infty[$,

si $p > N$, *alors* $W^{1,p}(\Omega) \subset C(\overline{\Omega})$,

avec injections **compactes** (4).

Démonstration. — Le cas $p > N$ résulte du corollaire IX.14 et du théorème d'Ascoli. Le cas $p = N$ se ramène au cas $p < N$.

Supposons donc que $p < N$. On applique le corollaire IV.26 avec $\mathcal{F}$ étant la boule unité de $W^{1,p}(\Omega)$.

Vérification de (IV.23). — Comme $1 \leqslant q < p^*$ on peut écrire

$$\frac{1}{q} = \frac{\alpha}{1} + \frac{1-\alpha}{p^*} \qquad \text{avec} \qquad 0 < \alpha \leqslant 1.$$

Soient $\omega \subset\subset \Omega$, $u \in \mathcal{F}$ et $|h| < \operatorname{dist}(\omega, \complement\Omega)$. Grâce à l'inégalité d'interpolation (remarque IV.2) on a

$$\|\tau_h u - u\|_{L^q(\omega)} \leqslant \|\tau_h u - u\|_{L^1(\omega)}^{\alpha}\|\tau_h u - u\|_{L^{p^*}(\omega)}^{1-\alpha}.$$

---

(1) Modulo le choix d'un représentant continu.

(2) Précisons que si $m - \dfrac{N}{p} > 0$ n'est pas entier, alors

$$W^{m,p}(\Omega) \subset C^k(\overline{\Omega}) \qquad \text{où} \qquad k = \left[m - \frac{N}{p}\right]$$

et $C^k(\overline{\Omega}) = \{u \in C^k(\Omega);\ D^{\alpha}u$ admet un prolongement continu sur $\overline{\Omega}$ pour tout α avec $|\alpha| \leqslant k\}$.

(3) On pourrait aussi appliquer directement le corollaire IX.13, mais ceci nécessiterait une hypothèse supplémentaire : il faudrait que Ω soit de classe C^m pour construire un opérateur de prolongement $P : W^{m,p}(\Omega) \to W^{m,p}(\mathbb{R}^N)$.

(4) **En particulier $W^{1,p}(\Omega) \subset L^p(\Omega)$ avec injection compacte pour tout p.**

Or d'après la proposition IX.3 on a $\|\tau_h u - u\|_{L^1(\omega)} \leqslant |h| \, \|\nabla u\|_{L^1(\Omega)}$. Par conséquent

$$\|\tau_h u - u\|_{L^q(\omega)} \leqslant (|h| \, \|\nabla u\|_{L^1(\Omega)})^\alpha (2\|u\|_{L^{p^*}(\Omega)})^{1-\alpha} \leqslant C|h|^\alpha$$

(appliquer l'inégalité de Hölder et le corollaire IX.14). On conclut que $\|\tau_h u - u\|_{L^q(\omega)} < \varepsilon$ pour $|h|$ assez petit.

Vérification de (IV.24). — Soit $u \in \mathscr{F}$; d'après l'inégalité de Hölder on a

$$\|u\|_{L^q(\Omega\backslash\omega)} \leqslant \|u\|_{L^{p^*}(\Omega\backslash\omega)} |\Omega\backslash\omega|^{1-\frac{q}{p^*}} \leqslant |\Omega\backslash\omega|^{1-\frac{q}{p^*}} < \varepsilon$$

pour ω convenablement choisi ([1]).

Remarque 15. — Le théorème IX.16 est à « peu près » optimal au sens suivant :

(i) Si Ω n'est pas borné, l'injection $W^{1,p}(\Omega) \subset L^p(\Omega)$ n'est pas compacte en général ([2]).

(ii) L'injection $W^{1,p}(\Omega) \subset L^{p^*}(\Omega)$ n'est jamais compacte même si Ω est borné et régulier (voir [EX]).

* Remarque 16. — Soit Ω un ouvert borné de classe C^1. Alors la norme

$$|||u||| = \|\nabla u\|_{L^p} + \|u\|_{L^q}$$

est **équivalente** à la norme de $W^{1,p}$ pourvu que

$$\begin{array}{lll} 1 \leqslant q \leqslant p^* & \text{si} & 1 \leqslant p < N \\ 1 \leqslant q < \infty & \text{si} & p = N \\ 1 \leqslant q \leqslant \infty & \text{si} & p > N \end{array}$$

(voir [BT]).

* Remarque 17 (cas limite $p = N$). — Soient Ω un ouvert borné de classe C^1 et $u \in W^{1,N}(\Omega)$. Alors en général $u \notin L^\infty(\Omega)$. Par exemple si

$$\Omega = \{x \in \mathbb{R}^N ; \ |x| < 1/2\}$$

la fonction $u(x) = \left(\log \dfrac{1}{|x|}\right)^\alpha$ avec $0 < \alpha < 1 - \dfrac{1}{N}$ appartient à $W^{1,N}(\Omega)$ (voir [EX]), mais elle n'est pas bornée à cause de la singularité en $x = 0$. Néanmoins on a l'**inégalité de Trudinger :**

$$\int_\Omega e^{|u|^{N/(N-1)}} < \infty \qquad \forall u \in W^{1,N}(\Omega)$$

(voir Adams [1], et Gilbarg-Trudinger [1]).

---

(1) Par exemple $\omega = \{x \in \Omega ; \ \text{dist}(x, \Gamma) > \delta\}$ et $\delta > 0$ assez petit (appliquer le théorème de convergence monotone ou de convergence dominée).

(2) Même pour certains ouverts de mesure finie à frontière régulière (voir Adams [1] p. 167).

IX.4. L'espace $W_0^{1,p}(\Omega)$

Définition. — Soit $1 \leqslant p < \infty$; $W_0^{1,p}(\Omega)$ désigne la fermeture de $C_c^1(\Omega)$ dans $W^{1,p}(\Omega)$. On note

$$H_0^1(\Omega) = W_0^{1,2}(\Omega)\text{(}^1\text{)}.$$

L'espace $W_0^{1,p}$ muni de la norme induite par $W^{1,p}$ est un espace de Banach séparable ; il est réflexif si $1 < p < \infty$. H_0^1 est un espace de Hilbert pour le produit scalaire de H^1.

∗ REMARQUE 18. — Comme $C_c^1(\mathbb{R}^N)$ est dense dans $W^{1,p}(\mathbb{R}^N)$, on a

$$W_0^{1,p}(\mathbb{R}^N) = W^{1,p}(\mathbb{R}^N).$$

Par contre si $\Omega \subset \mathbb{R}^N$, alors en général $W_0^{1,p}(\Omega) \neq W^{1,p}(\Omega)$. Toutefois si $\mathbb{R}^N \backslash \Omega$ est « suffisamment maigre » et $p < N$, on a $W_0^{1,p}(\Omega) = W^{1,p}(\Omega)$. Par exemple si $\Omega = \mathbb{R}^N \backslash \{0\}$ et $N \geqslant 2$ on montre que $H_0^1(\Omega) = H^1(\Omega)$ (voir [EX]).

REMARQUE 19. — On vérifie aisément — à l'aide d'une suite régularisante (ρ_n) — que $C_c^\infty(\Omega)$ est dense dans $W_0^{1,p}(\Omega)$. Autrement dit on peut utiliser indifféremment $C_c^\infty(\Omega)$ au lieu de $C_c^1(\Omega)$ dans la définition de $W_0^{1,p}(\Omega)$.

Les fonctions de $W_0^{1,p}(\Omega)$ sont « en gros » les fonctions de $W^{1,p}(\Omega)$ qui « s'annulent sur $\Gamma = \partial\Omega$ ». Il est délicat de donner un sens précis à cette assertion puisqu'une fonction $u \in W^{1,p}(\Omega)$ est seulement définie p.p. (or Γ est négligeable !) et u n'a pas de représentant continu (²). Toutefois les caractérisations suivantes suggèrent que l'on a « affaire » à des fonctions « nulles sur Γ ». Commençons par le

Lemme IX.5. — ***Soit*** $u \in W^{1,p}(\Omega)$, $1 \leqslant p < \infty$, ***avec*** **Supp** u ***compact inclus dans*** Ω, ***alors*** $u \in W_0^{1,p}(\Omega)$.

DÉMONSTRATION. — On fixe un ouvert ω tel que $\operatorname{Supp} u \subset \omega \subset\subset \Omega$ et on choisit $\alpha \in C_c^1(\omega)$ tel que $\alpha = 1$ sur $\operatorname{Supp} u$; donc $\alpha u = u$. D'autre part (théorème IX.2) il existe une suite (u_n) dans $C_c^\infty(\mathbb{R}^N)$ telle que $u_n \to u$ dans $L^p(\Omega)$ et $\nabla u_n \to \nabla u$ dans $L^p(\omega)^N$. Par conséquent $\alpha u_n \to \alpha u$ dans $W^{1,p}(\Omega)$ et $\alpha u \in W_0^{1,p}(\Omega)$. Il en résulte que $u \in W_0^{1,p}(\Omega)$.

Théorème IX.17. — ***On suppose*** Ω ***de classe*** C^1. ***Soit***

$$u \in W^{1,p}(\Omega) \cap C(\bar{\Omega}) \quad \textit{avec} \quad 1 \leqslant p < \infty \text{ (}^3\text{)}.$$

Alors les propriétés suivantes sont équivalentes :

(i) $u = 0$ ***sur*** Γ

(ii) $u \in W_0^{1,p}(\Omega)$.

(¹) Lorsqu'il n'y aura pas d'ambiguités on écrira $W_0^{1,p}$, H_0^1 au lieu de $W_0^{1,p}(\Omega)$, $H_0^1(\Omega)$.

(²) Néanmoins si $u \in W^{1,p}(\Omega)$ on peut donner un sens à $u_{|\Gamma}$ (lorsque Ω est régulier) et montrer que $u_{|\Gamma} \in L^p(\Gamma)$; il faut pour cela faire appel à la **théorie des traces** (voir les commentaires sur ce chapitre).

(³) Si $p > N$, alors $u \in W^{1,p}(\Omega) \Rightarrow u \in C(\bar{\Omega})$ (voir corollaire IX.14).

DÉMONSTRATION. — **(i) ⇒ (ii).** Supposons d'abord Supp u borné. On fixe une fonction $G \in C^1(\mathbb{R})$ telle que

$$|G(t)| \leqslant |t| \quad \forall t \in \mathbb{R} \quad \text{et} \quad G(t) = \begin{cases} 0 & \text{si} \quad |t| \leqslant 1 \\ t & \text{si} \quad |t| \geqslant 2. \end{cases}$$

Alors $u_n = \frac{1}{n} G(nu)$ appartient à $W^{1,p}$ (proposition IX.5). On vérifie aisément (à l'aide du théorème de convergence dominée) que $u_n \to u$ dans $W^{1,p}$. D'autre part

$$\operatorname{Supp} u_n \subset \left\{x \in \Omega\,;\ |u(x)| \geqslant \frac{1}{n}\right\}$$

et donc Supp u_n est un compact contenu dans Ω. D'après le lemme IX.5, $u_n \in W_0^{1,p}$ et par suite $u \in W_0^{1,p}$. Dans le cas général où Supp u n'est pas borné on considère la suite $\zeta_n u$ des « tronquées » de u, (ζ_n comme dans la démonstration du théorème IX.2). D'après ce qui précède $\zeta_n u \in W_0^{1,p}$ et d'autre part $\zeta_n u \to u$ dans $W^{1,p}$; d'où $u \in W_0^{1,p}$.

(ii) ⇒ (i). Par cartes locales on se ramène au problème suivant. Soit $u \in W_0^{1,p}(Q_+) \cap C(\overline{Q}_+)$; montrer que $u = 0$ sur Q_0.
Soit (u_n) une suite de $C_c^1(Q_+)$ telle que $u_n \to u$ dans $W^{1,p}(Q_+)$.
On a, pour $(x', x_N) \in Q_+$

$$|u_n(x', x_N)| \leqslant \int_0^{x_N} \left|\frac{\partial u_n}{\partial x_N}(x', t)\right| dt$$

et donc pour $0 < \varepsilon < 1$

$$\frac{1}{\varepsilon}\int_{|x'|<1}\int_0^{\varepsilon} |u_n(x', x_N)|\,dx'\,dx_N \leqslant \int_{|x'|<1}\int_0^{\varepsilon}\left|\frac{\partial u_n}{\partial x_N}(x', t)\right| dx'\,dt.$$

A la limite quand $n \to \infty$ ($\varepsilon > 0$ fixé) on obtient

$$\frac{1}{\varepsilon}\int_{|x'|<1}\int_0^{\varepsilon} |u(x', x_N)|\,dx'\,dx_N \leqslant \int_{|x'|<1}\int_0^{\varepsilon}\left|\frac{\partial u}{\partial x_N}\right| dx'\,dt.$$

Enfin quand $\varepsilon \to 0$ il vient

$$\int_{|x'|<1} |u(x', 0)|\,dx' = 0$$

(puisque $u \in C(\overline{Q}_+)$ et $\frac{\partial u}{\partial x_N} \in L^1(Q_+)$). Donc $u = 0$ sur Q_0.

REMARQUE 20. — Dans la démonstration de (i) ⇒ (ii) on n'a pas utilisé la régularité de Ω. Par contre la réciproque (ii) ⇒ (i) exige une hypothèse de régularité sur Ω (considérer par exemple $\Omega = \mathbb{R}^N \backslash \{0\}$ avec $N \geqslant 2$ et $p \leqslant N$; voir [EX]).

Voici une autre caractérisation de $W_0^{1,p}$:

Proposition IX.18. — ***On suppose Ω de classe C^1. Soit $u \in L^p(\Omega)$ avec $1 < p < \infty$. Les propriétés suivantes sont équivalentes***

(i) $u \in W_0^{1,p}(\Omega)$.

(ii) ***Il existe une constante C telle que***

$$\left|\int_\Omega u \frac{\partial\varphi}{\partial x_i}\right| \leqslant C\|\varphi\|_{L^{p'}} \qquad \forall\varphi\in C_c^1(\mathbb{R}^N), \qquad \forall i = 1, 2, \ldots N.$$

(iii) ***La fonction*** $\bar{u}(x) = \begin{cases} u(x) & x\in\Omega \\ 0 & x\in\mathbb{R}^N\backslash\Omega \end{cases}$

appartient à $W^{1,p}(\mathbb{R}^N)$ ***et dans ce cas*** $\dfrac{\partial\bar{u}}{\partial x_i} = \overline{\dfrac{\partial u}{\partial x_i}}$.

Démonstration. — **(i) ⇒ (ii).** Soit (u_n) une suite de $C_c^1(\Omega)$ telle que $u_n \to u$ dans $W^{1,p}$. Pour $\varphi\in C_c^1(\mathbb{R}^N)$ on a

$$\left|\int_\Omega u_n \frac{\partial\varphi}{\partial x_i}\right| = \left|\int_\Omega \frac{\partial u_n}{\partial x_i}\varphi\right| \leqslant \|\nabla u_n\|_{L^p}\,\|\varphi\|_{L^{p'}}.$$

A la limite, on obtient **(ii).**

(ii) ⇒ (iii). Soit $\varphi\in C_c^1(\mathbb{R}^N)$; on a

$$\left|\int_{\mathbb{R}^N} \bar{u} \frac{\partial\varphi}{\partial x_i}\right| = \left|\int_\Omega u \frac{\partial\varphi}{\partial x_i}\right| \leqslant C\|\varphi\|_{L^{p'}(\Omega)} \leqslant C\|\varphi\|_{L^{p'}(\mathbb{R}^N)}.$$

Donc $\bar{u}\in W^{1,p}(\mathbb{R}^N)$ (d'après la proposition IX.3).

(iii) ⇒ (i). On peut toujours supposer que Ω est borné (sinon on considère les tronquées $\zeta_n u$ de u). Par cartes locales et partition de l'unité on se ramène au problème suivant : Soit $u\in L^p(Q_+)$; on suppose que la fonction

$$\bar{u}(x) = \begin{cases} u(x) & x\in Q,\quad x_N > 0 \\ 0 & x\in Q,\quad x_N < 0 \end{cases}$$

appartient à $W^{1,p}(Q)$; montrer que

$$\alpha u\in W_0^{1,p}(Q_+) \qquad \forall\alpha\in C_c^1(Q).$$

Soit (ρ_n) une suite régularisante telle que

$$\operatorname{Supp}\rho_n \subset \left\{x\in\mathbb{R}^N; \frac{1}{2n} < x_N < \frac{1}{n}\right\};$$

on peut choisir par exemple

$$\rho_n(x) = n^N\rho(nx) \quad \text{et} \quad \operatorname{Supp}\rho \subset \left\{x\in\mathbb{R}^N; \frac{1}{2} < x_N < 1\right\}.$$

Alors $\rho_n \star (\alpha\bar{u}) \to \alpha\bar{u}$ dans $W^{1,p}(\mathbb{R}^N)$ (noter que $\alpha\bar{u}$ prolongé par 0 en dehors de Q appartient à $W^{1,p}(\mathbb{R}^N)$). D'autre part

$$\operatorname{Supp}(\rho_n \star \alpha\bar{u}) \subset \operatorname{Supp}\rho_n + \operatorname{Supp}(\alpha\bar{u}) \subset Q_+$$

pour n assez grand. Par suite

$$\rho_n \star (\alpha\bar{u}) \in C_c^1(Q_+) \quad \text{et donc} \quad \alpha u\in W_0^{1,p}(Q_+).$$

Remarque 21. — La démonstration du corollaire IX.14 fait appel à un opérateur de prolongement et de ce fait on a dû supposer Ω régulier. Si l'on remplace $W^{1,p}(\Omega)$ par

$W_0^{1,p}(\Omega)$ on dispose du prolongement canonique par 0 en dehors de Ω, qui est valable pour un ouvert **quelconque** (noter que, dans la démonstration de la proposition IX.18, l'implication (i) ⇒ (iii) n'utilise aucune hypothèse de régularité sur Ω). Il en résulte en particulier que le corollaire IX.14 est vrai pour $W_0^{1,p}(\Omega)$ avec Ω ouvert **quelconque** ; le théorème IX.16 est vrai pour $W_0^{1,p}(\Omega)$ avec Ω ouvert **borné quelconque.** On déduit aussi du théorème IX.9 que si Ω est un ouvert **quelconque** et $1 \leqslant p < N$ alors

$$\|u\|_{L^{p^*}} \leqslant C(p, N)\, \|\nabla u\|_{L^p} \qquad \forall u \in W_0^{1,p}(\Omega). \tag{30}$$

• **Corollaire IX.19 (Inégalité de Poincaré).** — ***On suppose que*** Ω ***est un ouvert* borné. *Alors il existe une constante C (dépendant de*** Ω ***et p) telle que***

$$\|u\|_{L^p} \leqslant C\|\nabla u\|_{L^p} \qquad \forall u \in W_0^{1,p}(\Omega) \quad (1 \leqslant p < \infty).$$

En particulier l'expression $\|\nabla u\|_{L^p}$ ***est une norme sur*** $W_0^{1,p}(\Omega)$ ***qui est équivalente à la norme*** $\|u\|_{W^{1,p}}$; ***sur*** $H_0^1(\Omega)$ ***l'expression*** $\int_\Omega \nabla u\, \nabla v$ ***est un produit scalaire qui induit la norme*** $\|\nabla u\|_{L^2}$ ***équivalente à la norme*** $\|u\|_{H^1}$.

Remarque 22. — L'inégalité de Poincaré reste valable si Ω est de mesure finie, ou bien si Ω est borné dans une seule direction (voir [EX]).

Remarque 23. — Pour m entier $\geqslant 1$ et $1 \leqslant p < \infty$ on définit $W_0^{m,p}(\Omega)$ comme étant la fermeture de $C_c^m(\Omega)$ dans $W^{m,p}(\Omega)$. « En gros » une fonction u appartient à $W_0^{m,p}(\Omega)$ si $u \in W^{m,p}(\Omega)$ et si $D^\alpha u = 0$ sur Γ pour tout multi-indice α tel que $|\alpha| \leqslant m - 1$. Il convient de **bien distinguer** $W_0^{m,p}$ et $(W^{m,p} \cap W_0^{1,p})$ pour $m \geqslant 2$.

L'espace dual de $W_0^{1,p}$

Notation. — On désigne par $W^{-1,p'}(\Omega)$ l'espace dual de $W_0^{1,p}(\Omega)$, $1 \leqslant p < \infty$ et par $H^{-1}(\Omega)$ le dual de $H_0^1(\Omega)$.

On identifie $L^2(\Omega)$ et son dual, mais **on n'identifie pas $H_0^1(\Omega)$ et son dual.** On a le schéma

$$H_0^1(\Omega) \subset L^2(\Omega) \subset H^{-1}(\Omega)$$

avec injections continues et denses.

Si Ω est borné on a

$$W_0^{1,p}(\Omega) \subset L^2(\Omega) \subset W^{-1,p'}(\Omega) \qquad \text{si} \quad \frac{2N}{N+2} \leqslant p < \infty$$

avec injections continues et denses.

Si Ω n'est pas borné on a

$$W_0^{1,p}(\Omega) \subset L^2(\Omega) \subset W^{-1,p'}(\Omega) \qquad \text{si} \quad \frac{2N}{N+2} \leqslant p \leqslant 2.$$

On peut caractériser les éléments de $W^{-1,p'}$ par la

Proposition IX.20. – *Soit* $F \in W^{-1,p'}(\Omega)$, *alors il existe* $f_0, f_1, \dots f_N \in L^{p'}(\Omega)$ *telles que*

$$\langle F, v\rangle = \int f_0 v + \sum_{i=1}^{N} \int f_i \frac{\partial v}{\partial x_i} \qquad \forall v \in W_0^{1,p}$$

et

$$\underset{0 \leqslant i \leqslant N}{\text{Max}} \|f_i\|_{L^{p'}} = \|F\|.$$

Si Ω *est borné, on peut prendre* $f_0 = 0$.

DÉMONSTRATION. – Adapter la démonstration de la proposition VIII.13.

IX.5. Formulation variationnelle de quelques problèmes aux limites elliptiques

Nous allons maintenant aborder la résolution de quelques équations aux dérivées partielles ([1]) elliptiques du second ordre.

Exemple 1 (Problème de Dirichlet homogène). Soit $\Omega \subset \mathbb{R}^N$ un ouvert borné; on cherche une fonction $u : \overline{\Omega} \to \mathbb{R}$ vérifiant

$$\begin{cases} -\Delta u + u = f & \text{sur} \quad \Omega \\ \quad u = 0 & \text{sur} \quad \Gamma = \partial\Omega \end{cases} \tag{31}$$

où

$$\Delta u = \sum_{i=1}^{N} \frac{\partial^2 u}{\partial x_i^2} = \text{Laplacien de } u,$$

et f est une fonction donnée sur Ω. La **condition aux limites** $u = 0$ sur Γ s'appelle la **condition de Dirichlet** (homogène).

Définitions. – Une solution **classique** de (31) est une fonction $u \in C^2(\overline{\Omega})$ vérifiant (31). Une solution **faible** de (31) est une fonction $u \in H_0^1(\Omega)$ vérifiant

$$\int_\Omega \nabla u \, \nabla v + \int_\Omega uv = \int_\Omega fv \qquad \forall v \in H_0^1(\Omega). \tag{32}$$

Mettons en œuvre le programme décrit au Chapitre VIII.

Étape A. Toute solution classique est une solution faible. – En effet $u \in H^1(\Omega) \cap C(\overline{\Omega})$ et donc $u \in H_0^1(\Omega)$ grâce au théorème IX.17 (voir aussi remarque 20). D'autre part si $v \in C_c^1(\Omega)$

([1]) En abréviation EDP (= PDE en anglais).

on a

$$\int_\Omega \nabla u \, \nabla v + \int_\Omega uv = \int_\Omega fv$$

et par densité cette égalité reste vraie pour $v \in H_0^1(\Omega)$.

Étape B. Existence et unicité de la solution faible.

• **Théorème IX.21 (Dirichlet, Riemann, Hilbert).** – ***Pour tout*** $f \in L^2(\Omega)$ ***il existe*** $u \in H_0^1(\Omega)$ ***unique solution faible de*** (31). ***De plus u s'obtient par***

$$\boxed{\operatorname*{Min}_{v \in H_0^1(\Omega)} \left\{ \frac{1}{2} \int_\Omega (|\nabla v|^2 + v^2) - \int_\Omega fv \right\}.}$$

C'est le **principe de Dirichlet.**

DÉMONSTRATION. – Appliquer le théorème de Lax-Milgram (ou simplement le théorème de représentation de Riesz-Fréchet) dans l'espace de Hilbert $H = H_0^1(\Omega)$ avec la forme bilinéaire

$$a(u, v) = \int_\Omega (\nabla u . \nabla v + uv)$$

et la forme linéaire $\varphi : v \longmapsto \int_\Omega fv$.

Étape C. Régularité de la solution faible. – Cette question est délicate ; nous l'aborderons au § IX.6.

Étape D. Retour à une solution classique. – Admettons que la solution faible $u \in H_0^1(\Omega)$ de (31) appartienne à $C^2(\bar{\Omega})$ et supposons Ω de classe C^1. Alors $u = 0$ sur Γ (d'après le théorème IX.17). D'autre part on a

$$\int_\Omega (-\Delta u + u)v = \int_\Omega fv \qquad \forall v \in C_c^1(\Omega)$$

et donc $-\Delta u + u = f$ p.p. sur Ω puisque $C_c^1(\Omega)$ est dense dans $L^2(\Omega)$. En fait, on a $-\Delta u + u = f$ partout sur Ω car $u \in C^2(\Omega)$; donc u est une solution classique.

Décrivons maintenant quelques autres exemples. Insistons sur le fait qu'il est **absolument fondamental de bien préciser l'espace fonctionnel dans lequel on cherche la solution faible.**

Exemple 2 (Problème de Dirichlet non homogène). Soit $\Omega \subset \mathbb{R}^N$ un ouvert borné. On cherche une fonction $u : \bar{\Omega} \to \mathbb{R}$ vérifiant

$$(33) \qquad \begin{cases} -\Delta u + u = f & \text{sur } \Omega \\ u = g & \text{sur } \Gamma \end{cases}$$

où f est donnée sur Ω et g est donnée sur Γ.

On suppose qu'il existe une fonction $\tilde{g} \in H^1(\Omega) \cap C(\overline{\Omega})$ telle que $\tilde{g} = g$ sur Γ (1) et on introduit l'ensemble

$$K = \{v \in H^1(\Omega);\ v - \tilde{g} \in H_0^1(\Omega)\}.$$

Il résulte du théorème IX.17 que K est indépendant du choix de $\tilde{g}$ (et dépend seulement de g) ; K est un convexe fermé non vide de $H^1(\Omega)$.

Définitions. Une solution **classique** de (33) est une fonction $u \in C^2(\bar{\Omega})$ vérifiant (33). Une solution **faible** de (33) est une fonction $u \in K$ vérifiant :

$$\int_\Omega (\nabla u . \nabla v + uv) = \int_\Omega fv \qquad \forall v \in H_0^1(\Omega). \tag{34}$$

Il est clair que toute solution classique est solution faible.

• **Proposition IX.22.** — ***Pour tout $f \in L^2(\Omega)$ il existe $u \in K$ unique solution faible de* (33). *De plus u s'obtient par***

$$\underset{v \in K}{\mathbf{Min}} \left\{ \frac{1}{2} \int_\Omega (|\nabla v|^2 + v^2) - \int_\Omega fv \right\}.$$

DÉMONSTRATION. — Notons tout d'abord que $u \in K$ est solution faible de (33) si et seulement si on a

$$\int_\Omega \nabla u(\nabla v - \nabla u) + \int_\Omega u(v - u) \geqslant \int_\Omega f(v - u) \qquad \forall v \in K. \tag{35}$$

En effet, si u est solution faible de (33) il est clair que

$$\int_\Omega \nabla u(\nabla v - \nabla u) + \int_\Omega u(v - u) = \int_\Omega f(v - u) \qquad \forall v \in K.$$

Inversement si $u \in K$ vérifie (35) on choisit $v = u \pm w$ dans (35), avec $w \in H_0^1(\Omega)$ et on obtient (34). On applique alors le théorème de Stampacchia (théorème V.6) dans $H = H^1(\Omega)$. L'étude de la régularité et le retour à une solution classique s'effectuent comme à l'exemple 1.

Exemple 3 (Équation elliptique du 2e ordre). Soit $\Omega \subset \mathbb{R}^N$ un ouvert borné. On se donne des fonctions $a_{ij}(x) \in C^1(\overline{\Omega})$, $1 \leqslant i, j \leqslant N$ vérifiant la **condition d'ellipticité :**

$$\sum_{i,j=1}^{N} a_{ij}(x)\xi_i\xi_j \geqslant \alpha|\xi|^2 \qquad \forall x \in \Omega, \qquad \forall \xi \in \mathbb{R}^N, \qquad \text{avec} \quad \alpha > 0. \tag{36}$$

On se donne aussi une fonction $a_0(x) \in C(\bar{\Omega})$. On cherche une fonction $u : \bar{\Omega} \to \mathbb{R}$ vérifiant

$$\begin{cases} -\displaystyle\sum_{i,j=1}^{N} \frac{\partial}{\partial x_j}\left(a_{ij}\frac{\partial u}{\partial x_i}\right) + a_0 u = f & \text{sur} \quad \Omega \\ u = 0 & \text{sur} \quad \Gamma. \end{cases} \tag{37}$$

---

(1) Cette hypothèse est **par exemple** vérifiée si Ω est de classe C^1 et si $g \in C^1(\Gamma)$. Si Ω est assez régulier il n'est pas nécessaire de supposer $\tilde{g} \in C(\bar{\Omega})$. Appliquant la théorie des traces (voir les commentaires sur ce chapitre), il suffit de savoir que $\tilde{g} \in H^1(\Omega)$ i.e. $g \in H^{1/2}(\Gamma)$.

Une solution **classique** de (37) est une fonction $u \in C^2(\bar{\Omega})$ vérifiant (37). Une solution **faible** de (37) est une fonction $u \in H_0^1(\Omega)$ vérifiant

$$(38) \qquad \int_\Omega \sum_{i,j=1}^{N} a_{ij} \frac{\partial u}{\partial x_i} \frac{\partial v}{\partial x_j} + \int_\Omega a_0 uv = \int_\Omega fv \qquad \forall v \in H_0^1(\Omega).$$

Il est clair que toute solution classique est solution faible. D'autre part si $a_0(x) \geqslant 0$ sur Ω alors pour tout $f \in L^2$ il existe $u \in H_0^1$ unique solution faible ; en effet on applique le théorème de Lax-Milgram dans l'espace $H = H_0^1$ avec la forme bilinéaire continue

$$a(u, v) = \int_\Omega \sum_{i,j} a_{ij} \frac{\partial u}{\partial x_i} \frac{\partial v}{\partial x_j} + \int_\Omega a_0 uv.$$

On notera que la coercivité de $a(\, , \,)$ résulte de l'hypothèse d'ellipticité et de l'inégalité de Poincaré. Si de plus la matrice (a_{ij}) est symétrique, alors la forme $a(\, , \,)$ est symétrique et u s'obtient par

$$\operatorname*{Min}_{v \in H_0^1} \left\{ \frac{1}{2} \int_\Omega \left(\sum_{i,j} a_{ij} \frac{\partial v}{\partial x_i} \frac{\partial v}{\partial x_j} + a_0 v^2 \right) - \int_\Omega fv \right\}.$$

Considérons maintenant le problème plus général : trouver une fonction $u : \bar{\Omega} \to \mathbb{R}$ vérifiant

$$(39) \qquad \begin{cases} - \sum_{i,j} \frac{\partial}{\partial x_j} \left(a_{ij} \frac{\partial u}{\partial x_i} \right) + \sum_i a_i \frac{\partial u}{\partial x_i} + a_0 u = f & \text{sur } \Omega \\ u = 0 & \text{sur } \Gamma \end{cases}$$

où les $a_i(x)$ sont des fonctions données dans $C(\bar{\Omega})$. Une solution **faible** de (39) est une fonction $u \in H_0^1(\Omega)$ telle que

$$(40) \qquad \int_\Omega \sum_{i,j} a_{ij} \frac{\partial u}{\partial x_i} \frac{\partial v}{\partial x_j} + \int_\Omega \sum_i a_i \frac{\partial u}{\partial x_i} v + \int_\Omega a_0 uv = \int_\Omega fv \qquad \forall v \in H_0^1(\Omega).$$

Il convient alors d'introduire dans $H_0^1(\Omega)$ la forme bilinéaire continue

$$(41) \qquad a(u, v) = \int_\Omega \sum_{i,j} a_{ij} \frac{\partial u}{\partial x_i} \frac{\partial v}{\partial x_j} + \int_\Omega \sum_i a_i \frac{\partial u}{\partial x_i} v + \int_\Omega a_0 uv.$$

En général cette forme n'est pas symétrique ([1]) ; dans **certains cas** elle est coercive : on prouve alors l'existence et l'unicité d'une solution faible via le théorème de Lax-Milgram. Dans **tous les cas** on a le

Théorème IX.23. — ***Si*** $f = 0$, ***alors l'ensemble des solutions*** $u \in H_0^1(\Omega)$ ***de* (40) *est un espace vectoriel de dimension finie, notée d. De plus, il existe un sous-espace vectoriel*** $F \subset L^2(\Omega)$ ***de dimension d tel que***

$$[(40) \text{ *possède une solution*}] \Leftrightarrow [\int_\Omega fv = 0 \quad \forall v \in F] \ ([2]).$$

([1]) En dimension N on ne connaît pas d'artifice permettant, comme en dimension 1, de se ramener au cas symétrique.

([2]) Autrement dit [(40) possède une solution] ⇔ [f vérifie **d conditions d'orthogonalité**].

REMARQUE IX.24. — Supposons que l'équation homogène associée à (40), c'est-à-dire avec $f = 0$, admette $u = 0$ comme **unique** solution. Alors pour **tout** $f \in L^2$, il **existe** $u \in H_0^1$ unique solution de (40) [1]. En particulier si $a_0 \geqslant 0$ sur Ω on démontre — par une méthode du type « principe du maximum » — que $(f = 0) \Rightarrow (u = 0)$. On en déduit donc, sous la seule hypothèse $a_0 \geqslant 0$ sur Ω, que pour tout $f \in L^2$ il existe $u \in H_0^1$ unique solution de (40); voir Gilbarg-Trudinger [1] et [EX].

DÉMONSTRATION. — On **fixe** $\lambda > 0$ assez grand pour que la forme bilinéaire $a(u, v) + \lambda \int_\Omega uv$ soit coercive sur H_0^1. Pour tout $f \in L^2$ il existe alors $u \in H_0^1$ unique tel que

$$a(u, \varphi) + \lambda \int_\Omega u\varphi = \int_\Omega f\varphi \qquad \forall \varphi \in H_0^1.$$

On note $u = Tf$; de sorte que $T : L^2 \to L^2$ est un opérateur linéaire **compact** (comme Ω est borné, l'injection $H_0^1(\Omega) \subset L^2(\Omega)$ est compacte; voir le théorème IX.16 et la remarque 21). L'équation (40) équivaut à

$$u = T(f + \lambda u). \tag{42}$$

On introduit $v = f + \lambda u$ comme nouvelle inconnue et (42) devient

$$v - \lambda T v = f. \tag{43}$$

On applique alors l'Alternative de Fredholm.

Exemple 4 (Problème de Neumann homogène). — Soit $\Omega \subset \mathbb{R}^N$ un ouvert borné de classe C^1. On cherche une fonction $u : \overline{\Omega} \to \mathbb{R}$ vérifiant

$$\begin{cases} -\Delta u + u = f & \text{sur } \Omega \\ \dfrac{\partial u}{\partial n} = 0 & \text{sur } \Gamma \end{cases} \tag{44}$$

où f est donnée sur Ω; $\dfrac{\partial u}{\partial n}$ désigne la dérivée normale extérieure de u, c'est-à-dire $\dfrac{\partial u}{\partial n} = \nabla u \,.\, \vec{n}$ où $\vec{n}$ est le vecteur unitaire de la normale extérieure à Γ. La condition aux limites $\dfrac{\partial u}{\partial n} = 0$ sur Γ s'appelle la **condition de Neumann** (homogène).

Définitions. — Une solution **classique** de (44) est une fonction $u \in C^2(\overline{\Omega})$ vérifiant (44). Une solution **faible** de (44) est une fonction $u \in H^1(\Omega)$ vérifiant

$$\int_\Omega \nabla u \, \nabla v + \int_\Omega uv = \int_\Omega fv \qquad \forall v \in H^1(\Omega). \tag{45}$$

Étape A. Toute solution classique est solution faible. — Rappelons tout d'abord que grâce à la **formule de Green** on a

$$\int_\Omega (\Delta u) v = \int_\Gamma \frac{\partial u}{\partial n} v \, d\sigma - \int_\Omega \nabla u \, \nabla v \qquad \forall u \in C^2(\overline{\Omega}), \quad \forall v \in C^1(\overline{\Omega}), \tag{46}$$

---

[1] Noter le lien étroit qui lie **l'existence** et **l'unicité** des solutions d'une équation elliptique. Ce lien remarquable est une conséquence de l'Alternative de Fredholm (théorème VI.6).

où $d\sigma$ est la mesure superficielle sur Γ. Si u est solution classique de (44), alors $u \in H^1(\Omega)$ et l'on a

$$\int_\Omega \nabla u \, \nabla v + \int_\Omega uv = \int_\Omega fv \qquad \forall v \in C^1(\bar{\Omega}).$$

On en déduit par densité (corollaire IX.8) que

$$\int_\Omega \nabla u \, \nabla v + \int_\Omega uv = \int_\Omega fv \qquad \forall v \in H^1(\Omega).$$

Étape B. Existence et unicité de la solution faible.

• **Proposition IX.24.** – ***Pour tout*** $f \in L^2(\Omega)$, ***il existe*** $u \in H^1(\Omega)$ ***unique solution faible de* (44). *De plus, u s'obtient par***

$$\operatorname*{Min}_{v \in H^1} \left\{ \frac{1}{2} \int_\Omega (|\nabla v|^2 + v^2) - \int_\Omega fv \right\}.$$

DÉMONSTRATION. – Appliquer le théorème de Lax-Milgram dans $H = H^1(\Omega)$.

Étape C. Régularité de la solution faible; voir § IX.6.

Étape D. Retour à une solution classique. – Si $u \in C^2(\bar{\Omega})$ est une solution faible de (44), on a grâce à (46)

$$\int_\Omega (-\Delta u + u)v + \int_\Gamma \frac{\partial u}{\partial n} v \, d\sigma = \int_\Omega fv \qquad \forall v \in C^1(\bar{\Omega}). \tag{47}$$

Dans (47) on choisit d'abord $v \in C_c^1(\Omega)$; il vient

$$-\Delta u + u = f \quad \text{sur} \quad \Omega.$$

On revient ensuite à (47) avec $v \in C^1(\bar{\Omega})$; on obtient

$$\int_\Gamma \frac{\partial u}{\partial n} v \, d\sigma = 0 \qquad \forall v \in C^1(\bar{\Omega}),$$

et par conséquent $\dfrac{\partial u}{\partial n} = 0$ sur Γ.

Exemple 5 (Domaines non bornés). – Dans le cas où Ω est un ouvert **non borné** de $\mathbb{R}^N$ on impose – en plus des conditions aux limites usuelles sur $\Gamma = \partial\Omega$ – une **condition aux limites à l'infini,** par exemple $u(x) \xrightarrow[|x| \to \infty]{} 0$. Celle-ci se « traduit » au niveau de la solution faible (1) par la condition $u \in H^1$. L'existence et l'unicité de la solution faible sont faciles à démontrer.

Exemples : a) $\Omega = \mathbb{R}^N$; pour tout $f \in L^2(\mathbb{R}^N)$ l'équation

$$-\Delta u + u = f \quad \text{sur} \quad \mathbb{R}^N$$

(1) Bien entendu, il faut d'abord **prouver** que si u est une solution classique telle que $u(x) \to 0$ quand $|x| \to \infty$, alors **nécessairement** $u \in H^1$; voir un exemple dans [EX].

admet une unique solution faible au sens suivant :

$$u \in H^1(\mathbb{R}^N) \quad \text{et} \quad \int_{\mathbb{R}^N} \nabla u \nabla v + \int_{\mathbb{R}^N} uv = \int_{\mathbb{R}^N} fv \qquad \forall v \in H^1(\mathbb{R}^N).$$

b) $\Omega = \mathbb{R}^N_+$; pour tout $f \in L^2(\mathbb{R}^N_+)$ le problème

$$\begin{cases} -\Delta u + u = f & \text{sur } \mathbb{R}^N_+ \\ u(x', 0) = 0 & x' \in \mathbb{R}^{N-1} \end{cases}$$

admet une unique solution faible au sens suivant :

$$u \in H^1_0(\Omega) \quad \text{et} \quad \int_{\Omega} \nabla u \nabla v + \int_{\Omega} uv = \int_{\Omega} fv \qquad \forall v \in H^1_0(\Omega).$$

c) $\Omega = \mathbb{R}^N_+$; pour tout $f \in L^2(\mathbb{R}^N_+)$ le problème

$$\begin{cases} -\Delta u + u = f & \text{sur} \quad \mathbb{R}^N_+ \\ \dfrac{\partial u}{\partial x_N}(x', 0) = 0 & x' \in \mathbb{R}^{N-1} \end{cases}$$

admet une unique solution faible au sens suivant :

$$u \in H^1(\Omega) \quad \text{et} \quad \int_{\Omega} \nabla u \nabla v + \int_{\Omega} uv = \int_{\Omega} fv \qquad \forall v \in H^1(\Omega).$$

IX.6. Régularité des solutions faibles

Définition. – On dit qu'un ouvert Ω est de **classe C^m**, m entier $\geqslant 1$, si pour tout $x \in \Gamma$ il existe un voisinage U de x dans $\mathbb{R}^N$ et une application $H : Q \to U$ bijective telle que

$$H \in C^m(\bar{Q}), \qquad H^{-1} \in C^m(\bar{U}), \qquad H(Q_+) = U \cap \Omega, \qquad H(Q_0) = U \cap \Gamma.$$

On dit que Ω est de **classe C^∞** si Ω est de classe C^m pour tout m.

Les principaux résultats de régularité sont les suivants :

• **Théorème IX.25 (Régularité pour le problème de Dirichlet).** – ***Soit Ω un ouvert de classe C^2 avec Γ borné [ou bien $\Omega = \mathbb{R}^N_+$]. Soit $f \in L^2(\Omega)$ et soit $u \in H^1_0(\Omega)$ vérifiant***

$$\int_{\Omega} \nabla u \nabla \varphi + \int_{\Omega} u\varphi = \int_{\Omega} f\varphi \qquad \forall \varphi \in H^1_0(\Omega). \tag{48}$$

Alors $u \in H^2(\Omega)$ et $\|u\|_{H^2} \leqslant C\|f\|_{L^2}$ où C est une constante qui dépend seulement de Ω. De plus, si Ω est de classe C^{m+2} et si $f \in H^m(\Omega)$, alors

$$u \in H^{m+2}(\Omega) \qquad \textit{avec} \qquad \|u\|_{H^{m+2}} \leqslant C\|f\|_{H^m};$$

en particulier si $m > \frac{N}{2}$, alors $u \in C^2(\bar{\Omega})$.

Enfin si Ω est de classe C^∞ et si $f \in C^\infty(\bar{\Omega})$, alors $u \in C^\infty(\bar{\Omega})$.

Théorème IX.26 (Régularité pour le problème de Neumann). — *Avec les mêmes hypothèses qu'au théorème* **IX.25** *on obtient les mêmes conclusions pour la solution du problème de Neumann, c'est-à-dire pour* $u \in H^1(\Omega)$ *tel que*

$$\text{(49)} \qquad \int_\Omega \nabla u \, \nabla \varphi + \int_\Omega u\varphi = \int_\Omega f\varphi \qquad \forall \varphi \in H^1(\Omega).$$

Remarque 25. — On obtient les mêmes conclusions pour la solution du problème de Dirichlet (ou du problème de Neumann) associé à un opérateur elliptique du 2ᵉ ordre général c'est-à-dire, si $u \in H_0^1(\Omega)$ vérifie

$$\int \sum_{i,j} a_{ij} \frac{\partial u}{\partial x_i} \frac{\partial \varphi}{\partial x_j} = \int f\varphi \qquad \forall \varphi \in H_0^1(\Omega)$$

alors

$$f \in L^2(\Omega) \quad \text{et} \quad a_{ij} \in C^1(\bar{\Omega}) \, (^1) \Rightarrow u \in H^2(\Omega),$$

et pour $m \geqslant 1$,

$$f \in H^m(\Omega) \quad \text{et} \quad a_{ij} \in C^{m+1}(\bar{\Omega}) \, (^1) \Rightarrow u \in H^{m+2}(\Omega).$$

Nous démontrerons seulement le théorème IX.25 ; la démonstration du théorème IX.26 est tout à fait analogue (voir [EX]). L'idée directrice de la démonstration est la suivante. On établit d'abord le théorème IX.25 pour $\Omega = \mathbb{R}^N$ et ensuite pour $\Omega = \mathbb{R}^N_+$. Dans le cas d'un ouvert Ω général on procède en deux étapes :

1) Régularité à l'intérieur, c'est-à-dire dans tout ouvert $\omega \subset\subset \Omega$ (on s'inspire du cas $\Omega = \mathbb{R}^N$).

2) Régularité au voisinage du bord (on s'inspire — après cartes locales — du cas $\Omega = \mathbb{R}^N_+$).

Nous recommandons au lecteur de bien assimiler les cas $\Omega = \mathbb{R}^N$ et $\Omega = \mathbb{R}^N_+$ avant d'aborder le cas général.

Le plan de ce paragraphe est le suivant :

A. Cas $\Omega = \mathbb{R}^N$

B. Cas $\Omega = \mathbb{R}^N_+$

C. Cas général :

C_1. Estimations à l'intérieur.

C_2. Estimations au voisinage du bord.

L'ingrédient essentiel de la démonstration est la **méthode des translations** (²) due à L. Nirenberg.

A. Cas $\Omega = \mathbb{R}^N$.

Notation. — Étant donné $h \in \mathbb{R}^N$, $h \neq 0$ on pose

$$D_h u = \frac{1}{|h|}(\tau_h u - u), \qquad \text{c'est-à-dire} \qquad (D_h u)(x) = \frac{u(x+h) - u(x)}{|h|}.$$

(¹) Lorsque Ω n'est pas borné, il faut aussi supposer que

$$D^\alpha a_{ij} \in L^\infty(\Omega) \quad \forall \alpha, |\alpha| \leqslant 1 \quad (\text{resp. } |\alpha| \leqslant m+1).$$

(²) Appelée aussi **technique des quotients différentiels.**

Dans (48) on prend $\varphi = D_{-h}(D_h u)$, ce qui est possible puisque $\varphi \in H^1(\mathbb{R}^N)$ (car $u \in H^1(\mathbb{R}^N)$); il vient

$$\int |\nabla D_h u|^2 + \int |D_h u|^2 = \int f D_{-h}(D_h u),$$

et donc

$$(50) \qquad \|D_h u\|_{H^1}^2 \leqslant \|f\|_{L^2} \|D_{-h}(D_h u)\|_{L^2}.$$

D'autre part on a

$$(51) \qquad \|D_{-h} v\|_{L^2(\mathbb{R}^N)} \leqslant \|\nabla v\|_{L^2(\mathbb{R}^N)} \qquad \forall v \in H^1.$$

En effet rappelons (proposition IX.3) que

$$\|D_{-h} v\|_{L^2(\omega)} \leqslant \|\nabla v\|_{L^2(\mathbb{R}^N)} \qquad \forall \omega \subset\subset \mathbb{R}^N, \qquad \forall h;$$

d'où (51).
Combinant (50) et (51) on obtient

$$\|D_h u\|_{H^1}^2 \leqslant \|f\|_{L^2} \|D_h u\|_{H^1}$$

et donc

$$(52) \qquad \|D_h u\|_{H^1} \leqslant \|f\|_{L^2}.$$

En particulier

$$\left\| D_h \frac{\partial u}{\partial x_j} \right\|_{L^2} \leqslant \|f\|_{L^2} \qquad \forall j = 1, 2, \ldots N$$

et donc $\dfrac{\partial u}{\partial x_j} \in H^1$ (grâce à la proposition IX.3); d'où $u \in H^2$.

Prouvons maintenant que $f \in H^1 \Rightarrow u \in H^3$. On désigne par Du l'une quelconque des dérivées $\dfrac{\partial u}{\partial x_j}$, $1 \leqslant j \leqslant N$. On sait déjà que $Du \in H^1$; il s'agit de montrer que $Du \in H^2$. Pour cela il suffit de vérifier que

$$(53) \qquad \int \nabla(Du)\nabla\varphi + \int (Du)\varphi = \int (Df)\varphi \qquad \forall \varphi \in H^1$$

(on applique ensuite l'étape précédente qui donne $Du \in H^2$; d'où $u \in H^3$). Soit donc $\varphi \in C_c^\infty(\mathbb{R}^N)$. Dans (48) on peut remplacer φ par $D\varphi$; il vient

$$\int \nabla u \, \nabla(D\varphi) + \int u D\varphi = \int f D\varphi$$

et donc

$$\int \nabla(Du)\, \nabla\varphi + \int (Du)\varphi = \int (Df)\varphi.$$

Ceci implique (53) puisque $C_c^\infty(\mathbb{R}^N)$ est dense dans $H^1(\mathbb{R}^N)$ (corollaire IX.8).

Pour démontrer que $f \in H^m \Rightarrow u \in H^{m+2}$ il suffit de raisonner par récurrence sur m et d'appliquer (53).

B. Cas $\Omega = \mathbb{R}^N_+$.

On utilise encore des **translations** mais seulement dans les **directions tangentielles,** c'est-à-dire on choisit $h \in \mathbb{R}^{N-1} \times \{0\}$: on dit que h est **parallèle au bord** et on notera $h // \Gamma$. Il est essentiel d'observer que

$$u \in H^1_0(\Omega) \Rightarrow \tau_h u \in H^1_0(\Omega) \quad \text{si} \quad h // \Gamma ;$$

autrement dit **$H^1_0(\Omega)$ est invariant par translations tangentielles.** On choisit $h // \Gamma$ et on prend $\varphi = D_{-h}(D_h u)$ dans (48); il vient

$$\int |\nabla(D_h u)|^2 + \int |D_h u|^2 = \int f\, D_{-h}(D_h u)$$

i.e.

(54) $$\|D_h u\|^2_{H^1} \leqslant \|f\|_{L^2} \|D_{-h}(D_h u)\|_{L^2}$$

On utilise maintenant le :

Lemme IX.6. — ***On a***

$$\|D_h v\|_{L^2(\Omega)} \leqslant \|\nabla v\|_{L^2(\Omega)} \qquad \forall v \in H^1(\Omega), \quad \forall h // \Gamma.$$

Démonstration. — Commencer par supposer $v \in C^1_c(\mathbb{R}^N)$ et suivre la démonstration de la proposition IX.3 (noter que si $h // \Gamma$ alors $\Omega + th = \Omega$ pour $0 < t < 1$); raisonner par densité lorsque $v \in H^1(\Omega)$.

Combinant (54) et le lemme IX.6 on obtient

(55) $$\|D_h u\|_{H^1} \leqslant \|f\|_{L^2} \qquad \forall h // \Gamma.$$

Soient $1 \leqslant j \leqslant N$, $1 \leqslant k \leqslant N-1$, $h = |h| e_k$ et $\varphi \in C^\infty_c(\Omega)$. On a

$$\int D_h\left(\frac{\partial u}{\partial x_j}\right) \varphi = - \int u\, D_{-h}\left(\frac{\partial \varphi}{\partial x_j}\right)$$

et grâce à (55) $$\left| \int u\, D_{-h}\left(\frac{\partial \varphi}{\partial x_j}\right) \right| \leqslant \|f\|_{L^2} \|\varphi\|_{L^2}.$$

Passant la limite quand $|h| \to 0$ il vient

(56) $$\left| \int u \frac{\partial^2 \varphi}{\partial x_j\, \partial x_k} \right| \leqslant \|f\|_{L^2} \|\varphi\|_{L^2} \qquad \forall 1 \leqslant j \leqslant N, \quad \forall 1 \leqslant k \leqslant N-1.$$

Montrons enfin que l'on a

(57) $$\left| \int u \frac{\partial^2 \varphi}{\partial x_N^2} \right| \leqslant C \|f\|_{L^2} \|\varphi\|_{L^2} \qquad \forall \varphi \in C^\infty_c(\Omega).$$

Pour cela, **on revient à l'équation (48);** elle implique l'inégalité

$$\left| \int u \frac{\partial^2 \varphi}{\partial x_N^2} \right| \leqslant \sum_{i=1}^{N-1} \left| \int u \frac{\partial^2 \varphi}{\partial x_i^2} \right| + \left| \int (f - u) \varphi \right| \leqslant C \|f\|_{L^2} \|\varphi\|_{L^2}$$

grâce à (56). Combinant (56) et (57) on aboutit à

$$\left| \int u \frac{\partial^2 \varphi}{\partial x_j\, \partial x_k} \right| \leqslant C \|f\|_{L^2} \|\varphi\|_{L^2} \qquad \forall \varphi \in C^\infty_c(\Omega), \quad \forall 1 \leqslant j, k \leqslant N.$$

Par conséquent $u \in H^2(\Omega)$ (noter qu'il existe $f_{jk} \in L^2(\Omega)$ tels que

$$\int u \frac{\partial^2 \varphi}{\partial x_j \partial x_k} = \int f_{jk}\varphi \qquad \forall \varphi \in C_c^\infty(\Omega),$$

grâce au théorème de Hahn-Banach et grâce au théorème de représentation de Riesz).

Montrons enfin que $f \in H^m(\Omega) \Rightarrow u \in H^{m+2}(\Omega)$. On désigne par Du l'une quelconque des **dérivées tangentielles** $Du = \dfrac{\partial u}{\partial x_j}$ $1 \leqslant j \leqslant N-1$; on établit le lemme suivant et on conclut ensuite par récurrence sur m (1).

Lemme IX.7. — ***Soit*** $u \in H^2(\Omega) \cap H_0^1(\Omega)$ ***vérifiant* (48).** ***Alors*** $Du \in H_0^1(\Omega)$ ***et***

$$\text{(58)} \qquad \int \nabla(Du)\nabla\varphi + \int (Du)\varphi = \int (Df)\varphi \qquad \forall \varphi \in H_0^1(\Omega).$$

DÉMONSTRATION. — Le seul point délicat consiste à prouver que $Du \in H_0^1(\Omega)$ [en effet on choisit $\varphi \in C_c^\infty(\Omega)$ et on remplace φ par $D\varphi$ dans (48); on en déduit (58) par densité]. Soit $h = |h|e_j$, $1 \leqslant j \leqslant N-1$; alors $D_h u \in H_0^1(\Omega)$ (puisque H_0^1 est invariant par translations tangentielles). D'après le lemme IX.6 on a

$$\|D_h u\|_{H^1} \leqslant \|u\|_{H^2}.$$

Donc il existe une suite $h_n \to 0$ telle que $D_{h_n}u \rightharpoonup g$ faiblement dans H_0^1 (puisque H_0^1 est un espace de Hilbert). A fortiori $D_{h_n}u \rightharpoonup g$ faiblement dans L^2. Pour $\varphi \in C_c^\infty(\Omega)$ on a

$$\int (D_h u)\varphi = \int u D_{-h}\varphi$$

et à la limite quand $h_n \to 0$ on obtient

$$\int g\varphi = -\int u \frac{\partial \varphi}{\partial x_j} \qquad \forall \varphi \in C_c^\infty(\Omega).$$

Par conséquent $\dfrac{\partial u}{\partial x_j} = g \in H_0^1(\Omega)$.

C. Cas général.

Démontrons que $f \in L^2(\Omega) \Rightarrow u \in H^2(\Omega)$ (2). Pour simplifier, on suppose Ω borné; on utilise une partition de l'unité et on écrit $u = \sum_{i=0}^{k} \theta_i u$ comme dans la démonstration du théorème IX.7.

C_1. Estimations à l'intérieur.

Il s'agit de prouver que $\theta_0 u \in H^2(\Omega)$; comme $\theta_{0|\Omega} \in C_c^\infty(\Omega)$, la fonction $\theta_0 u$ prolongée par 0 en dehors de Ω appartient à $H^1(\mathbb{R}^N)$ (voir remarque 4b). On vérifie aisément que $\theta_0 u$ est solution faible sur $\mathbb{R}^N$ de l'équation

$$-\Delta(\theta_0 u) + \theta_0 u = \theta_0 f - 2\nabla\theta_0 . \nabla u - (\Delta\theta_0)u \equiv g$$

---

(1) Pour estimer les **dérivées normales,** il faut encore une fois revenir à l'équation (48).

(2) Pour démontrer que $f \in H^m(\Omega) \Rightarrow u \in H^{m+2}(\Omega)$ on raisonne par récurrence sur m comme dans les cas A et B.

avec $g \in L^2(\mathbb{R}^N)$. On déduit du cas **A** que $\theta_0 u \in H^2(\mathbb{R}^N)$ avec

$$\|\theta_0 u\|_{H^2} \leqslant C(\|f\|_{L^2} + \|u\|_{H^1}) \leqslant C'\|f\|_{L^2}$$

puisque $\|u\|_{H^1} \leqslant \|f\|_{L^2}$ (grâce à (48)).

C_2. Estimations au voisinage du bord.

Il s'agit de prouver que $\theta_i u \in H^2(\Omega)$ pour $1 \leqslant i \leqslant k$. Rappelons que $\theta_i \in C_c^\infty(U_i)$ et que l'on a une bijection $H : Q \to U_i$ telle que

$$H \in C^2(\bar{Q}), \qquad J = H^{-1} \in C^2(\bar{U}_i), \qquad H(Q_+) = \Omega \cap U_i, \qquad H(Q_0) = \Gamma \cap U_i.$$

On écrit $x = H(y)$ et $y = H^{-1}(x) = J(x)$.

On vérifie aisément que $v = \theta_i u \in H_0^1(\Omega \cap U_i)$ et que v est solution faible sur $\Omega \cap U_i$ de l'équation

$$-\Delta v = \theta_i f - \theta_i u - 2(\nabla\theta_i)(\nabla u) - (\Delta\theta_i)u \equiv g$$

avec $g \in L^2(\Omega \cap U_i)$ et $\|g\|_{L^2} \leqslant C\|f\|_{L^2}$; plus précisément on a

$$\int_{\Omega \cap U_i} \nabla v\, \nabla\varphi\, dx = \int_{\Omega \cap U_i} g\varphi\, dx \qquad \forall\varphi \in H_0^1(\Omega \cap U_i). \tag{59}$$

On transporte $v_{|\Omega \cap U_i}$ sur Q_+ ; on pose

$$w(y) = v(H(y)) \qquad \text{pour} \qquad y \in Q_+$$

c'est-à-dire

$$w(Jx) = v(x) \qquad \text{pour} \qquad x \in \Omega \cap U_i.$$

Le lemme suivant — qui est fondamental — montre que l'équation (59) se transporte sur Q_+ en une équation elliptique du 2e ordre [1].

Lemme IX.8. — ***Avec les notations ci-dessus, on a*** $w \in H_0^1(Q_+)$ ***et***

$$\sum_{k,l=1}^{N} \int_{Q_+} a_{kl} \frac{\partial w}{\partial y_k}\frac{\partial \psi}{\partial y_l}\, dy = \int_{Q_+} \tilde{g}\psi\, dy \qquad \forall\psi \in H_0^1(Q_+), \tag{60}$$

où $\tilde{g} = (g \circ H)|\text{Jac } H| \in L^2(Q_+)$ ***et les fonctions*** $a_{kl} \in C^1(\bar{Q}_+)$ ***vérifient la condition d'ellipticité*** **(36).**

DÉMONSTRATION. — Soit $\psi \in H_0^1(Q_+)$; on pose $\varphi(x) = \psi(Jx)$ pour $x \in \Omega \cap U_i$. Alors $\varphi \in H_0^1(\Omega \cap U_i)$ et

$$\frac{\partial v}{\partial x_j} = \sum_k \frac{\partial w}{\partial y_k}\frac{\partial J_k}{\partial x_j}, \qquad \frac{\partial \varphi}{\partial x_j} = \sum_l \frac{\partial \psi}{\partial y_l}\frac{\partial J_l}{\partial x_j}.$$

Donc

$$\int_{\Omega \cap U_i} \nabla v\, \nabla\varphi\, dx = \int_{\Omega \cap U_i} \sum_{j,k,l} \frac{\partial J_k}{\partial x_j}\frac{\partial J_l}{\partial x_j}\frac{\partial w}{\partial y_k}\frac{\partial \psi}{\partial y_l}\, dx = \int_{Q_+} \sum_{j,k,l} \frac{\partial J_k}{\partial x_j}\frac{\partial J_l}{\partial x_j}\frac{\partial w}{\partial y_k}\frac{\partial \psi}{\partial y_l}\, |\text{Jac } H|\, dy$$

---

[1] Plus généralement **c'est la condition d'ellipticité qui reste stable par changement de variables.**

d'après les formules usuelles de changement de variables dans les intégrales. Par conséquent il vient

$$(61)\qquad \int_{\Omega\cap U_i} \nabla v \nabla \varphi \, dx = \int_{\Omega_+} \sum_{k,l} a_{kl} \frac{\partial w}{\partial y_k} \frac{\partial \psi}{\partial y_l} \, dy$$

avec

$$a_{kl} = \sum_j \frac{\partial J_k}{\partial x_j} \frac{\partial J_l}{\partial x_j} |\mathrm{Jac}\, H|.$$

Notons que $a_{kl} \in C^1(\bar{Q}_+)$ et que la condition d'ellipticité est satisfaite puisque pour tout $\xi \in \mathbb{R}^N$ on a

$$\sum_{k,l} a_{kl}\xi_k\xi_l = |\mathrm{Jac}\, H| \sum_j \left| \sum_k \frac{\partial J_k}{\partial x_j} \xi_k \right|^2 \geqslant \alpha |\xi|^2$$

avec $\alpha > 0$ car les matrices jacobiennes Jac H et Jac J ne sont pas singulières.

D'autre part on a

$$(62)\qquad \int_{\Omega\cap U_i} g\varphi \, dx = \int_{Q_+} (g \circ H)\psi |\mathrm{Jac}\, H| \, dy.$$

Combinant (59), (61) et (62) on obtient (60), ce qui achève la démonstration du Lemme IX.8.

Montrons maintenant que $w \in H^2(Q_+)$ et que $\|w\|_{H^2} \leqslant C\|\tilde{g}\|_{L^2}$ (¹); ceci impliquera, par retour à $\Omega \cap U_i$, que $\theta_i u$ appartient à $H^2(\Omega \cap U_i)$ et donc en fait à $H^2(\Omega)$ avec $\|\theta_i u\|_{H^2} \leqslant C\|f\|_{L^2}$.

Comme dans le **cas B**($\Omega = \mathbb{R}^N_+$) on utilise des **translations tangentielles;** dans (60) on choisit $\psi = D_{-h}(D_h w)$ avec $h // Q_0$ et $|h|$ assez petit pour que $\psi \in H^1_0(Q_+)$ (²). On obtient alors

$$(63)\qquad \sum_{k,l} \int_{Q_+} D_h\left(a_{kl} \frac{\partial w}{\partial y_k}\right) \frac{\partial}{\partial y_l}(D_h w) = \int_{Q_+} \tilde{g}\, D_{-h}(D_h w).$$

Or

$$(64)\qquad \int_{Q_+} \tilde{g} D_{-h}(D_h w) \leqslant \|\tilde{g}\|_{L^2} \|D_{-h}(D_h w)\|_{L^2} \leqslant \|\tilde{g}\|_{L^2} \|\nabla D_h w\|_{L^2}$$

(lemme IX.6).

D'autre part, on écrit

$$D_h\left(a_{kl} \frac{\partial w}{\partial y_k}\right)(y) = a_{kl}(y + h) \frac{\partial}{\partial y_k} D_h w(y) + (D_h a_{kl}(y)) \frac{\partial w}{\partial y_k}(y),$$

et par conséquent on a

$$(65)\qquad \sum_{k,l} \int_{Q_+} D_h\left(a_{kl} \frac{\partial w}{\partial y_k}\right) \frac{\partial}{\partial y_l}(D_h w) \geqslant \alpha \|\nabla D_h w\|^2_{L^2} - C\|w\|_{H^1} \|\nabla D_h w\|_{L^2}.$$

(¹) Dans la suite on désigne par C diverses constantes qui dépendent seulement des a_{kl}.

(²) Rappelons que Supp $w \subset \{(x', x_N);\ |x'| < 1 - \delta$ et $0 \leq x_N < 1 - \delta\}$ avec $\delta > 0$.

Combinant (64) et (65) on obtient

(66) $$\|\nabla D_h w\|_{L^2} \leqslant C(\|w\|_{H^1} + \|\tilde{g}\|_{L^2}) \leqslant C\|\tilde{g}\|_{L^2}$$

(noter que grâce à (60) et l'inégalité de Poincaré on a $\|w\|_{H^1} \leqslant C\|\tilde{g}\|_{L^2}$).
On déduit de (66) – comme au cas **B** – que

(67) $$\left|\int_{Q_+} \frac{\partial w}{\partial y_k}\frac{\partial \psi}{\partial y_l}\right| \leqslant C\|\tilde{g}\|_{L^2}\|\psi\|_{L^2} \quad \forall \psi \in C_c^1(Q_+) \quad \forall (k, l) \neq (N, N).$$

Pour conclure que $w \in H^2(Q_+)$ (et $\|w\|_{H^2} \leqslant C\|\tilde{g}\|_{L^2}$) il reste à montrer que

(68) $$\left|\int_{Q_+} \frac{\partial w}{\partial y_N}\frac{\partial \psi}{\partial y_N}\right| \leqslant C\|\tilde{g}\|_{L^2}\|\psi\|_{L^2} \quad \forall \psi \in C_c^1(Q_+).$$

A cet effet on **revient à l'équation** (60) où l'on remplace ψ par $\dfrac{1}{a_{NN}}\psi$ ($\psi \in C_c^1(Q_+)$) – ce qui est possible puisque $a_{NN} \in C^1(\overline{Q}_+)$ et $a_{NN} \geqslant \alpha > 0$. Il vient

$$\int a_{NN}\frac{\partial w}{\partial y_N}\frac{\partial}{\partial y_N}\left(\frac{1}{a_{NN}}\psi\right) = \int \frac{\tilde{g}}{a_{NN}}\psi - \sum_{(k,l)\neq(N,N)} \int a_{kl}\frac{\partial w}{\partial y_k}\frac{\partial}{\partial y_l}\left(\frac{1}{a_{NN}}\psi\right),$$

c'est-à-dire

(69) $$\begin{cases} \displaystyle\int \frac{\partial w}{\partial y_N}\frac{\partial \psi}{\partial y_N} = \int \frac{1}{a_{NN}}\left(\frac{\partial a_{NN}}{\partial y_N}\right)\frac{\partial w}{\partial y_N}\psi + \int \frac{\tilde{g}}{a_{NN}}\psi \\ \displaystyle\qquad + \sum_{(k,l)\neq(N,N)} \int \frac{\partial w}{\partial y_k}\left(\frac{\partial a_{kl}}{\partial y_l}\right)\frac{\psi}{a_{NN}} - \sum_{(k,l)\neq(N,N)} \int \frac{\partial w}{\partial y_k}\frac{\partial}{\partial y_l}\left(\frac{a_{kl}}{a_{NN}}\psi\right). \end{cases}$$

Combinant (67) (¹) et (69) on obtient

$$\left|\int_{Q_+} \frac{\partial w}{\partial y_N}\frac{\partial \psi}{\partial y_N}\right| \leqslant C(\|w\|_{H^1} + \|\tilde{g}\|_{L^2})\|\psi\|_{L^2} \quad \forall \psi \in C_c^1(Q_+);$$

d'où (68).

Remarque 26. – Soit Ω un ouvert quelconque et soit $u \in H^1(\Omega)$ tel que

$$\int_\Omega \nabla u \nabla \varphi = \int_\Omega f\varphi \quad \forall \varphi \in C_c^\infty(\Omega).$$

On suppose que $f \in H^m(\Omega)$. Alors $\theta u \in H^{m+2}(\Omega)$ pour tout $\theta \in C_c^\infty(\Omega)$: on dit que $u \in H_{loc}^{m+2}(\Omega)$ [pour le démontrer, il suffit de reprendre les estimations a priori du cas C_1 et de raisonner par récurrence sur m]. En particulier si $f \in C^\infty(\Omega)$, alors $u \in C^\infty(\Omega)$ (²).
La même conclusion reste valable pour une **solution très faible** c'est-à-dire une fonction $u \in L^2(\Omega)$ telle que

$$-\int_\Omega u\Delta\varphi = \int_\Omega f\varphi \quad \forall \varphi \in C_c^\infty(\Omega)$$

(la démonstration est un peu plus délicate; voir par exemple Agmon [1]). Insistons sur le

(¹) On utilise (67) avec $\dfrac{a_{kl}}{a_{NN}}\psi$ au lieu de ψ.

(²) **Mais en général** $u \notin C(\overline{\Omega})$ (même si Ω est de classe C^∞) car la condition aux limites n'a pas été prescrite.

caractère **local** des théorèmes de régularité. Soit $f \in L^2(\Omega)$ et soit $u \in H_0^1(\Omega)$ l'unique solution faible du problème

$$\int_\Omega \nabla u \, \nabla \varphi + \int_\Omega u\varphi = \int_\Omega f\varphi \qquad \forall \varphi \in H_0^1(\Omega).$$

Fixons $\omega \subset\subset \Omega$; alors $u_{|\omega}$ dépend des **valeurs de f sur Ω tout entier — et pas seulement des valeurs de f sur ω** ([1]). Par contre la **régularité de $u_{|\omega}$ dépend uniquement de la régularité de** $f_{|\omega}$; par exemple $f \in C^\infty(\omega) \Rightarrow u \in C^\infty(\omega)$, même si f est très irrégulière en dehors de ω. [On dit que Δ est hypoelliptique].

Remarque 27. — Les résultats de régularité sont, d'un certain point de vue, un peu surprenants. En effet une hypothèse faite sur Δu, c'est-à-dire sur la **somme** des dérivées $\sum_i \frac{\partial^2 u}{\partial x_i^2}$, entraîne une conclusion de même nature sur **toutes les dérivées** $\frac{\partial^2 u}{\partial x_i \, \partial x_j}$ considérées **individuellement.**

IX.7. Principe du maximum

Le principe du maximum admet de nombreuses formulations; nous en présentons quelques-unes.

Soit Ω un ouvert quelconque de $\mathbb{R}^N$.

• **Théorème IX.27 (Principe du maximum pour le problème de Dirichlet).** — *Soient*

$$f \in L^2(\Omega) \qquad \textit{et} \qquad u \in H^1(\Omega) \cap C(\bar{\Omega}) \text{ (}^2\text{)}$$

tels que

$$\int_\Omega \nabla u \, \nabla \varphi + \int_\Omega u\varphi = \int_\Omega f\varphi \qquad \forall \varphi \in H_0^1(\Omega). \tag{70}$$

Alors

$$\text{Min}\,\{\inf_\Gamma u, \inf_\Omega f\} \leqslant u(x) \leqslant \text{Max}\,\{\sup_\Gamma u, \sup_\Omega f\} \qquad \textit{pour} \qquad x \in \Omega.$$

[Ici et dans toute la suite Sup = Sup ess et Inf = Inf ess].

Démonstration. — On utilise la **méthode des troncatures de Stampacchia.** On fixe une fonction $G \in C^1(\mathbb{R})$ telle que

(i) $|G'(s)| \leqslant M \qquad \forall s \in \mathbb{R}$

(ii) G est strictement croissante sur $]0, +\infty[$,

(iii) $G(s) = 0; \qquad \forall s \leqslant 0.$

([1]) Par exemple si $f \geqslant 0$ sur Ω, $f \not\equiv 0$, et $f = 0$ sur ω on a néanmoins toujours $u > 0$ sur ω (voir le principe du maximum fort dans les commentaires sur ce chapitre).

([2]) Si Ω est de classe C^1 on peut supprimer l'hypothèse $u \in C(\bar{\Omega})$ en faisant appel à la **théorie des traces** qui permet de donner un sens à $u_{|\Gamma}$ (voir les commentaires sur ce chapitre); de même si $u \in H_0^1(\Omega)$ on peut supprimer l'hypothèse $u \in C(\bar{\Omega})$.

On pose

$$K = \mathrm{Max}\,\{\underset{\Gamma}{\mathrm{Sup}}\, u, \underset{\Omega}{\mathrm{Sup}}\, f\} \text{ supposé } < +\infty.$$

et $v = G(u - K)$.

On distingue deux cas :

a) Cas $|\Omega| < \infty$.

Alors $v \in H^1(\Omega)$ (d'après la proposition IX.5 appliquée à la fonction $t \longmapsto G(t - K) - G(-K)$). D'autre part $v \in H_0^1(\Omega)$ puisque $v \in C(\bar{\Omega})$ et $v = 0$ sur Γ, (voir le théorème IX.17). On reporte alors v dans (70) et on poursuit comme dans la démonstration du théorème VIII.17.

b) Cas $|\Omega| = \infty$

On a alors $K \geqslant 0$ (car $f(x) \leqslant K$ p.p. sur Ω et $f \in L^2(\Omega)$ impliquent $K \geqslant 0$). On fixe $K' > K$. Alors $v = G(u - K') \in H^1(\Omega)$ (proposition IX.5 appliquée à la fonction $t \longmapsto G(t - K')$). De plus $v \in C(\bar{\Omega})$ et $v = 0$ sur Γ ; donc $v \in H_0^1(\Omega)$. Reportant v dans (70) on a

$$\int_\Omega |\nabla u|^2 G'(u - K') + \int_\Omega u G(u - K') = \int_\Omega f\, G(u - K'). \tag{71}$$

D'autre part $G(u - K') \in L^1(\Omega)$ puisque

$$0 \leqslant G(u - K') \leqslant M|u| \text{ (1)}$$

et, sur l'ensemble $[u \geqslant K'] = \{x \in \Omega ;\ u(x) \geqslant K'\}$ on a

$$K' \int_{[u \geqslant K']} |u| \leqslant \int_\Omega u^2 < \infty.$$

On déduit alors de (71) que

$$\int_\Omega (u - K')G(u - K') \leqslant \int_\Omega (f - K')G(u - K') \leqslant 0.$$

Par suite $u \leqslant K'$ p.p. sur Ω et donc $u \leqslant K$ p.p. sur Ω (car $K' > K$ a été fixé arbitrairement).

• **Corollaire IX.28.** – ***Soient*** $f \in L^2(\Omega)$ ***et*** $u \in H^1(\Omega) \cap C(\bar{\Omega})$ (2) ***vérifiant*** **(70).** ***On a***

$$(u \geqslant 0 \text{ sur } \Gamma) \text{ et } (f \geqslant 0 \text{ sur } \Omega) \Rightarrow (u \geqslant 0 \text{ sur } \Omega) \tag{72}$$

$$\|u\|_{L^\infty(\Omega)} \leqslant \mathrm{Max}\,\{\|u\|_{L^\infty(\Gamma)}, \|f\|_{L^\infty(\Omega)}\}. \tag{73}$$

En particulier,

(74) ***Si*** $f = 0$ ***sur*** Ω ***alors*** $\|u\|_{L^\infty(\Omega)} \leqslant \|u\|_{L^\infty(\Gamma)}$;

(75) ***Si*** $u = 0$ ***sur*** Γ ***alors*** $\|u\|_{L^\infty(\Omega)} \leqslant \|f\|_{L^\infty(\Omega)}$.

Remarque 28. – Si Ω est borné et si u est une solution **classique** de l'équation

$$-\Delta u + u = f \quad \text{sur} \quad \Omega \tag{76}$$

(1) Car $G(u - K') - G(-K') \leqslant M|u|$ et $G(-K') = 0$ puisque $-K' < 0$.

(2) L'hypothèse $u \in C(\bar{\Omega})$ est inutile dans certains cas; voir la note au bas du théorème IX.27.

on peut donner une autre démonstration du théorème IX.27. En effet soit $x_0 \in \bar{\Omega}$ tel que $u(x_0) = \max_{\bar{\Omega}} u$;

- Si $x_0 \in \Gamma$, alors $u(x_0) \leqslant \sup_{\Gamma} u$.
- Si $x_0 \in \Omega$, alors $\nabla u(x_0) = 0$, $\dfrac{\partial^2 u}{\partial x_i^2}(x_0) \leqslant 0$ pour $1 \leqslant i \leqslant \mathrm{N}$ et donc $\Delta u(x_0) \leqslant 0$.

D'où, en utilisant l'équation (76) on a $u(x_0) = f(x_0) + \Delta u(x_0) \leqslant f(x_0)$.
Cette méthode a l'avantage de s'appliquer aux équations elliptiques **générales** du 2e ordre :

$$(77) \qquad -\sum_{i,j=1}^{\mathrm{N}} \frac{\partial}{\partial x_j}\left(a_{ij}\frac{\partial u}{\partial x_i}\right) + \sum_{i=1}^{\mathrm{N}} a_i \frac{\partial u}{\partial x_i} + u = f.$$

On notera que si $x_0 \in \Omega$, alors

$$\sum_{i,j=1}^{\mathrm{N}} a_{ij}(x_0)\frac{\partial^2 u}{\partial x_i\, \partial x_j}(x_0) \leqslant 0;$$

en effet par changement de base en x_0 on peut se ramener au cas où la matrice $a_{ij}(x_0)$ est diagonale en x_0. La conclusion du théorème IX.27 reste valable pour les solutions faibles de (77), mais la démonstration est plus délicate; voir Gilbarg-Trudinger [1].

• **Proposition IX.29.** — ***On suppose que les fonctions $a_{ij} \in \mathrm{L}^\infty(\Omega)$ vérifient les conditions d'ellipticité (36) et que $a_i, a_0 \in \mathrm{L}^\infty$ avec $a_0 \geqslant 0$ sur Ω. Soient $f \in \mathrm{L}^2(\Omega)$ et $u \in \mathrm{H}^1(\Omega) \cap \mathrm{C}(\bar{\Omega})$ [1] tels que***

$$\textbf{(78)} \qquad \int_\Omega \sum_{i,j} a_{ij}\frac{\partial u}{\partial x_i}\frac{\partial \varphi}{\partial x_j} + \int_\Omega \sum_i a_i \frac{\partial u}{\partial x_i}\varphi + \int_\Omega a_0 u\varphi = \int_\Omega f\varphi \qquad \forall \varphi \in \mathrm{H}_0^1(\Omega).$$

Alors

$$\textbf{(79)} \qquad (u \geqslant 0 \ \textit{sur}\ \Gamma) \quad \textit{et} \quad (f \geqslant 0 \ \textit{sur}\ \Omega) \Rightarrow (u \geqslant 0\ \textit{sur}\ \Omega).$$

On suppose que $a_0 \equiv 0$ et que Ω est borné. Alors

$$\textbf{(80)} \qquad (f \geqslant 0\ \textit{sur}\ \Omega) \Rightarrow (u \geqslant \inf_\Gamma u \quad \textit{sur}\ \Omega)$$

$$\textbf{(81)} \qquad (f = 0\ \textit{sur}\ \Omega) \Rightarrow (\inf_\Gamma u \leqslant u \leqslant \sup_\Gamma u \quad \textit{sur}\ \Omega).$$

Démonstration. — On va démontrer ce résultat lorsque $a_i = 0$, $1 \leqslant i \leqslant \mathrm{N}$; le cas général est plus délicat (voir Gilbarg-Trudinger [1], Theorem 8.1).
Pour établir (79) il revient au même de montrer que

$$(79') \qquad (u \leqslant 0 \text{ sur } \Gamma) \quad \text{et} \quad (f \leqslant 0 \text{ sur } \Omega) \Rightarrow (u \leqslant 0 \text{ sur } \Omega).$$

On choisit $\varphi = \mathrm{G}(u)$ dans (78) avec G comme dans la démonstration du théorème IX.27; on obtient alors

$$\int_\Omega \sum_{i,j} a_{ij}\frac{\partial u}{\partial x_i}\frac{\partial u}{\partial x_j}\mathrm{G}'(u) \leqslant 0 \qquad \text{et donc} \qquad \int_\Omega |\nabla u|^2 \mathrm{G}'(u) \leqslant 0.$$

---

(1) L'hypothèse $u \in \mathrm{C}(\bar{\Omega})$ est inutile dans certains cas; voir la note au bas du théorème IX.27.

Posons $H(t) = \int_0^t [G'(s)]^{1/2}\, ds$, de sorte que

$$H(u) \in H_0^1(\Omega) \quad \text{et} \quad |\nabla H(u)|^2 = |\nabla u|^2 G'(u) = 0.$$

Il en résulte que $H(u) = 0$ sur Ω (1) et donc $u \leqslant 0$ sur Ω.

Prouvons maintenant (80) sous la forme suivante

$$(80') \qquad (f \leqslant 0 \quad \text{sur} \quad \Omega) \Rightarrow (u \leqslant \operatorname{Sup}_\Gamma u \quad \text{sur} \quad \Omega).$$

Posons $K = \operatorname{Sup}_\Gamma u$; alors $(u - K)$ vérifie (78) puisque $a_0 = 0$ et $(u - K) \in H^1(\Omega)$ puisque Ω est borné. Appliquant (79′) on obtient $u - K \leqslant 0$ sur Ω, c'est-à-dire (80′). Enfin (81) résulte de (80) et (80′).

Proposition IX.30 (Principe du maximum pour le problème de Neumann). – ***Soient*** $f \in L^2(\Omega)$ ***et*** $u \in H^1(\Omega)$ ***tels que***

$$\int_\Omega \nabla u \nabla \varphi + \int_\Omega u\varphi = \int_\Omega f\varphi \qquad \forall \varphi \in H^1(\Omega).$$

Alors on a

$$\operatorname{Inf}_\Omega f \leqslant u(x) \leqslant \operatorname{Sup}_\Omega f \qquad p.p. \ x \in \Omega.$$

Démonstration. – Analogue à la démonstration du théorème IX.27.

IX.8. Fonctions propres et décomposition spectrale

Dans tout ce paragraphe on suppose que Ω est un ouvert **borné**.

• **Théorème IX.31.** – ***Il existe une base Hilbertienne*** $(e_n)_{n \geqslant 1}$ ***de*** $L^2(\Omega)$ ***et il existe une suite*** $(\lambda_n)_{n \geqslant 1}$ ***de réels avec*** $\lambda_n > 0$ ***et*** $\lambda_n \to \infty$ ***tels que***

$$(82) \qquad e_n \in H_0^1(\Omega) \cap C^\infty(\Omega),$$

$$(83) \qquad -\Delta e_n = \lambda_n e_n \quad \text{sur } \Omega.$$

On dit que les (λ_n) ***sont les*** **valeurs propres** ***de*** $-\Delta$ ***(avec condition de Dirichlet) et que les*** (e_n) ***sont les*** **fonctions propres** ***associées.***

Démonstration. – Étant donné $f \in L^2(\Omega)$ on note $u = Tf$ l'unique solution $u \in H_0^1(\Omega)$ du problème

$$(84) \qquad \int_\Omega \nabla u \nabla \varphi = \int_\Omega f\varphi \qquad \forall \varphi \in H_0^1(\Omega).$$

(1) Noter que si $f \in W_0^{1,p}(\Omega)$ avec $1 \leqslant p < \infty$ et $\nabla f = 0$ sur Ω, alors $f = 0$ sur Ω. En effet soit $\bar{f}$ le prolongement par 0 de f en dehors de Ω. Alors $\bar{f} \in W^{1,p}(\mathbb{R}^N)$ et $\nabla \bar{f} = \overline{\nabla f} = 0$ (proposition IX.18). Par conséquent $\bar{f}$ est constante sur $\mathbb{R}^N$ (remarque 8) et comme $\bar{f} \in L^p(\mathbb{R}^N)$, $\bar{f} = 0$.

On considère l'opérateur T comme un opérateur **de $L^2(\Omega)$ dans $L^2(\Omega)$.** T est un opérateur autoadjoint compact (reprendre la démonstration du théorème VIII.20 et utiliser le fait que l'injection $H_0^1 \subset L^2$ est **compacte**). D'autre part $N(T) = \{0\}$ et $(Tf, f) \geqslant 0 \quad \forall f \in L^2$. On en déduit (grâce au théorème VI.11) que L^2 admet une base Hilbertienne (e_n) constituée de vecteurs propres de T associés à des valeurs propres μ_n avec $\mu_n > 0$ et $\mu_n \to 0$. On a donc $e_n \in H_0^1$ et

$$\int_\Omega \nabla e_n \nabla \varphi = \frac{1}{\mu_n}\int_\Omega e_n \varphi \qquad \forall \varphi \in H_0^1.$$

Autrement dit e_n est une solution faible de (83) avec $\lambda_n = \mu_n^{-1}$. D'après les résultats de régularité du § IX.6 (voir remarque 26) on sait que $e_n \in H^2(\omega)$ pour tout $\omega \subset\subset \Omega$; par suite $e_n \in H^4(\omega)$ pour tout $\omega \subset\subset \Omega$, $e_n \in H^6(\omega)$ pour tout $\omega \subset\subset \Omega$, etc. Donc $e_n \in \bigcap_{m \geqslant 1} H^m(\omega)$ pour tout $\omega \subset\subset \Omega$ et par conséquent $e_n \in C^\infty(\omega)$ pour tout $\omega \subset\subset \Omega$; c'est-à-dire $e_n \in C^\infty(\Omega)$.

REMARQUE 29. — Sous les hypothèses du théorème IX.31 la suite $\left(\frac{e_n}{\sqrt{\lambda_n}}\right)$ est une **base Hilbertienne de $H_0^1(\Omega)$** pour le produit scalaire $\int_\Omega \nabla u \nabla v$ [resp. la suite $\left(\frac{e_n}{\sqrt{\lambda_n + 1}}\right)$ est une base Hilbertienne de $H_0^1(\Omega)$ pour le produit scalaire $\int_\Omega \nabla u \nabla v + \int_\Omega uv$]. Il est clair, en effet, que la suite $\left(\frac{e_n}{\sqrt{\lambda_n}}\right)$ est orthonormée dans H_0^1 (utiliser 83)). Il reste à vérifier que l'espace vectoriel engendré par les (e_n) est dense dans H_0^1. Soit donc $f \in H_0^1$ tel que $(f, e_n)_{H_0^1} = 0 \ \forall n$ et montrons que $f = 0$. D'après (83) on a $\lambda_n \int e_n f = 0 \ \forall n$ et par suite $f = 0$ (puisque (e_n) est une base Hilbertienne de L^2).

REMARQUE 30. — Sous les hypothèses du théorème IX.31, on démontre que $e_n \in L^\infty(\Omega)$ (voir [EX]). D'autre part si Ω est de classe C^∞, alors $e_n \in C^\infty(\bar{\Omega})$; ceci résulte aisément du théorème IX.25.

REMARQUE 31. — Soient $a_{ij} \in L^\infty(\Omega)$ des fonctions vérifiant la condition d'ellipticité (36) et soit $a_0 \in L^\infty(\Omega)$. Alors il existe une base Hilbertienne (e_n) de $L^2(\Omega)$ et il existe une suite (λ_n) de réels avec $\lambda_n \to +\infty$ tels que $e_n \in H_0^1(\Omega)$ et

$$\int_\Omega \sum_{i,j} a_{ij} \frac{\partial e_n}{\partial x_i}\frac{\partial \varphi}{\partial x_j} + \int_\Omega a_0 e_n \varphi = \lambda_n \int_\Omega e_n \varphi \qquad \forall \varphi \in H_0^1(\Omega).$$

Commentaires sur le chapitre IX

Ce chapitre constitue une **introduction** à la théorie des espaces de Sobolev et à la théorie des équations elliptiques. Le lecteur qui souhaite approfondir ce **vaste** sujet pourra consulter une abondante bibliographie; citons entre autres, Agmon [1], Bers-John-Schechter [1], Lions [1], Lions-Magenes [1], Friedman [2], Miranda [1], Folland [1], Treves [4], Adams [1], Gilbarg-Trudinger [1], Stampacchia [1], Courant-Hilbert [1] (volume 2), Necas [1], Mizohata [1], Ladyzhenskaya-Uraltseva [1] Morrey [1], Protter-Weinberger [1], Nirenberg [1]... et les références de ces textes.

1) Dans le chapitre IX nous avons souvent supposé Ω de classe C^1, ce qui exclut par exemple les domaines avec « coins ». Suivant les cas on peut affaiblir cette hypothèse et la remplacer par des conditions plus ou moins « exotiques » : Ω est de classe C^1 par morceaux, Ω est lipschitzien, Ω a la propriété du cône, Ω a la propriété du segment etc. ; voir par exemple Adams [1], Agmon [1], Nečas [1].

2) Le théorème IX.7 (existence d'un opérateur de prolongement) s'étend aux espaces $W^{m,p}(\Omega)$ (Ω de classe C^m) moyennant une **généralisation convenable de la technique de prolongement par réflexion** ; voir par exemple Adams [1], Nečas [1], Lions-Magenes [1], Lions [1], Friedman [1] et [EX].

3) Voici quelques **inégalités très utiles** portant sur les normes de Sobolev.

• A) **Inégalité de Poincaré-Wirtinger.** — Soit Ω un ouvert connexe de classe C^1 et soit $1 \leqslant p \leqslant \infty$. Alors il existe une constante C telle que

$$\|u - \bar{u}\|_{L^p} \leqslant C\|\nabla u\|_{L^p} \quad \forall u \in W^{1,p}(\Omega) \quad \text{avec} \quad \bar{u} = \frac{1}{|\Omega|}\int_\Omega u.$$

D'où l'on déduit, grâce à l'inégalité de Sobolev que si $p < N$,

$$\|u - \bar{u}\|_{L^{p^*}} \leqslant C\|\nabla u\|_{L^p} \quad \forall u \in W^{1,p}(\Omega).$$

Voir, par exemple [EX].

• B) **Inégalité de Hardy.** — Soit Ω un ouvert borné de classe C^1 et soit $1 < p < \infty$. On pose $d(x) = \text{dist}(x, \Gamma)$. Alors il existe une constante C telle que

$$\left\|\frac{u}{d}\right\|_{L^p} \leqslant C\|\nabla u\|_{L^p} \quad \forall u \in W_0^{1,p}(\Omega).$$

Inversement,

$$\left(u \in W^{1,p}(\Omega) \quad \text{et} \quad \frac{u}{d} \in L^p(\Omega)\right) \Rightarrow (u \in W_0^{1,p}(\Omega))$$

Voir Lions-Magenes [1] et [EX] pour le cas $p = 2$.

• C) **Inégalités d'interpolation de Gagliardo-Nirenberg.** — Citons **quelques exemples** rencontrés fréquemment dans les applications. Pour le cas général voir Nirenberg [1] ou Friedman [2] (certaines inégalités sont démontrées dans [EX]).

Soit $\Omega \subset \mathbb{R}^N$ un ouvert borné régulier (pour fixer les idées).

Exemple 1. — Soit $u \in L^p(\Omega) \cap W^{2,r}(\Omega)$ avec $1 \leqslant p \leqslant \infty$ et $1 \leqslant r \leqslant \infty$. Alors $u \in W^{1,q}(\Omega)$ où q est la **moyenne harmonique** de p et r, c'est-à-dire $\frac{1}{q} = \frac{1}{2}\left(\frac{1}{p} + \frac{1}{r}\right)$, et

$$\|Du\|_{L^q} \leqslant C\|u\|_{W^{2,r}}^{1/2}\|u\|_{L^p}^{1/2}$$

Cas particuliers : a) $p = \infty$ et donc $q = 2r$. On a

$$\|Du\|_{L^{2r}} \leqslant C\|u\|_{W^{2,r}}^{1/2} \|u\|_{L^\infty}^{1/2}.$$

Cette inégalité permet, entre autres, de montrer que $W^{2,r} \cap L^\infty$ est une **algèbre,** c'est-à-dire

$$u, v \in W^{2,r} \cap L^\infty \Rightarrow uv \in W^{2,r} \cap L^\infty$$

[cette propriété reste vraie pour $W^{m,r} \cap L^\infty$ avec m entier $\geqslant 2$].

b) $p = q = r$. On a

$$\|Du\|_{L^p} \leqslant C\|u\|_{W^{2,p}}^{1/2} \|u\|_{L^p}^{1/2}.$$

D'où l'on déduit en particulier que

$$\|Du\|_{L^p} \leqslant \varepsilon\|D^2u\|_{L^p} + C_\varepsilon\|u\|_{L^p} \qquad \forall\varepsilon > 0.$$

Exemple 2. – Soient $1 \leqslant q \leqslant p < \infty$. Alors

(85) $$\|u\|_{L^p} \leqslant C\|u\|_{L^q}^{1-a} \|u\|_{W^{1,N}}^{a} \quad \forall u \in W^{1,N}(\Omega) \quad \text{avec} \quad a = 1 - \frac{q}{p}.$$

Notons le cas particulier **fréquemment utilisé**

$$N = 2, \quad p = 4, \quad q = 2 \quad \text{et} \quad a = \frac{1}{2},$$

c'est-à-dire

$$\|u\|_{L^4} \leqslant C\|u\|_{L^2}^{1/2} \|u\|_{H^1}^{1/2} \qquad \forall u \in H^1(\Omega)$$

On remarquera, à ce propos, que l'on a aussi l'inégalité usuelle d'interpolation (remarque 2 du chapitre IV)

$$\|u\|_{L^p} \leqslant \|u\|_{L^q}^{1-a} \|u\|_{L^\infty}^{a} \quad \text{avec} \quad a = 1 - \frac{q}{p}$$

mais elle n'implique pas (85) car $W^{1,N} \not\subset L^\infty$.

Exemple 3. – Soient $1 \leqslant q \leqslant p \leqslant \infty$ et $r > N$. Alors

(86) $$\|u\|_{L^p} \leqslant C\|u\|_{L^q}^{1-a} \|u\|_{W^{1,r}}^{a} \quad \forall u \in W^{1,r}(\Omega) \quad \text{avec} \quad a = \frac{\frac{1}{q} - \frac{1}{p}}{\frac{1}{q} + \frac{1}{N} - \frac{1}{r}}.$$

• **4)** La propriété suivante est parfois utile. Soit $u \in W^{1,p}(\Omega)$ avec $1 \leqslant p \leqslant \infty$ et Ω ouvert quelconque. Alors $\nabla u = 0$ p.p. sur l'ensemble $\{x \in \Omega;\ u(x) = k\}$ où k est une constante quelconque; voir Stampacchia [1] ou [EX].

∗ **5)** Les fonctions de $W^{1,p}(\Omega)$ sont **différentiables** au sens usuel p.p. sur Ω lorsque $p > N$. Plus précisément soit $u \in W^{1,p}(\Omega)$ avec $p > N$. Alors il existe $A \subset \Omega$ négligeable tel que

$$\lim_{h \to 0} \frac{u(x + h) - u(x) - h.\nabla u(x)}{|h|} = 0 \qquad \forall x \in \Omega \backslash A.$$

Cette propriété n'est **pas** valable lorsque $u \in W^{1,p}(\Omega)$ et $p \leqslant N$ ($N > 1$). Sur cette question consulter Stein [1] (Chapitre VIII).

6) **Espaces de Sobolev fractionnaires.** — On peut définir une famille d'espaces intermédiaires entre $L^p(\Omega)$ et $W^{1,p}(\Omega)$. Plus précisément si $0 < s < 1$ ($s \in \mathbb{R}$) et $1 \leqslant p < \infty$ on pose

$$W^{s,p}(\Omega) = \left\{ u \in L^p(\Omega) \, ; \quad \frac{|u(x) - u(y)|}{|x - y|^{s + \frac{N}{p}}} \in L^p(\Omega \times \Omega) \right\},$$

muni de la norme naturelle. On note $H^s(\Omega) = W^{s,2}(\Omega)$. Pour l'étude de ces espaces, voir Adams [1], Lions-Magenes [2], Malliavin [1]. On retiendra que les espaces $W^{s,p}(\Omega)$ peuvent aussi être introduits comme **interpolés** entre $W^{1,p}$ et L^p, ou bien par **transformée de Fourier** si $p = 2$ et $\Omega = \mathbb{R}^N$.

On définit enfin $W^{s,p}(\Omega)$ pour s réel, s non entier, $s > 1$ comme suit. On écrit $s = m + \sigma$ avec m = partie entière de s, et on pose

$$W^{s,p}(\Omega) = \{ u \in W^{m,p}(\Omega) \, ; \; D^\alpha u \in W^{\sigma,p}(\Omega) \quad \forall \alpha \quad \text{avec} \quad |\alpha| = m \}.$$

Par cartes locales on définit aussi $W^{s,p}(\Gamma)$ où Γ est une **variété régulière** (par exemple le bord d'un ouvert régulier). Ces espaces jouent un rôle important en théorie des traces (voir commentaire 7).

• 7) **Théorie des traces.** — Soit $1 \leqslant p < \infty$. Commençons par un lemme fondamental :

Lemme IX.9. — ***Soit*** $\Omega = \mathbb{R}^N_+$. ***Il existe une constante C telle que***

$$\left(\int_{\mathbb{R}^{N-1}} |u(x', 0)|^p \, dx' \right)^{1/p} \leqslant C \|u\|_{W^{1,p}(\Omega)} \qquad \forall u \in C^1_c(\mathbb{R}^N).$$

Démonstration. — Soit $G(t) = |t|^{p-1} t$ et soit $u \in C^1_c(\mathbb{R}^N)$. On a

$$G(u(x', 0)) = - \int_0^{+\infty} \frac{\partial}{\partial x_N} G(u(x', x_N)) \, dx_N = - \int_0^{+\infty} G'(u(x', x_N)) \frac{\partial u}{\partial x_N}(x', x_N) \, dx_N .$$

Donc

$$|u(x', 0)|^p \leqslant p \int_0^\infty |u(x', x_N)|^{p-1} \left| \frac{\partial u}{\partial x_N}(x', x_N) \right| dx_N$$
$$\leqslant C \left[\int_0^\infty |u(x', x_N)|^p \, dx_N + \int_0^\infty \left| \frac{\partial u}{\partial x_N}(x', x_N) \right|^p dx_N \right]$$

et la conclusion s'en suit par intégration en $x' \in \mathbb{R}^{N-1}$.

On déduit du lemme IX.9 que l'application $u \mapsto u_{|\Gamma}$ avec $\Gamma = \partial\Omega = \mathbb{R}^{N-1} \times \{0\}$ définie de $C^1_c(\mathbb{R}^N)$ dans $L^p(\Gamma)$, se prolonge par densité en un opérateur linéaire et continu de $W^{1,p}(\Omega)$ dans $L^p(\Gamma)$. Cet opérateur est, par définition, la **trace** de u sur Γ ; on le note aussi $u_{|\Gamma}$.

On remarquera qu'il y a une **différence fondamentale** entre $L^p(\mathbb{R}^N_+)$ et $W^{1,p}(\mathbb{R}^N_+)$: **les fonctions de** $L^p(\mathbb{R}^N_+)$ **n'ont pas de trace sur** Γ.

On imagine aisément comment définir — à l'aide de cartes locales — la trace sur $\Gamma = \partial\Omega$ d'une fonction $u \in W^{1,p}(\Omega)$ lorsque Ω est un **ouvert régulier** de $\mathbb{R}^N$ (par exemple Ω de classe C^1

avec Γ borné). Dans ce cas $u_{|\Gamma} \in L^p(\Gamma)$ (pour la mesure superficielle $d\sigma$). Les propriétés les plus importantes de la trace sont les suivantes :

i) Si $u \in W^{1,p}(\Omega)$, alors, en fait, $u_{|\Gamma} \in W^{1-1/p,p}(\Gamma)$ et

$$\|u_{|\Gamma}\|_{W^{1-1/p,p}(\Gamma)} \leqslant C\|u\|_{W^{1,p}(\Omega)} \quad \forall u \in W^{1,p}(\Omega).$$

De plus l'opérateur trace $u \mapsto u_{|\Gamma}$ est **surjectif** de $W^{1,p}(\Omega)$ sur $W^{1-1/p,p}(\Gamma)$.

ii) Le **noyau** de l'opérateur trace est $W_0^{1,p}(\Omega)$, c'est-à-dire

$$W_0^{1,p}(\Omega) = \{u \in W^{1,p}(\Omega); \quad u_{|\Gamma} = 0\}.$$

iii) On a la **formule de Green :**

$$\int_\Omega \frac{\partial u}{\partial x_i} v = -\int_\Omega u \frac{\partial v}{\partial x_i} + \int_\Gamma uv(\vec{n}\,.\vec{e_i})\, d\sigma \qquad \forall u, v \in H^1(\Omega)$$

où $\vec{n}$ est le vecteur unitaire de la normale extérieure à Γ. Noter que l'intégrale de surface a un sens puisque $u, v \in L^2(\Gamma)$.

De la même manière on peut parler de $\frac{\partial u}{\partial n}$ pour une fonction $u \in W^{2,p}(\Omega)$: on pose $\frac{\partial u}{\partial n} = (\nabla u_{|\Gamma})\,.\,\vec{n}$ — ce qui a un sens puisque $\nabla u_{|\Gamma} \in L^p(\Gamma)^N$ — et $\frac{\partial u}{\partial n} \in L^p(\Gamma)$ (en fait $\frac{\partial u}{\partial n} \in W^{1-1/p,p}(\Gamma)$).

On a la formule de Green

$$-\int_\Omega \Delta u\, v = \int_\Omega \nabla u\, \nabla v - \int_\Gamma \frac{\partial u}{\partial n} v\, d\sigma \qquad \forall u, v \in H^2(\Omega).$$

iv) L'opérateur $u \mapsto \left\{u_{|\Gamma}, \frac{\partial u}{\partial n}\right\}$ est linéaire continu et surjectif de $W^{2,p}(\Omega)$ sur $W^{2-1/p,p}(\Gamma) \times W^{1-1/p,p}(\Gamma)$. Sur ces questions, voir Lions-Magenes [1] pour le cas $p = 2$ (et les références citées dans Lions-Magenes [1] pour le cas $p \neq 2$).

8) Opérateurs d'ordre 2*m* et systèmes elliptiques. — Les résultats d'existence et de régularité démontrés au chapitre IX s'étendent aux opérateurs elliptiques d'ordre $2m$ et aux systèmes elliptiques (1). L'un des ingrédients essentiels est l'**inégalité de Gårding.** Sur ces questions, voir Agmon [1], Nečas [1], Lions-Magenes [1], Agmon-Douglis-Nirenberg [1]. Les opérateurs d'ordre $2m$ et certains systèmes jouent un rôle important en mécanique et en physique. Signalons en particulier l'**opérateur biharmonique** Δ^2 (théorie des plaques), le **système de l'élasticité** et le **système de Stokes** (mécanique des fluides); voir par exemple Ciarlet [1], Duvaut-Lions [1], Raviart-Thomas [1], Temam [1], Nečas-Hlavaček [1], Gurtin [1].

9) Régularité dans les espaces L^p et $C^{0,\alpha}$. — Les théorèmes de régularité démontrés au chapitre IX pour $p = 2$ s'étendent au cas $p \neq 2$:

• **Théorème IX.32 (Agmon-Douglis-Nirenberg [1]).** — ***On suppose que Ω est de classe C^2 avec Γ borné. Soit $1 < p < \infty$. Alors pour tout $f \in L^p(\Omega)$, il existe $u \in W^{2,p}(\Omega) \cap W_0^{1,p}(\Omega)$ unique solution de l'équation***

(87) $$-\Delta u + u = f \qquad \textit{sur } \Omega.$$

---

(1) Mais **pas le principe du maximum,** sauf cas exceptionnels.

De plus, si Ω est de classe C^{m+2} et si $f \in W^{m,p}(\Omega)$ (m entier $\geqslant 1$), alors

$$u \in W^{m+2,p}(\Omega) \quad \text{et} \quad \|u\|_{W^{m+2,p}} \leqslant C\|f\|_{W^{m,p}}.$$

[Résultat analogue si (87) est remplacé par une équation elliptique du 2e ordre à coefficients réguliers].

La démonstration du théorème IX.32 est **considérablement plus compliquée** que dans le cas $p = 2$ (théorème IX.25). Elle repose essentiellement sur deux idées :

a) Une formule de **représentation explicite** de u à l'aide la solution fondamentale. Par exemple si $\Omega = \mathbb{R}^3$, alors la solution de (87) est donnée par $u = G \star f$ où $G(x) = \dfrac{C}{|x|} e^{-|x|}$ (voir [EX]). De sorte que formellement $\dfrac{\partial^2 u}{\partial x_i \partial x_j} = \dfrac{\partial^2 G}{\partial x_i \partial x_j} \star f$; « malheureusement » $\dfrac{\partial^2 G}{\partial x_i \partial x_j}$ n'appartient pas à $L^1(\mathbb{R}^3)$ (1), à cause de la singularité en $x = 0$, et on ne peut pas appliquer les estimations élémentaires sur les produits de convolution (théorème IV.15).

b) Pour surmonter cette difficulté on utilise la **théorie des intégrales singulières dans L^p due à Calderon-Zygmund** (voir par exemple Stein [1], Bers-John-Schechter [1] et Gilbarg-Trudinger [1]). On retiendra que la conclusion du théorème IX.32 est **fausse pour $p = 1$ et $p = \infty$.**

On connaît aussi des résultats de régularité dans les espaces de fonctions Höldériennes (2) :

• **Théorème IX.33 (Schauder).** — *On suppose que Ω est borné de classe $C^{2,\alpha}$ avec $0 < \alpha < 1$. Alors pour tout $f \in C^{0,\alpha}(\bar{\Omega})$ il existe $u \in C^{2,\alpha}(\bar{\Omega})$ unique solution du problème*

(88)
$$\begin{cases} -\Delta u + u = f & \text{sur } \Omega \\ u = 0 & \text{sur } \Gamma. \end{cases}$$

De plus si Ω est de classe $C^{m+2,\alpha}$ (m entier $\geqslant 1$) et si $f \in C^{m,\alpha}(\bar{\Omega})$, alors

$$u \in C^{m+2,\alpha}(\bar{\Omega}) \quad \text{et} \quad \|u\|_{C^{m+2,\alpha}} \leqslant C\|f\|_{C^{m,\alpha}}.$$

[Résultat analogue si (88) est remplacé par un problème elliptique du 2e ordre à coefficients réguliers].

La démonstration du théorème IX.33 repose — comme celle du théorème IX.32 — sur une représentation explicite de u et sur la théorie des **intégrales singulières dans les espaces $C^{0,\alpha}$** due à Hölder, Korn, Lichtenstein, Giraud. Sur ce sujet, voir Agmon-Douglis-Nirenberg [1], Bers-John-Schechter [1], Gilbarg-Trudinger [1] et aussi l'approche élémentaire développée récemment par A. Brandt [1] (basée **uniquement** sur le principe du maximum).

Soit Ω un ouvert borné et régulier et soit $f \in C(\bar{\Omega})$. D'après le théorème IX.32 il existe $u \in W^{2,p}(\Omega) \cap W_0^{1,p}(\Omega)$ (pour tout $1 < p < \infty$) unique solution de (87). En particulier $u \in C^{1,\alpha}(\bar{\Omega})$ pour tout $0 < \alpha < 1$ (grâce au théorème de Morrey (théorème IX.12)). En général **u n'appartient pas à C^2**, ni même à $W^{2,\infty}$. Ceci explique pourquoi on **évite souvent de travailler dans les espaces $L^1(\Omega)$, $L^\infty(\Omega)$ et $C(\bar{\Omega})$,** espaces pour lesquels on n'a pas de résultats optimaux de régularité.

---

(1) Mais presque !

(2) Rappelons que

$$C^{0,\alpha}(\bar{\Omega}) = \{u \in C(\bar{\Omega});\quad \sup_{\substack{x,y \in \Omega \\ x \neq y}} \frac{|u(x) - u(y)|}{|x - y|^\alpha} < \infty\}$$

et

$$C^{m,\alpha}(\bar{\Omega}) = \{u \in C^m(\bar{\Omega});\quad D^\beta u \in C^{0,\alpha}(\bar{\Omega}) \quad \forall \beta \text{ avec } |\beta| = m\}.$$

Les théorèmes IX.32 et IX.33 s'étendent aux opérateurs elliptiques d'ordre $2m$ et aux systèmes elliptiques ; voir Agmon-Douglis-Nirenberg [1]. Signalons enfin, dans une autre direction, que les équations elliptiques du 2e ordre à **coefficients discontinus** ont fait l'objet de nombreux travaux. Citons, par exemple, le résultat suivant :

$\ast$ **Théorème IX.34 (De Giorgi-Stampacchia).** — ***Soit $\Omega \subset \mathbb{R}^N$ un ouvert borné régulier. On suppose que les fonctions $a_{ij} \in L^\infty(\Omega)$ vérifient la condition d'ellipticité (36). Soit $f \in L^2(\Omega) \cap L^p(\Omega)$ avec $p > \frac{N}{2}$ et soit $u \in H_0^1(\Omega)$ tel que***

$$\int_\Omega \sum_{i,j} a_{ij} \frac{\partial u}{\partial x_i} \frac{\partial \varphi}{\partial x_j} = \int_\Omega f\varphi \qquad \forall \varphi \in H_0^1(\Omega).$$

Alors $u \in C^{0,\alpha}(\bar{\Omega})$ pour un certain $0 < \alpha < 1$ (qui dépend de Ω, a_{ij} et p).

Sur ces questions, voir Stampacchia [1], Gilbarg-Trudinger [1] et Ladyzhenskaya-Uraltseva [1].

10) Quelques inconvénients de la méthode variationnelle et comment y remédier !

La méthode variationnelle permet d'établir très facilement l'existence d'une solution faible. Elle n'est pas toujours applicable, mais elle peut être complétée. Indiquons deux exemples.
Soit $\Omega \subset \mathbb{R}^N$ un ouvert borné régulier.

a) **Méthode de dualité** (ou transposition). — Soit $f \in L^1(\Omega)$ — ou même f mesure (de Radon) sur Ω — et cherchons à résoudre le problème

$$(89) \qquad \begin{cases} -\Delta u + u = f & \text{sur} \quad \Omega \\ u = 0 & \text{sur} \quad \Gamma. \end{cases}$$

Dès que $N > 1$ la forme linéaire $\varphi \longmapsto \int_\Omega f\varphi$ n'est pas définie pour $\varphi \in H_0^1(\Omega)$ et par conséquent la **méthode variationnelle est inopérante.** Par contre, on peut utiliser la technique suivante. On désigne par $T : L^2(\Omega) \to L^2(\Omega)$ l'opérateur $f \longmapsto u$ (où u est la solution de (89), qui existe pour $f \in L^2(\Omega)$). On sait que T est autoadjoint. D'autre part (théorème IX.32) $T : L^p(\Omega) \to W^{2,p}(\Omega)$ pour $2 \leq p < \infty$ et grâce aux théorèmes de Sobolev et Morrey, $T : L^p(\Omega) \to C(\bar{\Omega})$ si $p > \frac{N}{2}$. Par **dualité** on en déduit que

$$T^* : M(\Omega) = C(\bar{\Omega})' \to L^{p'}(\Omega) \qquad \text{si} \qquad p > \frac{N}{2}.$$

Or comme T est autoadjoint dans L^2, T^* est un prolongement de T ; donc on peut considérer $u = T^*f$ comme une solution généralisée de (89). En fait, si $f \in L^1(\Omega)$, alors $u = T^*f \in L^q(\Omega)$ pour tout $q < \frac{N}{N-2}$; u est l'unique solution (très) faible de (89) au sens suivant :

$$-\int_\Omega u\,\Delta\varphi + \int_\Omega u\varphi = \int_\Omega f\varphi \quad \forall \varphi \in C^2(\bar{\Omega}), \qquad \varphi = 0 \text{ sur } \Gamma.$$

Dans le même esprit, on peut étudier (89) pour f donné dans $H^{-m}(\Omega)$; voir Lions-Magenes [1].

b) Méthode de densité. – Soit $g \in C(\Gamma)$ et cherchons à résoudre le problème

$$(90) \qquad \begin{cases} -\Delta u + u = 0 & \text{sur} \quad \Omega \\ u = g & \text{sur} \quad \Gamma \end{cases}$$

En général si $g \in C(\Gamma)$, il n'existe pas de fonction $\tilde{g} \in H^1(\Omega)$ telle que $\tilde{g}|_\Gamma = g$ (voir commentaire 7 et noter que $C(\Gamma) \not\subset H^{1/2}(\Gamma)$). Il est donc exclu de chercher une solution de (90) dans $H^1(\Omega)$: **la méthode variationnelle est inopérante.** Néanmoins on a le

• **Théorème IX.35.** – ***Il existe*** $u \in C(\bar{\Omega}) \cap C^\infty(\Omega)$ ***unique solution de* (90).**

Démonstration. – Fixons $\tilde{g} \in C_c(\mathbb{R}^N)$ telle que $\tilde{g}|_\Gamma = g$; $\tilde{g}$ existe d'après le théorème de Tietze-Urysohn (voir Dieudonné [1], L. Schwartz [2]). Soit $(\tilde{g}_n)$ une suite de $C_c^\infty(\mathbb{R}^N)$ telle que $\tilde{g}_n \to g$ uniformément sur $\mathbb{R}^N$. Posons $g_n = \tilde{g}_{n|\Gamma}$. Appliquant la **méthode variationnelle** et les **résultats de régularité** on voit qu'il existe $u_n \in C^2(\bar{\Omega})$ solution classique du problème.

$$\begin{cases} -\Delta u_n + u_n = 0 & \text{sur} \quad \Omega \\ u_n = g_n & \text{sur} \quad \Gamma. \end{cases}$$

D'après le principe du maximum (corollaire IX.28) on a

$$\|u_m - u_n\|_{L^\infty(\Omega)} \leqslant \|g_m - g_n\|_{L^\infty(\Gamma)}.$$

Par conséquent (u_n) est de Cauchy dans $C(\bar{\Omega})$ et $u_n \to u$ dans $C(\bar{\Omega})$. Il est clair que l'on a

$$\int_\Omega u(-\Delta\varphi + \varphi) = 0 \qquad \forall \varphi \in C_c^\infty(\Omega)$$

et par conséquent $u \in C^\infty(\Omega)$ (voir remarque 26). Donc $u \in C(\bar{\Omega}) \cap C^\infty(\Omega)$ vérifie (90). L'unicité de la solution de (90) résulte du principe du maximum (voir remarque 28).

∗ Remarque 32. – Il est indispensable au théorème IX.35 de supposer Ω assez régulier. Lorsque Ω a une frontière « pathologique » on débouche sur des questions de la théorie du potentiel (points réguliers, critère de Wiener etc.).

Une autre approche pour résoudre (90) est la **méthode de Perron,** classique en **théorie du potentiel.** On pose

$$u(x) = \operatorname{Sup}\{v(x);\ v \in C(\bar{\Omega}) \cap C^2(\Omega),\ -\Delta v + v \leqslant 0 \text{ sur } \Omega \text{ et } v \leqslant g \text{ sur } \Gamma\}$$

et on **prouve** que u vérifie (90).

Une fonction v telle que $-\Delta v + v \leqslant 0$ sur Ω est dite **sous-harmonique** ; si de plus $v \leqslant g$ sur Γ on dit que v est **sous-solution** de (90).

11) Principe du maximum fort. – On peut préciser la conclusion de la proposition IX.29 lorsque u est une **solution classique.** Plus précisément soit Ω un ouvert connexe borné régulier. Soient $a_{ij} \in C^1(\bar{\Omega})$ vérifiant la condition d'ellipticité (36), $a_i, a_0 \in C(\bar{\Omega})$ avec $a_0 \geqslant 0$ sur Ω. On a le

Théorème IX.36 (Hopf). – ***Soit*** $u \in C(\bar{\Omega}) \cap C^2(\Omega)$ ***vérifiant***

$$(91) \qquad -\sum_{i,j} \frac{\partial}{\partial x_j}\left(a_{ij}\frac{\partial u}{\partial x_i}\right) + \sum_i a_i \frac{\partial u}{\partial x_i} + a_0 u = f \text{ sur } \Omega$$

On suppose que $f \geqslant 0$ sur Ω. S'il existe $x_0 \in \Omega$ tel que $u(x_0) = \underset{\bar{\Omega}}{\mathrm{Min}}\, u$ et si $u(x_0) \leqslant 0$ (1), alors u est constante sur Ω (et de plus $f = 0$ sur Ω).

Pour la démonstration, voir Bers-John-Schechter [1], Gilbarg-Trudinger [1] ou Protter-Weinberger [1].

• **Corollaire IX.37.** – ***Soit $u \in C(\bar{\Omega}) \cap C^2(\Omega)$ vérifiant (91) avec $f \geqslant 0$ sur Ω. On suppose que $u \geqslant 0$ sur Γ. Alors***

• **ou bien** $u > 0$ *sur* Ω
• **ou bien** $u \equiv 0$ *sur* Ω.

Pour d'autres résultats liés au principe du maximum, (inégalité de Harnack etc.) voir Stampacchia [1], Gilbarg-Trudinger [1], Protter-Weinberger [1], Sperb [1].

12) **Opérateur de Laplace-Beltrami.** – Les opérateurs elliptiques définis sur des **variétés Riemaniennes** (à bord ou sans bord) et en particulier l'opérateur de Laplace-Beltrami jouent un rôle important en géométrie différentielle et en physique; voir par exemple Choquet-De Witt-Dillard [1].

13) **Propriétés spectrales.** – Les valeurs propres et les fonctions propres des opérateurs elliptiques du 2e ordre jouissent de nombreuses propriétés remarquables. Citons en quelques-unes. Soit $\Omega \subset \mathbb{R}^N$ un ouvert connexe borné régulier. Soient $a_{ij} \in C^1(\bar{\Omega})$ vérifiant la condition d'ellipticité (36) et $a_0 \in C(\bar{\Omega})$. Soit A l'opérateur

$$Au = -\sum_{i,j} \frac{\partial}{\partial x_j}\left(a_{ij}\frac{\partial u}{\partial x_i}\right) + a_0 u$$

avec condition de Dirichlet homogène ($u = 0$ sur Γ). On désigne par (λ_n) la suite des valeurs propres de A rangée dans un ordre croissant, avec $\lambda_n \to \infty$ quand $n \to \infty$. Alors la première valeur propre λ_1 est de **multiplicité 1** (on dit que λ_1 est une valeur propre **simple**)(2), et on peut choisir la fonction propre associée e_1 telle que $e_1 > 0$ sur Ω; voir le théorème de Krein-Rutman dans les commentaires du chapitre VI. D'autre part on montre que $\lambda_n \sim cn^{2/N}$ quand $n \to \infty$ avec $c > 0$; voir Agmon [1].

Les relations qui existent entre les **propriétés géométriques** (3) de Ω et le spectre de A font l'objet de recherches intensives; voir Kac [1], Marcel Berger [1], Osserman [1], I. M. Singer [1]. L'objectif étant de « **récupérer » le maximum d'informations sur Ω à partir de la connaissance du spectre** (λ_n).

Un problème ouvert frappant est le suivant. Soient Ω_1 et Ω_2 deux domaines bornés de $\mathbb{R}^2$; on suppose que les valeurs propres de l'opérateur $-\Delta$ (avec condition de Dirichlet) sont les mêmes pour Ω_1 et Ω_2. Est-ce que Ω_1 et Ω_2 sont isométriques ? Ce problème a été surnommé : « Can one hear the shape of a drum ? » (Peut-on entendre la forme d'un tambour?) (4). On sait que la réponse est affirmative si Ω_1 est un disque (5).

Une autre question importante est la suivante. Considérons l'opérateur $Au = -\Delta u + a_0 u$ (+ conditions aux limites). Quelles propriétés de a_0 peut-on « récupérer » à partir de la connaissance du spectre de A ?

---

(1) L'hypothèse $u(x_0) \leqslant 0$ est inutile si $a_0 = 0$.

(2) En dimension $N \geqslant 2$ les autres valeurs propres peuvent être de multiplicité > 1.

(3) Particulièrement lorsque Ω est une variété Riemanienne sans bord et A est l'opérateur de Laplace-Beltrami.

(4) Car les harmoniques de la vibration d'une membrane Ω fixée à son bord Γ sont les fonctions $e_n(x) \sin \sqrt{\lambda_n}\, t$ où (λ_n, e_n) sont les valeurs propres et fonctions propres de $-\Delta$ avec condition de Dirichlet.

(5) En 1991, C. Gordon, D. Webb et S. Wolpert [1] ont apporté une réponse négative à cette question.

14) Problèmes elliptiques dégénérés. — Il s'agit de résoudre des problèmes de la forme

$$\begin{cases} -\sum_{i,j} \frac{\partial}{\partial x_j}\left(a_{ij}\frac{\partial u}{\partial x_i}\right) + \sum_i a_i \frac{\partial u}{\partial x_i} + a_0 u = f \quad \text{sur} \quad \Omega \\ + \text{ conditions aux limites } \textbf{sur } \Gamma \textbf{ ou sur une partie de } \Gamma \end{cases}$$

où les fonctions a_{ij} ne vérifient **pas** la condition d'ellipticité (36) mais seulement

(36′) $$\sum_{i,j} a_{ij}(x)\xi_i\xi_j \geqslant 0 \qquad \forall x \in \Omega, \quad \forall \xi \in \mathbb{R}^N.$$

Sur ce vaste sujet, consulter par exemple les travaux de Kohn-Nirenberg [1], Baouendi-Goulaouic [1], Oleinik-Radkevitch [1].

15) Problèmes elliptiques non linéaires. — Immense champ de recherches motivé par d'innombrables questions en géométrie, mécanique, physique, contrôle optimal, théorie des probabilités etc. Il a connu des développements spectaculaires depuis les premiers travaux de Leray et Schauder au début des années trente. Distinguons quelques catégories :

a) Les problèmes semi-linéaires. — Il s'agit, par exemple, de problèmes de la forme

(92) $$\begin{cases} -\Delta u = f(x, u) & \text{sur} \quad \Omega \\ u = 0 & \text{sur} \quad \Gamma \end{cases}$$

où $f(x, u)$ est une fonction donnée.

Cette catégorie inclut, entre autres, les **problèmes de bifurcation** où l'on étudie la structure de l'ensemble des solutions (λ, u) du problème

(92′) $$\begin{cases} -\Delta u = f_\lambda(x, u) & \text{sur} \quad \Omega \\ u = 0 & \text{sur} \quad \Gamma \end{cases}$$

avec λ **paramètre** variable.

b) Les problèmes quasi-linéaires. — Il s'agit de résoudre des problèmes de la forme

(93) $$\begin{cases} -\sum_{i,j} \frac{\partial}{\partial x_j}\left(a_{ij}(x, u, \nabla u)\frac{\partial u}{\partial x_i}\right) = f(x, u, \nabla u) & \text{sur} \quad \Omega \\ u = 0 & \text{sur} \quad \Gamma \end{cases}$$

où les fonctions $a_{ij}(x, u, p)$ sont elliptiques, mais éventuellement dégénérées; on a par exemple

$$\sum_{i,j} a_{ij}(x, u, p)\xi_i\xi_j \geqslant \alpha(u, p)|\xi|^2 \qquad \forall x \in \Omega, \qquad \forall \xi \in \mathbb{R}^N$$

avec $\alpha(u, p) > 0 \quad \forall u \in \mathbb{R}, \quad \forall p \in \mathbb{R}^N$, mais $\alpha(u, p)$ n'est pas uniformément minoré par une constante $\alpha > 0$. Ainsi, l'équation des **surfaces minima** s'écrit sous la forme (93) avec $a_{ij} = \delta_{ij}(1 + |\nabla u|^2)^{-1/2}$. Plus généralement on envisage des problèmes elliptiques de la forme

(94) $$F(x, u, Du, D^2u) = 0$$

où la matrice $\frac{\partial F}{\partial q_{ij}}(x, u, p, q)$ est elliptique (éventuellement dégénérée). Par exemple, l'équation de **Monge-Ampère** rentre dans cette catégorie.

c) **Les problèmes de frontière libre.** — Il s'agit de résoudre une équation elliptique linéaire sur un **ouvert Ω qui n'est pas donné a priori.** Le fait que Ω soit inconnu est souvent « compensé » par la donnée de **deux conditions aux limites sur Γ :** par exemple Dirichlet **et** Neumann. Le problème consiste à trouver **simultanément** un **ouvert Ω et** une **fonction u** tels que...

a) En ce qui concerne les problèmes (92) ou (92′) on dispose de nombreuses techniques :

- Méthode de **monotonie,** voir Browder [1] et Lions [3].
- Méthodes **topologiques** (théorème de point fixe de Schauder, théorie du degré de Leray-Schauder etc.); voir J. T. Schwartz [1], M. Krasnoselskii [1] et L. Nirenberg [2], [3].
- Méthodes **variationnelles** (théorie des points critiques, théorie de Morse etc.); voir Rabinowitz [1], Melvyn Berger [1], M. Krasnoselskii [1], L. Nirenberg [3].

b) La résolution des problèmes du type (93) exige parfois une **technique élaborée d'estimations** ([1]); voir les travaux de De Giorgi, Bombieri, Miranda, Giusti, Ladyzhenskaya-Uraltseva, Serrin etc. décrits dans Ladyzhenskaya-Uraltseva [1], Serrin [1], Bombieri [1] et Gilbarg-Trudinger [1]. Des progrès importants concernant l'équation de Monge-Ampère ont été obtenus récemment; voir Yau [1].

c) En ce qui concerne les **problèmes de frontière libre** beaucoup de résultats nouveaux sont apparus ces dernières années, en liaison principalement avec la théorie des **inéquations variationnelles ;** voir Kinderlehrer-Stampacchia [1], Baiocchi-Capelo [1] (et les travaux de l'« École de Pavie » cités dans cet ouvrage), Free Boundary Problems [1], [2].

([1]) Ceci est le cas par exemple pour l'équation des surfaces minima.

X

PROBLÈMES D'ÉVOLUTION : L'ÉQUATION DE LA CHALEUR ET L'ÉQUATION DES ONDES

X.1. L'équation de la chaleur : existence, unicité et régularité

Notations. – Soit $\Omega \subset \mathbb{R}^N$ un ouvert de frontière Γ. On note

$$Q = \Omega \times]0, +\infty[, \qquad \Sigma = \Gamma \times]0, +\infty[;$$

Σ est la frontière **latérale** du cylindre Q.

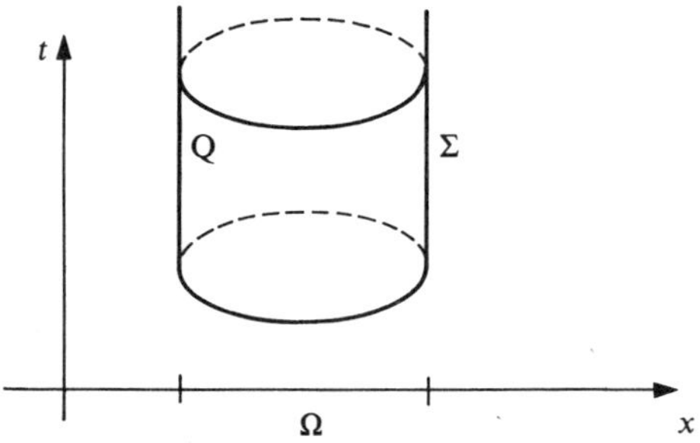

Considérons le problème suivant. Trouver une fonction $u(x, t) : \bar{\Omega} \times [0, +\infty[\to \mathbb{R}$ telle que

$$\begin{array}{llll} (1) & \dfrac{\partial u}{\partial t} - \Delta u = 0 & \text{sur} & Q \\ (2) & u = 0 & \text{sur} & \Sigma \\ (3) & u(x, 0) = u_0(x) & \text{sur} & \Omega \end{array}$$

où $\Delta = \sum_{i=1}^{N} \frac{\partial^2}{\partial x_i^2}$ désigne le **Laplacien par rapport aux variables d'espace,** t est la **variable de temps** et $u_0(x)$ est une fonction donnée.

L'équation (1) est appelée **équation de la chaleur** car elle modélise la distribution de la température u dans le domaine Ω à l'instant t. L'équation de la chaleur et ses variantes interviennent dans de très nombreux **phénomènes de diffusion** (¹) (voir les commentaires sur ce chapitre). L'équation de la chaleur est l'exemple le plus simple d'une équation **parabolique** (²).

L'équation (2) est la **condition aux limites de Dirichlet**; elle peut être remplacée par la condition de Neumann

$$\text{(2')} \qquad \frac{\partial u}{\partial n} = 0 \qquad \text{sur} \qquad \Sigma$$

(n est le vecteur unitaire de la normale extérieure à Γ) ou bien par l'une quelconque des conditions aux limites rencontrées aux chapitres VIII et IX. La condition (2) exprime que l'on maintient le bord Γ de Ω à une température nulle ; la condition (2′) exprime que le flux de chaleur à travers Γ est nul.

L'équation (3) est la **condition initiale** ou donnée de Cauchy.

Nous allons résoudre le problème (1) (2) (3) en considérant $u(x, t)$ comme une **fonction définie sur** $[0, +\infty[$ **à valeurs dans un espace H, où H est un espace de fonctions qui dépendent seulement de** x ; par exemple $H = L^2(\Omega)$, ou bien $H = H_0^1(\Omega)$, etc... Ainsi la notation $u(t)$ désignera un élément de H, c'est-à-dire la fonction $x \longmapsto u(x, t)$ à t fixé. Ce point de vue permet d'obtenir **très facilement** une solution du problème (1) (2) (3) en combinant le théorème de Hille-Yosida et les résultats des chapitres VIII et IX.

Pour fixer les idées, on suppose dans tout le chapitre X que **Ω est de classe C^∞ avec Γ borné** (mais cette hypothèse peut être affaiblie considérablement si l'on s'intéresse seulement à des solutions « faibles »).

• **Théorème X.1.** — ***On suppose que $u_0 \in L^2(\Omega)$. Alors il existe une fonction $u(x, t)$ unique vérifiant* (1) (2) (3) *et***

$$\text{(4)} \qquad u \in C([0, \infty[\,;\, L^2(\Omega)) \cap C(]0, \infty[\,;\, H^2(\Omega) \cap H_0^1(\Omega)),$$

$$\text{(5)} \qquad u \in C^1(]0, \infty[\,;\, L^2(\Omega)).$$

De plus

$$u \in C^\infty(\bar{\Omega} \times [\varepsilon, \infty[) \qquad \forall \varepsilon > 0.$$

Enfin $u \in L^2(0, \infty\,;\, H_0^1(\Omega))$ et l'on a

$$\text{(6)} \qquad \frac{1}{2}\,|u(T)|^2_{L^2(\Omega)} + \int_0^T |\nabla u(t)|^2_{L^2(\Omega)}\,dt = \frac{1}{2}\,|u_0|^2_{L^2(\Omega)} \qquad \forall T > 0\ (^3).$$

Démonstration. — On applique la théorie de Hille-Yosida dans l'espace $H = L^2(\Omega)$ (mais d'autres choix sont possibles, voir théorème X.2).

Pour cela on introduit l'opérateur **non-borné** $A : D(A) \subset H \to H$ défini par

$$\begin{cases} D(A) = H^2(\Omega) \cap H_0^1(\Omega) \\ Au = -\Delta u. \end{cases}$$

(¹) La propagation de la chaleur est seulement un exemple parmi d'autres !

(²) Au sujet de la classification traditionnelle des EDP en 3 catégories : « elliptique », « parabolique », « hyperbolique », voir par exemple Courant-Hilbert [1].

(³) Précisons les notations

$$|u(T)|^2_{L^2(\Omega)} = \int_\Omega |u(x, T)|^2\,dx, \quad |\nabla u(t)|^2_{L^2(\Omega)} = \sum_{i=1}^N \int_\Omega \left|\frac{\partial u}{\partial x_i}(x, t)\right|^2 dx.$$

Il est important de noter que l'**on incorpore la condition aux limites (2) dans la définition du domaine de A.** On va vérifier que **A est maximal monotone et autoadjoint.**
On pourra alors appliquer le théorème VI.7 et en déduire l'existence d'une solution unique de (1) (2) (3) (4) (5).

i) A est **monotone.** En effet si $u \in D(A)$ on a

$$(Au, u)_{L^2} = \int (-\Delta u)u = \int |\nabla u|^2 \geqslant 0.$$

ii) A est **maximal monotone.** Il suffit de montrer que $R(I + A) = H = L^2$. Or on sait que pour tout $f \in L^2$ il existe $u \in H^2 \cap H_0^1$ unique solution de l'équation $u - \Delta u = f$; ceci résulte du théorème IX.25.

iii) A est **autoadjoint.** Grâce à la proposition VII.6 il suffit de vérifier que A est symétrique.
Or si $u, v \in D(A)$ on a

$$(Au, v)_{L^2} = \int (-\Delta u)v = \int \nabla u \, \nabla v$$

$$(u, Av)_{L^2} = \int u(-\Delta v) = \int \nabla u \, \nabla v$$

et par suite $(Au, v) = (u, Av)$.

D'autre part, on déduit du théorème IX.25 que $D(A^l) \subset H^{2l}(\Omega)$ avec injection continue; plus précisément on a

$$D(A^l) = \{u \in H^{2l}(\Omega);\ u = \Delta u = \ldots\ \Delta^{l-1}u = 0 \text{ sur } \Gamma\}.$$

On sait (théorème VII.7) que la solution $\boldsymbol{u}$ de (1) (2) (3) appartient à

$$C^k(]0, +\infty[; D(A^l))\ \forall k, \forall l$$

et donc $u \in C^k(]0, +\infty[; H^{2l}(\Omega))\quad \forall k, \forall l$. Il en résulte (grâce au corollaire IX.15) que

$$u \in C^k(]0, +\infty[; C^k(\overline{\Omega})) \qquad \forall k.$$

Prouvons (6); formellement on multiplie (1) par u et on intègre sur $\Omega \times]0, T[$. Néanmoins il faut être prudent car $u(t)$ est différentiable sur $]0, \infty[$ mais pas sur $[0, \infty[$. Considérons la fonction $\varphi(t) = \frac{1}{2}|u(t)|^2_{L^2(\Omega)}$; φ est de classe C^1 sur $]0, +\infty[$ (d'après (5)) et

$$\varphi'(t) = \left(u(t), \frac{du}{dt}(t)\right)_{L^2} = (u, \Delta u)_{L^2} = -\int_\Omega |\nabla u|^2.$$

Par conséquent si $0 < \varepsilon < T < \infty$, on a

$$\varphi(T) - \varphi(\varepsilon) = \int_\varepsilon^T \varphi'(t)\,dt = -\int_\varepsilon^T |\nabla u(t)|^2_{L^2(\Omega)}\,dt.$$

Quand $\varepsilon \to 0$, $\varphi(\varepsilon) \to \frac{1}{2}|u_0|^2_{L^2(\Omega)}$ et on en déduit (6).

Moyennant des hypothèses supplémentaires sur u_0 la fonction u devient plus régulière **au voisinage de** $t = 0$ (rappelons que d'après le théorème X.1 on a **toujours** $u \in C^\infty(\overline{\Omega} \times [\varepsilon, \infty[)\quad \forall \varepsilon > 0$).

Théorème X.2.

a) On suppose que $u_0 \in H_0^1(\Omega)$, ***alors la solution*** u ***de*** (1) (2) (3) ***vérifie***

$$u \in C([0, \infty[; H_0^1(\Omega)) \cap L^2(0, \infty; H^2(\Omega))$$

et

$$\frac{\partial u}{\partial t} \in L^2(0, \infty; L^2(\Omega)).$$

De plus on a

$$\int_0^T \left|\frac{\partial u}{\partial t}(t)\right|^2_{L^2(\Omega)} dt + \frac{1}{2}|\nabla u(t)|^2_{L^2(\Omega)} = \frac{1}{2}|\nabla u_0|^2_{L^2(\Omega)}. \tag{7}$$

b) On suppose que $u_0 \in H^2(\Omega) \cap H_0^1(\Omega)$, ***alors on a***

$$u \in C([0, \infty[; H^2(\Omega)) \cap L^2(0, \infty; H^3(\Omega))$$

et

$$\frac{\partial u}{\partial t} \in L^2(0, \infty; H^1(\Omega)).$$

c) On suppose que $u_0 \in H^k(\Omega)$ $\forall k$ ***et vérifie les*** **relations de compatibilité**

$$u_0 = \Delta u_0 = \ldots = \Delta^j u_0 = \ldots = 0 \textit{ sur } \Gamma \quad \forall\, j \textit{ entier}, \tag{8}$$

alors $u \in C^\infty(\bar{\Omega} \times [0, \infty[)$.

DÉMONSTRATION. — ***a)*** On choisit ici $H_1 = H_0^1(\Omega)$ muni du produit scalaire

$$(u, v)_{H_1} = \int_\Omega \nabla u \nabla v + \int_\Omega uv.$$

Dans H_1 on considère l'opérateur non borné $A_1 : D(A_1) \subset H_1 \to H_1$ défini par

$$\begin{cases} D(A_1) = \{u \in H^3(\Omega) \cap H_0^1(\Omega);\ \Delta u \in H_0^1(\Omega)\} \\ A_1 u \quad = -\Delta u. \end{cases}$$

Vérifions que A_1 est maximal monotone et autoadjoint :

i) A_1 est **monotone.** En effet si $u \in D(A_1)$ on a

$$(A_1 u, u)_{H_1} = \int \nabla(-\Delta u)\, \nabla u + \int (-\Delta u)\, u = \int |\Delta u|^2 + \int |\nabla u|^2 \geqslant 0.$$

ii) A_1 est **maximal monotone.** On sait (théorème IX.25) que pour tout $f \in H^1(\Omega)$ il existe $u \in H^3(\Omega) \cap H_0^1(\Omega)$ unique solution de l'équation $u - \Delta u = f$.
Si de plus $f \in H_0^1(\Omega)$, alors (d'après l'équation)

$$\Delta u \in H_0^1(\Omega) \qquad \text{et donc} \qquad u \in D(A_1).$$

iii) A_1 est **symétrique.** Si $u, v \in D(A_1)$ on a

$$\begin{aligned}(A_1 u, v)_{H_1} &= \int \nabla(-\Delta u) \nabla v + \int (-\Delta u) v \\ &= \int \Delta u\, \Delta v + \int \nabla u\, \nabla v = (u, A_1 v)_{H_1}\end{aligned}$$

Appliquant le théorème VII.7 on voit que si $u_0 \in H_0^1(\Omega)$ il existe une solution u de (1) (2) (3) (qui coïncide avec celle obtenue au théorème X.1 grâce à l'unicité) telle que

$$u \in C([0, \infty[; H_0^1(\Omega)).$$

Enfin, posons $\varphi(t) = \frac{1}{2}|\nabla u(t)|^2_{L^2(\Omega)}$. La fonction φ est C^∞ sur $]0, \infty[$ et

$$\varphi'(t) = (\nabla u(t), \nabla \frac{du}{dt}(t))_{L^2} = (-\Delta u(t), \frac{du}{dt}(t))_{L^2} = -\left|\frac{du}{dt}(t)\right|^2_{L^2}.$$

Il en résulte que si $0 < \varepsilon < T < \infty$, alors

$$\varphi(T) - \varphi(\varepsilon) + \int_\varepsilon^T \left|\frac{du}{dt}(t)\right|^2_{L^2} dt = 0$$

et on conclut quand $\varepsilon \to 0$.

b) On raisonne maintenant dans l'espace de Hilbert $H_2 = H^2(\Omega) \cap H_0^1(\Omega)$ muni du produit scalaire

$$(u, v)_{H_2} = (\Delta u, \Delta v)_{L^2} + (u, v)_{L^2}.$$

Dans H_2 on considère l'opérateur non-borné $A_2 : D(A_2) \subset H_2 \to H_2$ défini par

$$\begin{cases} D(A_2) = \{u \in H^4(\Omega);\ u \in H_0^1(\Omega) \text{ et } \Delta u \in H_0^1(\Omega)\} \\ A_2 u = -\Delta u. \end{cases}$$

On vérifie aisément que A_2 est maximal monotone et autoadjoint dans H_2 ([1]). On peut alors appliquer le théorème VII.7 à A_2 dans H_2. Enfin on pose $\varphi(t) = \frac{1}{2}|\Delta u(t)|^2_{L^2}$; la fonction φ est C^∞ sur $]0, \infty[$ et l'on a

$$\varphi'(t) = (\Delta u(t), \Delta \frac{du}{dt}(t))_{L^2} = (\Delta u(t), \Delta^2 u(t))_{L^2} = -|\nabla \Delta u(t)|^2_{L^2}.$$

D'où, pour $0 < \varepsilon < T < \infty$

$$\frac{1}{2}|\Delta u(T)|^2_{L^2} - \frac{1}{2}|\Delta u(\varepsilon)|^2_{L^2} + \int_\varepsilon^T |\nabla \Delta u(t)|^2_{L^2} dt = 0.$$

A la limite, quand $\varepsilon \to 0$, on voit que $u \in L^2(0, \infty; H^3(\Omega))$ et (grâce à l'équation), $\frac{du}{dt} \in L^2(0, \infty; H^1(\Omega))$.

c) On considère dans $H = L^2(\Omega)$ l'opérateur $A : D(A) \subset H \to H$ défini par

$$\begin{cases} D(A) = H^2(\Omega) \cap H_0^1(\Omega) \\ Au = -\Delta u. \end{cases}$$

On sait (théorème VII.5) que pour $u_0 \in D(A^k)$, $k \geqslant 2$, alors

$$u \in C^{k-j}([0, \infty[; D(A^j)) \qquad \forall j = 0, 1, \dots k.$$

([1]) De façon générale si $A : D(A) \subset H \to H$ est maximal monotone et autoadjoint on peut introduire l'espace de Hilbert $\tilde{H} = D(A)$ muni du produit scalaire $(u, v)_{\tilde{H}} = (Au, Av) + (u, v)$. Alors l'opérateur $\tilde{A} : D(\tilde{A}) \subset \tilde{H} \to \tilde{H}$ défini par $D(\tilde{A}) = D(A^2)$ et $\tilde{A} = A$ est maximal monotone et autoadjoint dans $\tilde{H}$.

Or l'hypothèse (8) exprime exactement que $u_0 \in D(A^k)$ pour tout $k \geqslant 1$. Par conséquent on a

$$u \in C^{k-j}([0, \infty[; D(A^j)) \quad \forall k \geqslant 1, \quad \forall j = 0, 1, \dots k.$$

Il en résulte que $u \in C^\infty(\bar{\Omega} \times [0, \infty[)$ (comme dans la démonstration du théorème X.1).

• REMARQUE 1. — Le théorème X.1 montre que l'équation de la chaleur a un **effet fortement régularisant sur la donnée initiale** u_0. On notera que la solution $u(x, t)$ est C^∞ en x pour chaque $t > 0$, même si la donnée initiale u_0 est discontinue. Il en résulte en particulier que l'équation de la chaleur est **irréversible.** En général on ne peut pas résoudre le problème

$$(9) \qquad \frac{\partial u}{\partial t} - \Delta u = 0 \quad \text{sur} \quad \Omega \times]0, T[$$

$$(10) \qquad u = 0 \quad \text{sur} \quad \Gamma \times]0, T[$$

avec une donnée « finale »

$$(11) \qquad u(x, T) = u_T(x) \quad \text{sur} \quad \Omega.$$

Il faudrait nécessairement que

$$u_T \in C^\infty(\bar{\Omega}) \quad \text{avec} \quad \Delta^j u_T = 0 \text{ sur } \Gamma, \quad \forall j \geqslant 0.$$

Mais même ces hypothèses ne suffisent pas à garantir l'existence d'une solution du problème **rétrograde** (9) (10) (11).
Il ne faut pas confondre le problème (9) (10) (11) avec le problème (9') (10) (11) où

$$(9') \qquad -\frac{\partial u}{\partial t} - \Delta u = 0 \quad \text{sur} \quad \Omega \times]0, T[$$

qui admet **toujours** une solution unique pour chaque $u_T \in L^2(\Omega)$ (changer t en $T - t$ et appliquer le théorème X.1).

REMARQUE 2. — Les résultats précédents sont aussi valables, moyennant quelques modifications, pour le problème de Cauchy avec condition de Neumann (voir [EX]).

REMARQUE 3. — Lorsque Ω est **borné** le problème (1) (2) (3) peut être résolu par **décomposition sur une base Hilbertienne** de $L^2(\Omega)$. A cet effet, il est très commode de choisir une base $(e_i(x))_{i \geqslant 1}$ de $L^2(\Omega)$ constituée de **fonctions propres** de $-\Delta$ avec condition de Dirichlet (voir § IX.8), c'est-à-dire

$$-\Delta e_i = \lambda_i e_i \text{ sur } \Omega, \qquad e_i = 0 \text{ sur } \Gamma.$$

On cherche une solution de (1) (2) (3) sous la forme

$$(12) \qquad u(x, t) = \sum_{i=1}^{\infty} a_i(t) e_i(x) \text{ [1]}.$$

On voit immédiatement que l'on a nécessairement

$$a_i'(t) + \lambda_i a_i(t) = 0; \qquad \text{d'où} \qquad a_i(t) = a_i(0) e^{-\lambda_i t}$$

---

[1] Pour des raisons évidentes cette méthode s'appelle aussi méthode de « **séparation des variables** » (ou méthode de Fourier).

et les constantes $a_i(0)$ sont déterminées à partir de la relation

$$u_0(x) = \sum_{i=1}^{\infty} a_i(0) e_i(x). \tag{13}$$

Autrement dit, la solution de (1) (2) (3) est donnée par

$$u(x, t) = \sum_{i=1}^{\infty} a_i(0) e^{-\lambda_i t} e_i(x), \tag{14}$$

où les constantes $a_i(0)$ sont les composantes de $u_0(x)$ dans la base (e_i). Pour l'étude de la convergence de la série (14) (et l'étude de la régularité de u à partir de (14)) voir par exemple Raviart-Thomas [1] ou Weinberger [1]. Noter l'analogie de cette méthode avec la technique usuelle de résolution des **systèmes d'équations différentielles linéaires**

$$\frac{\mathrm{d}\vec{u}}{\mathrm{d}t} + \mathrm{M}\vec{u} = 0$$

où M est une matrice **symétrique** (ou diagonalisable M, etc.). Bien entendu, la difficulté du problème (1) (2) (3) provient du fait que l'on doit résoudre ici un **système de dimension infinie.**

REMARQUE 4. — Les **relations de compatibilité** (8) ne doivent pas surprendre. Ce sont aussi des conditions **nécessaires** pour que la solution u de (1) (2) (3) appartienne à $C^\infty(\bar{\Omega} \times [0, \infty[)$, (l'hypothèse $u_0 \in C^\infty(\bar{\Omega})$ et $u_0 = 0$ sur Γ à elle seule n'est pas suffisante !). En effet, supposons que $u \in C^\infty(\bar{\Omega} \times [0, \infty[)$ vérifie (1) (2) (3) ; on a

$$u = \frac{\partial u}{\partial t} = \dots = \frac{\partial^j u}{\partial t^j} = \dots = 0 \quad \forall j \quad \text{sur } \Gamma \times]0, \infty[$$

et par continuité il vient

$$\frac{\partial^j u}{\partial t^j} = 0 \quad \forall j \quad \text{sur } \Gamma \times [0, \infty[. \tag{15}$$

D'autre part on a

$$\begin{aligned} \frac{\partial u}{\partial t} &= \Delta u && \text{sur } Q \\ \frac{\partial^2 u}{\partial t^2} &= \Delta\left(\frac{\partial u}{\partial t}\right) = \Delta^2 u && \text{sur } Q \\ &\vdots \\ \frac{\partial^j u}{\partial t^j} &= \Delta^j u \quad \forall j && \text{sur } Q, \end{aligned}$$

et par continuité on obtient

$$\frac{\partial^j u}{\partial t^j} = \Delta^j u \quad \forall j \quad \text{sur } \bar{\Omega} \times [0, \infty[. \tag{16}$$

On en déduit (8) en comparant (15) et (16) sur $\Gamma \times \{0\}$.

REMARQUE 5. — Bien entendu, on peut obtenir une infinité de résultats de régularité pour u au voisinage de $t = 0$, moyennant des hypothèses **intermédiaires** entre les hypothèses *b*) et *c*) du théorème X.2.

X.2. Principe du maximum

Le résultat essentiel est le suivant :

• **Théorème X.3.** — ***Soit*** $u_0 \in L^2(\Omega)$ ***et soit*** u ***la solution de*** **(1) (2) (3).** ***Alors on a***

$$\mathbf{Min}\ \{0, \operatorname*{\mathbf{Inf}}_{\Omega} u_0\} \leqslant u(x, t) \leqslant \mathbf{Max}\ \{0, \operatorname*{\mathbf{Sup}}_{\Omega} u_0\} \qquad \forall (x, t) \in Q.$$

DÉMONSTRATION. — On utilise la méthode des troncatures de Stampacchia. Soit

$$K = \text{Max}\ \{0, \operatorname*{Sup}_{\Omega} u_0\} \text{ supposé } < +\infty.$$

On fixe une fonction G comme dans la démonstration du théorème IX.27 et on pose

$$H(s) = \int_0^s G(\sigma)\, d\sigma, \qquad s \in \mathbb{R}.$$

Enfin on introduit la fonction

$$\varphi(t) = \int_\Omega H(u(x, t) - K)\, dx$$

On démontre aisément que φ a les propriétés suivantes :

(17) $$\varphi \in C([0, \infty[\,; \mathbb{R}), \qquad \varphi(0) = 0, \qquad \varphi \geqslant 0 \text{ sur } [0, \infty[$$

(18) $$\varphi \in C^1(]0, \infty[\,; \mathbb{R})$$

et

$$\varphi'(t) = \int_\Omega G(u(x, t) - K) \frac{\partial u}{\partial t}(x, t)\, dx = \int_\Omega G(u(x, t) - K)\, \Delta u(x, t)\, dx$$
$$= -\int_\Omega G'(u(x, t) - K) |\nabla u(x, t)|^2\, dx \leqslant 0$$

car $G(u(x, t) - K) \in H_0^1(\Omega)$ pour $t > 0$.
Il en résulte que $\varphi' \leqslant 0$ sur $]0, \infty[$ et par conséquent $\varphi \equiv 0$. Donc, pour chaque $t > 0$, $u(x, t) \leqslant K$ p.p. sur Ω.

• **Corollaire X.4.** — ***Soit*** $u_0 \in L^2(\Omega)$ ***et soit*** u ***la solution de*** **(1) (2) (3).**

(i) ***Si*** $u_0 \geqslant 0$ **p.p.** ***sur*** Ω, ***alors*** $u \geqslant 0$ ***sur*** Q.

(ii) ***Si*** $u_0 \in L^\infty(\Omega)$, ***alors*** $u \in L^\infty(Q)$ ***et***

(19) $$\|u\|_{L^\infty(Q)} \leqslant \|u_0\|_{L^\infty(\Omega)}.$$

Corollaire X.5. — ***Soit*** $u_0 \in C(\bar{\Omega}) \cap L^2(\Omega)$ ***avec*** $u_0 = 0$ ***sur*** Γ (1).
Alors la solution u ***de*** **(1) (2) (3)** ***appartient à*** $C(\bar{Q})$.

---

(1) Si Ω est non borné on doit supposer de plus que $u_0(x) \to 0$ quand $|x| \to \infty$.

DÉMONSTRATION DU COROLLAIRE X.5. — Soit (u_{0n}) une suite de fonctions dans $C_c^\infty(\Omega)$ telle que $u_{0n} \to u_0$ dans $L^\infty(\Omega)$ et dans $L^2(\Omega)$ (pour l'existence d'une telle suite, voir par exemple [EX]). D'après le théorème X.2 la solution u_n de (1) (2) (3) qui correspond à la donnée initiale u_{0n} appartient à $C^\infty(\overline{Q})$. D'autre part (voir théorème VII.7) on sait que

$$|u_n(t) - u(t)|_{L^2(\Omega)} \leqslant |u_{0n} - u_0|_{L^2(\Omega)} \qquad \forall t \geqslant 0.$$

Enfin, grâce à (19), on a

$$\|u_n - u_m\|_{L^\infty(Q)} \leqslant \|u_{0n} - u_{0m}\|_{L^\infty(\Omega)}.$$

Par conséquent la suite (u_n) converge vers u uniformément sur $\overline{Q}$, et donc $u \in C(\overline{Q})$.

On peut aussi aborder le principe du maximum d'un point de vue différent. On suppose ici, pour fixer les idées, que Ω est borné. Soit $u(x, t)$ une fonction vérifiant

(20) $$u \in C(\overline{\Omega} \times [0, T]) \quad \text{avec} \quad T > 0$$

(21) u est de classe C^1 par rapport à t et de classe C^2 par rapport à x sur $\Omega \times]0, T[$

(22) $$\frac{\partial u}{\partial t} - \Delta u \leqslant 0 \qquad \text{sur } \Omega \times]0, T[\ (^1).$$

Théorème X.6. — ***On fait les hypothèses* (20) (21) *et* (22). *Alors***

(23) $$\max_{\overline{\Omega} \times [0,T]} u = \max_{P} u$$

où $P = (\overline{\Omega} \times \{0\}) \cup (\Gamma \times [0, T])$ ***est la* frontière « parabolique » *du cylindre*** $\Omega \times]0, T[$.

DÉMONSTRATION. — Posons $v(x, t) = u(x, t) + \varepsilon |x|^2$ avec $\varepsilon > 0$ de sorte que

(24) $$\frac{\partial v}{\partial t} - \Delta v \leqslant -2\varepsilon N < 0 \qquad \text{sur } \Omega \times]0, T[.$$

Montrons que $\max\limits_{\overline{\Omega} \times [0,T]} v = \max\limits_{P} v$; raisonnons par l'absurde : supposons que

$$\max_{\overline{\Omega} \times [0,T]} v = v(x_0, t_0) \qquad \text{avec} \qquad (x_0, t_0) \in \overline{\Omega} \times [0, T] \text{ et } (x_0, t_0) \notin P.$$

Comme $x_0 \in \Omega$ et $0 < t_0 \leqslant T$, on a

(25) $$\Delta v(x_0, t_0) \leqslant 0$$

(26) $$\frac{\partial v}{\partial t}(x_0, t_0) \geqslant 0$$

$\left(\text{on a } \frac{\partial v}{\partial t}(x_0, t_0) = 0 \text{ si } t_0 < T \text{ et } \frac{\partial v}{\partial t}(x_0, t_0) \geqslant 0 \text{ si } t_0 = T\right)$ (²). Combinant (25) et (26) on

---

(¹) Noter que l'on ne prescrit ni condition aux limites, ni condition initiale.

(²) Pour être tout à fait rigoureux, il faudrait travailler sur $\Omega \times]0, T'[$ avec $T' < T$ et ensuite faire tendre T' vers T.

obtient $\left(\frac{\partial v}{\partial t} - \Delta v\right)(x_0, t_0) \geqslant 0$, ce qui contredit (24). Par conséquent

$$\underset{\bar{\Omega}\times[0,T]}{\operatorname{Max}} v = \underset{P}{\operatorname{Max}}\ v \leqslant \underset{P}{\operatorname{Max}}\ u + \varepsilon C, \qquad \text{où} \qquad C = \underset{x\in\Omega}{\operatorname{Sup}} |x|^2.$$

Comme $u \leqslant v$ il vient $\underset{\bar{\Omega}\times[0,T]}{\operatorname{Max}}\ u \leqslant \underset{P}{\operatorname{Max}}\ u + \varepsilon C \quad \forall \varepsilon > 0$; d'où (23).

X.3. L'équation des ondes

Soit $\Omega \subset \mathbb{R}^N$ un ouvert de frontière Γ. Comme précédemment on note $Q = \Omega \times]0, \infty[$ et $\Sigma = \Gamma \times]0, \infty[$. Considérons le problème suivant. Trouver une fonction $u(x, t) : \bar{\Omega} \times [0, \infty[\to \mathbb{R}$ telle que

$$\frac{\partial^2 u}{\partial t^2} - \Delta u = 0 \quad \text{sur } Q \tag{27}$$

$$u = 0 \quad \text{sur } \Sigma \tag{28}$$

$$u(x, 0) = u_0(x) \quad \text{sur } \Omega \tag{29}$$

$$\frac{\partial u}{\partial t}(x, 0) = v_0(x) \quad \text{sur } \Omega \tag{30}$$

où $\Delta = \sum_{i=1}^{N} \frac{\partial^2}{\partial x_i^2}$ désigne le **Laplacien par rapport aux variables d'espace,** t est la **variable de temps** et u_0, v_0 sont des fonctions données.

L'équation (27) est appelée **équation des ondes.** L'opérateur $\frac{\partial^2}{\partial t^2} - \Delta$ est parfois noté $\square$; c'est le d'**Alembertien.** L'équation des ondes est un exemple modèle d'**équation hyperbolique.**

Lorsque $N = 1$, $\Omega =]0, 1[$, l'équation (27) modélise les petites [1] **vibrations d'une corde** qui n'est soumise à aucune force extérieure. Pour chaque $t \geqslant 0$, le graphe de la fonction $x \in \Omega \longmapsto u(x, t)$ coïncide avec la configuration de la corde à l'instant t. Lorsque $N = 2$, l'équation (27) modélise les petites **vibrations d'une membrane élastique.** Pour chaque $t \geqslant 0$, le graphe de la fonction $x \in \Omega \mapsto u(x, t)$ coïncide avec la configuration de la membrane à l'instant t. De manière générale l'équation (27) modélise la **propagation d'une onde** (acoustique, électromagnétique, etc.) dans un milieu élastique homogène $\Omega \subset \mathbb{R}^N$.

L'équation (28) est la **condition aux limites de Dirichlet ;** elle peut être remplacée par la condition de Neumann ou l'une des conditions aux limites rencontrées aux chapitres VIII et IX. La condition $u = 0$ sur Σ exprime que la corde (resp. la membrane, etc.) est **fixée** au bord Γ; la condition de Neumann exprime que la corde est libre à ses extrémités.

Les équations (29) et (30) traduisent l'**état initial** du système : ce sont les données de Cauchy; la **configuration initiale** (on dit aussi déplacement initial) est décrite par $u_0(x)$ et la **vitesse initiale** est décrite par $v_0(x)$.

Pour fixer les idées, on suppose dans toute la suite que Ω est de classe C^∞ avec Γ borné.

---

(1) L'équation complète est une équation **non linéaire** très difficile à résoudre ; l'équation (27) constitue une **linéarisation** au voisinage d'une position d'équilibre.

• **Théorème X.7 (Existence et unicité).** — ***On suppose que*** $u_0 \in H^2(\Omega) \cap H_0^1(\Omega)$ ***et que*** $v_0 \in H_0^1(\Omega)$. ***Alors il existe une solution unique de*** **(27) (28) (29) (30)** ***avec***

(31) $u \in C([0, \infty[\,; H^2(\Omega) \cap H_0^1(\Omega)) \cap C^1([0, \infty[\,; H_0^1(\Omega)) \cap C^2([0, \infty[\,; L^2(\Omega))$.

De plus on a

$$\left|\frac{\partial u}{\partial t}(t)\right|^2_{L^2(\Omega)} + |\nabla u(t)|^2_{L^2(\Omega)} = |v_0|^2_{L^2(\Omega)} + |\nabla u_0|^2_{L^2(\Omega)} \quad \forall t \geqslant 0 \text{ (}^1\text{)}. \tag{32}$$

Remarque 6. — La relation (32) est une **loi de conservation** qui exprime que l'énergie du système reste **invariante** au cours du temps.

Ajoutons ici un résultat de régularité :

Théorème X.8 (Régularité). — ***On suppose que les données initiales vérifient***

$$u_0 \in H^k(\Omega), \qquad v_0 \in H^k(\Omega) \qquad \forall k$$

ainsi que les **relations de compatibilité**

$$u_0 = \Delta u_0 = \ldots = \Delta^j u_0 = \ldots = 0 \quad \text{sur } \Gamma \quad \forall j \text{ entier}$$
$$v_0 = \Delta v_0 = \ldots = \Delta^j v_0 = \ldots = 0 \quad \text{sur } \Gamma \quad \forall j \text{ entier.}$$

Alors la solution u du problème **(27) (28) (29) (30)** ***appartient à*** $C^\infty(\bar{\Omega} \times [0, \infty[)$.

Démonstration du théorème X.7. — Comme au § X.1, on considère $u(x, t)$ comme une fonction définie sur $[0, \infty[$ à valeurs dans un espace vectoriel ; plus précisément pour $t \geqslant 0$ fixé $u(t)$ désigne l'application $x \longmapsto u(x, t)$. On écrit l'équation (27) sous forme d'un système du 1er ordre (²) :

$$\begin{cases} \dfrac{\partial u}{\partial t} - v = 0 & \text{sur Q} \\[2mm] \dfrac{\partial v}{\partial t} - \Delta u = 0 & \text{sur Q} \end{cases} \tag{33}$$

et on pose $U = \begin{pmatrix} u \\ v \end{pmatrix}$ de sorte que (33) devient

$$\frac{dU}{dt} + AU = 0 \tag{34}$$

avec

$$AU = \begin{pmatrix} 0 & -I \\ -\Delta & 0 \end{pmatrix} U = \begin{pmatrix} 0 & -I \\ -\Delta & 0 \end{pmatrix}\begin{pmatrix} u \\ v \end{pmatrix} = \begin{pmatrix} -v \\ -\Delta u \end{pmatrix}. \tag{35}$$

On applique maintenant la théorie de Hille-Yosida dans l'espace $H = H_0^1(\Omega) \times L^2(\Omega)$

(¹) Précisons les notations

$$\left|\frac{\partial u}{\partial t}(t)\right|^2_{L^2(\Omega)} = \int_\Omega \left|\frac{\partial u}{\partial t}(x, t)\right|^2 dx, \qquad |\nabla u(t)|^2_{L^2(\Omega)} = \int_\Omega \sum_{i=1}^N \left|\frac{\partial u_i}{\partial u_i}(x, t)\right|^2 dx.$$

(²) C'est la méthode habituelle qui consiste à écrire une équation différentielle d'ordre k en t comme un système de k équations du 1er ordre.

muni du produit scalaire

$$(\mathrm{U}_1, \mathrm{U}_2) = \int_\Omega \nabla u_1 \nabla u_2 \, dx + \int_\Omega u_1 u_2 \, dx + \int_\Omega v_1 v_2 \, dx$$

où

$$\mathrm{U}_1 = \begin{pmatrix} u_1 \\ v_1 \end{pmatrix} \quad \text{et} \quad \mathrm{U}_2 = \begin{pmatrix} u_2 \\ v_2 \end{pmatrix}.$$

On considère l'opérateur non borné $\mathrm{A} : \mathrm{D(A)} \subset \mathrm{H} \to \mathrm{H}$ défini par (35) avec

$$\mathrm{D(A)} = (\mathrm{H}^2(\Omega) \cap \mathrm{H}_0^1(\Omega)) \times \mathrm{H}_0^1(\Omega).$$

Noter que la condition aux limites (28) a été incorporée dans l'espace H; remarquer aussi que grâce à (28) on a automatiquement $v = \dfrac{\partial u}{\partial t} = 0$ sur Σ.

Vérifions que A + I est maximal monotone dans H.

i) A + I est **monotone;** en effet si $\mathrm{U} = \begin{pmatrix} u \\ v \end{pmatrix} \in \mathrm{D(A)}$ on a

$$(\mathrm{AU}, \mathrm{U})_\mathrm{H} + |\mathrm{U}|_\mathrm{H}^2 = - \int \nabla v \, \nabla u - \int uv + \int (-\Delta u) v + \int u^2 + \int |\nabla u|^2 + \int v^2$$

$$= - \int uv + \int u^2 + \int v^2 + \int |\nabla u|^2 \geqslant 0.$$

ii) A + I est **maximal monotone.** Il suffit de prouver que A + 2I est surjectif. Étant donné $\mathrm{F} = \begin{pmatrix} f \\ g \end{pmatrix} \in \mathrm{H}$, on doit donc résoudre l'équation $\mathrm{AU} + 2\mathrm{U} = \mathrm{F}$, c'est-à-dire le système

$$(36) \qquad \begin{cases} -v + 2u = f & \text{sur } \Omega \\ -\Delta u + 2v = g & \text{sur } \Omega \end{cases}$$

avec

$$u \in \mathrm{H}^2(\Omega) \cap \mathrm{H}_0^1(\Omega) \quad \text{et} \quad v \in \mathrm{H}_0^1(\Omega).$$

On déduit de (36) que

$$(37) \qquad -\Delta u + 4u = 2f + g.$$

Or l'équation (37) admet une solution unique $u \in \mathrm{H}^2(\Omega) \cap \mathrm{H}_0^1(\Omega)$ (voir théorème IX.25). On obtient ensuite $v \in \mathrm{H}_0^1(\Omega)$ en posant $v = 2u - f$; ce qui résout (36).

Appliquant le théorème de Hille-Yosida (théorème VII.4) et la remarque VII.7 on voit qu'il existe une solution unique du problème

$$(38) \qquad \begin{cases} \dfrac{d\mathrm{U}}{dt} + \mathrm{AU} = 0 & \text{sur } [0, \infty[\\ \mathrm{U}(0) = \mathrm{U}_0, \end{cases}$$

avec

$$(39) \qquad \mathrm{U} \in C^1([0, \infty[; \mathrm{H}) \cap C([0, \infty[; \mathrm{D(A)})$$

puisque $\mathrm{U}_0 = \begin{pmatrix} u_0 \\ v_0 \end{pmatrix} \in \mathrm{D(A)}$. Interprétant (39) on obtient (31).

Pour prouver (32) il suffit de multiplier (27) par $\frac{\partial u}{\partial t}$ et d'intégrer sur Ω. Noter que l'on a

$$\int_\Omega \frac{\partial^2 u}{\partial t^2} \frac{\partial u}{\partial t} \, dx = \frac{1}{2} \frac{\partial}{\partial t} \int_\Omega \left| \frac{\partial u}{\partial t}(x, t) \right|^2 dx$$

et

$$\int_\Omega (-\Delta u) \frac{\partial u}{\partial t} \, dx = \int_\Omega \nabla u \frac{\partial}{\partial t} (\nabla u) \, dx = \frac{1}{2} \frac{\partial}{\partial t} \int_\Omega |\nabla u|^2 \, dx.$$

REMARQUE 7. — Lorsque Ω est **borné** on peut utiliser sur $H_0^1(\Omega)$ le produit scalaire $\int \nabla u_1 \nabla u_2$ (voir corollaire IX.19) et sur $H = H_0^1(\Omega) \times L^2(\Omega)$ le produit scalaire

$$(U_1, U_2) = \int_\Omega \nabla u_1 \nabla u_2 + \int_\Omega v_1 v_2 \quad \text{où} \quad U_1 = \begin{pmatrix} u_1 \\ v_1 \end{pmatrix} \quad \text{et} \quad U_2 = \begin{pmatrix} u_2 \\ v_2 \end{pmatrix}.$$

Avec ce produit scalaire on a

$$(AU, U) = -\int \nabla v \nabla u + \int (-\Delta u) v = 0 \qquad \forall\, U = \begin{pmatrix} u \\ v \end{pmatrix} \in D(A).$$

On vérifie aisément (voir [EX]) que

i) A et $-A$ sont maximaux monotones.

ii) $A^* = -A$.

Donc, on peut aussi résoudre le problème :

$$\frac{dU}{dt} - AU = 0 \quad \text{sur} \quad [0, +\infty[, \qquad U(0) = U_0$$

ou encore

$$\frac{dU}{dt} + AU = 0 \quad \text{sur} \quad]-\infty, 0], \qquad U(0) = U_0 \ (^1).$$

On retiendra enfin que la relation (32) s'écrit

$$|U(t)|_H = |U_0|_H \qquad \forall t \in \mathbb{R};$$

on dit que la famille $\{U(t)\}_{t \in \mathbb{R}}$ est un **groupe d'isométries** sur H.

• REMARQUE 8. — L'équation des ondes n'a **aucun effet régularisant sur les données initiales** — contrairement à l'équation de la chaleur. Pour s'en convaincre on peut considérer le cas où $\Omega = \mathbb{R}$. Le problème (27) (28) (29) (30) admet une **solution explicite** très simple :

$$(40) \qquad u(x, t) = \frac{1}{2} [u_0(x + t) + u_0(x - t)] + \frac{1}{2} \int_{x-t}^{x+t} v_0(s) \, ds.$$

En particulier si $v_0 = 0$, alors

$$u(x, t) = \frac{1}{2} [u_0(x + t) + u_0(x - t)].$$

---

(1) Autrement dit le temps a un caractère **réversible**; noter le contraste avec l'équation de la chaleur.

Il est clair que **u n'est pas plus régulière que u_0.** On peut même préciser ; supposons que $u_0 \in C^\infty(\mathbb{R}\backslash\{x_0\})$. Alors $u(x, t)$ est C^∞ sur $\mathbb{R} \times \mathbb{R}$ sauf sur les droites d'équation $x + t = x_0$ et $x - t = x_0$; ce sont les **caractéristiques** issues du point $(x_0, 0)$. **Les singularités se propagent le long des caractéristiques.**

Remarque 9. — Lorsque Ω est borné le problème (27) (28) (39) (30) peut être résolu — comme l'équation de la chaleur — par **décomposition sur une base Hilbertienne.** On choisit, pour cela, une base $(e_i(x))$ de $L^2(\Omega)$ constituée de **fonctions propres** de $-\Delta$ avec condition de Dirichlet c'est-à-dire $-\Delta e_i = \lambda_i e_i$ sur Ω, $e_i = 0$ sur Γ (noter que $\lambda_i > 0$). On cherche une solution du problème (27) (28) (29) (30) sous la forme

$$u(x, t) = \sum_i a_i(t) e_i(x). \tag{41}$$

On voit immédiatement que l'on a nécessairement

$$a_i''(t) + \lambda_i a_i(t) = 0 ;$$

d'où

$$a_i(t) = a_i(0) \cos(\sqrt{\lambda_i}\, t) + \frac{a_i'(0)}{\sqrt{\lambda_i}} \sin(\sqrt{\lambda_i}\, t).$$

Les constantes $a_i(0)$ et $a_i'(0)$ sont déterminées à partir des relations

$$u_0(x) = \sum_i a_i(0) e_i(x) \quad \text{et} \quad v_0(x) = \sum_i a_i'(0) e_i(x) ;$$

autrement dit, ce sont les composantes de u_0 et v_0 dans la base (e_i). Pour l'étude de la convergence de la série (41), voir par exemple Raviart-Thomas [1] ou Weinberger [1].

Démonstration du théorème 8. — On reprend les notations de la démonstration du théorème X.7. On vérifie aisément par récurrence sur k que

$$D(A^k) = \left\{ \begin{pmatrix} u \\ v \end{pmatrix} \middle| \begin{array}{ll} u \in H^{k+1}(\Omega) \text{ et } \Delta^j u = 0 \text{ sur } \Gamma & \forall\, 0 \leqslant j \leqslant \left[\frac{k}{2}\right] \\ v \in H^k(\Omega) \text{ et } \Delta^j v = 0 \text{ sur } \Gamma & \forall\, 0 \leqslant j \leqslant \left[\frac{k+1}{2}\right] - 1 \end{array} \right\}.$$

En particulier $D(A^k) \subset H^{k+1}(\Omega) \times H^k(\Omega)$ avec injection continue. Appliquant le théorème VII.5 on voit que si $U_0 = \begin{pmatrix} u_0 \\ v_0 \end{pmatrix} \in D(A^k)$, alors la solution U de (38) vérifie

$$U \in C^{k-j}([0, \infty[;\ D(A^j)) \qquad \forall\, j = 0, 1, \ldots k ;$$

en particulier $u \in C^{k-j}([0, \infty[;\ H^{j+1}(\Omega))$ $\forall j = 0, 1 \ldots k$. On conclut enfin, à l'aide du corollaire IX.15, que sous les hypothèses du théorème X.8 (c'est-à-dire $U_0 \in D(A^k)$ $\forall k$), alors $u \in C^k(\bar{\Omega} \times [0, \infty[)$ $\forall k$.

Remarque 10. — Les relations de compatibilité introduites au théorème X.8 sont **nécessaires et suffisantes** pour que la solution u du problème (27) (28) (29) (30) appartienne à $C^\infty(\bar{\Omega} \times [0, \infty[)$ (même raisonnement qu'à la remarque 4).

REMARQUE 11. — Les techniques utilisées au § X.3 restent valables pour l'**équation de Klein-Gordon**

$$\frac{\partial^2 u}{\partial t^2} - \Delta u + m^2 u = 0 \quad \text{sur Q} \quad \text{avec} \quad m \in \mathbb{R},\ m \neq 0 \tag{27'}$$

Noter que l'on ne peut **pas** se ramener à (27) par le changement d'inconnu $v(x, t) = e^{\lambda t} u(x, t)$.

Commentaires sur le chapitre X

Commentaires sur l'équation de la chaleur

1) Le théorème de J. L. Lions

Le résultat suivant permet d'établir, dans un cadre abstrait très général, l'existence et l'unicité d'une solution **faible** pour les problèmes paraboliques. Ce théorème joue un **rôle comparable au théorème de Lax-Milgram, pour les problèmes paraboliques.** Soit H un espace de Hilbert muni du produit scalaire $(\ ,\ )$ et de la norme $|\ \ |$. On identifie H et son dual. Soit V un autre espace de Hilbert de norme $\|\ \ \|$. On suppose que $V \subset H$ avec injection continue et dense, de sorte que

$$V \subset H \subset V'.$$

(voir remarque V.1).

Soit $T > 0$ fixé; pour presque tout $t \in [0, T]$ on se donne une forme bilinéaire $a(t; u, v) : V \times V \to \mathbb{R}$ vérifiant les propriétés :

(i) la fonction $t \mapsto a(t; u, v)$ est mesurable $\forall u, v \in V$,

(ii) $|a(t; u, v)| \leqslant M\|u\|\,\|v\|$ p.p. $t \in [0, T]$, $\forall u, v \in V$,

(iii) $a(t; v, v) \geqslant \alpha\|v\|^2 - C|v|^2$ p.p. $t \in [0, T]$ $\forall v \in V$,

où $\alpha > 0$, M et C sont des constantes.

Théorème X.9 (J. L. Lions). — ***Étant donnés $f \in L^2(0, T; V')$ et $u_0 \in H$, il existe une unique fonction u telle que***

$$u \in L^2(0, T; V) \cap C([0, T]; H) \quad \text{et} \quad \frac{du}{dt} \in L^2(0, T; V')$$

$$\begin{cases} \left\langle \dfrac{du}{dt}(t), v \right\rangle + a(t; u(t), v) = \langle f(t), v \rangle & \text{p.p. } t \in [0, T], \quad \forall v \in V \\ u(0) = u_0. \end{cases}$$

Pour la démonstration, voir Lions-Magenes [1] ou [EX].

Application : $H = L^2(\Omega)$, $V = H_0^1(\Omega)$

$$a(t; u, v) = \sum_{i,j} \int_\Omega a_{ij}(x, t) \frac{\partial u}{\partial x_i} \frac{\partial v}{\partial x_j} dx + \sum_i \int_\Omega a_i(x, t) \frac{\partial u}{\partial x_i} v \, dx + \int_\Omega a_0(x, t)\, u\, v \, dx$$

avec a_{ij}, a_i, $a_0 \in L^\infty(\Omega \times]0, T[)$ et

(42) $$\sum_{i,j} a_{ij}(x, t)\xi_i\xi_j \geqslant \alpha|\xi|^2 \quad \text{p.p.} \quad (x, t) \in \Omega \times]0, T[, \quad \forall \xi \in \mathbb{R}^N, \ \alpha > 0.$$

On obtient ainsi une solution **faible** du problème

(43) $$\begin{cases} \dfrac{\partial u}{\partial t} - \displaystyle\sum_{i,j} \frac{\partial}{\partial x_j}\left(a_{ij}\frac{\partial u}{\partial x_i}\right) + \sum_i a_i \frac{\partial u}{\partial x_i} + a_0 u = f & \text{sur } \Omega \times]0, T[\\ u = 0 & \text{sur } \Gamma \times]0, T[\\ u(x, 0) = u_0(x) & \text{sur } \Omega. \end{cases}$$

Moyennant des hypothèses supplémentaires sur les données la solution de (43) est plus régulière ; voir les commentaires qui suivent.

2) Régularité C^∞

On suppose ici que Ω est borné et de classe C^∞. Soient a_{ij}, a_i, $a_0 \in C^\infty(\bar{\Omega} \times [0, T])$ vérifiant (42).

Théorème X.10. — ***On suppose que*** $u_0 \in L^2(\Omega)$ ***et que*** $f \in C^\infty(\bar{\Omega} \times [0, T])$. ***Alors la solution*** u ***de*** (43) ***appartient à*** $C^\infty(\bar{\Omega} \times [\varepsilon, T])$ ***pour tout*** $\varepsilon > 0$.

Si de plus $u_0 \in C^\infty(\bar{\Omega})$ ***et*** $\{f, u_0\}$ ***vérifient certaines* relations de compatibilité** (¹) ***sur*** $\Gamma \times \{0\}$, ***alors*** $u \in C^\infty(\bar{\Omega} \times [0, T])$.

Pour la démonstration voir Lions-Magenes [1], Friedman [1], [2], Ladyzhenskaya-Solonnikov-Uraltseva [1] et [EX] ; elle est basée sur des techniques d'estimations très semblables à celles développées au chapitres VII et X.1.

Signalons qu'il existe une théorie **abstraite** qui généralise la théorie de Hille-Yosida aux équations de la forme $\dfrac{du}{dt}(t) + A(t)u(t) = f(t)$, où, pour chaque $t \in [0, T]$, $A(t)$ est maximal monotone. Cette théorie a été développée par Kato, Tanabe, Sobolevski et d'autres ; elle est techniquement plus compliquée et moins facile à manier que la théorie de Hille-Yosida, voir Friedman [2], Tanabe [1] et Yosida [1].

3) Régularité L^p et $C^{0,\alpha}$

Considérons le problème

(44) $$\begin{cases} \dfrac{\partial u}{\partial t} - \Delta u = f & \text{sur } \Omega \times]0, T[\\ u = 0 & \text{sur } \Gamma \times]0, T[\ (^2) \\ u(x, 0) = u_0(x) & \text{sur } \Omega. \end{cases}$$

On suppose, pour fixer les idées, que Ω est borné de classe C^∞. Commençons par un résultat simple.

(¹) Nous n'explicitons pas ces relations ; il s'agit de la généralisation naturelle de (8) (voir aussi la remarque 4).

(²) Bien entendu, on peut se donner une condition aux limites non homogène, $u(x, t) = g(x, t)$ sur $\Gamma \times]0, T[$, mais pour simplifier on se restreint au cas où $g = 0$.

Théorème X.11 (Régularité L^2). – *Étant donnés $f \in L^2(\Omega \times]0, T[)$ et $u_0 \in H_0^1(\Omega)$, il existe une unique solution u de (44) telle que*

$$u \in C([0, T]; H_0^1(\Omega)) \cap L^2(0, T; H^2(\Omega) \cap H_0^1(\Omega))$$

et

$$\frac{\partial u}{\partial t} \in L^2(0, T; L^2(\Omega)).$$

La démonstration est facile; voir Lions-Magenes [1] ou [EX]. Plus généralement, dans les espaces L^p, on a le

Théorème X.12 (Régularité L^p). – *Étant donnés $f \in L^p(\Omega \times]0, T[)$ avec $1 < p < \infty$ et $u_0 = 0$* (¹) *il existe une unique solution de (44) telle que*

$$u, \frac{\partial u}{\partial t}, \frac{\partial u}{\partial x_i}, \frac{\partial^2 u}{\partial x_i \partial x_j} \in L^p(\Omega \times]0, T[) \qquad \forall i, j.$$

Théorème X.13 (Régularité Höldérienne). – *Soit $0 < \alpha < 1$. On suppose que $f \in C^{\alpha, \alpha/2}(\bar{\Omega} \times [0, T])$* (²) *et $u_0 \in C^{2+\alpha}(\bar{\Omega})$ vérifient les relations de compatibilité naturelles*

$$u_0 = 0 \text{ sur } \Gamma \text{ et } -\Delta u_0 = f(x, 0) \text{ sur } \Gamma.$$

Alors (44) admet une solution unique telle que

$$u, \frac{\partial u}{\partial t}, \frac{\partial u}{\partial x_i}, \frac{\partial^2 u}{\partial x_i \partial x_j} \in C^{\alpha, \alpha/2}(\bar{\Omega} \times [0, T]) \qquad \forall i, j.$$

Les démonstrations des théorèmes X.12 et X.13 sont délicates (sauf pour le cas $p = 2$ du théorème X.12). Comme dans le cas elliptique (voir commentaires sur le chapitre IX) elles utilisent :

a) une formule de **représentation explicite** de u à l'aide de la solution fondamentale de l'opérateur $\frac{\partial}{\partial t} - \Delta$; par exemple si $\Omega = \mathbb{R}^N$ et si $f = 0$, alors

$$u(x, t) = \int_{\mathbb{R}^N} E(x - y, t) u_0(y) \, dy = E * u_0 \tag{45}$$

($*$ est la convolution **uniquement** par rapport à la variable d'espace x) où $E(x, t) = (4\pi t)^{-N/2} e^{-|x|^2/4t}$, voir par exemple Folland [1].

b) une technique d'**intégrales singulières.**
Voir Ladyzhenskaya-Solonnikov-Uraltseva [1] et Friedman [1]. En ce qui concerne le théorème X.12 voir aussi Grisvard [1] (Section 9) et Stroock-Varadhan [1]; Brandt [2] (voir aussi Knerr [1]) présente une démonstration **très simple** de la régularité Höldérienne « **à l'intérieur** » de $\Omega \times]0, T[$ (conclusion partielle du théorème X.13).

Moyennant des hypothèses supplémentaires sur la différentiabilité de f on obtient plus de régularité pour u. On retiendra la « morale » suivante : en général, si $u_0 = 0$, **tout se passe comme si $\frac{\partial u}{\partial t}$ et Δu possèdent indépendamment la même régularité que f.**

Notons enfin que les conclusions des théorèmes X.11, X.12 et X.13 restent vraies si

(¹) Pour simplifier.

(²) C'est-à-dire $|f(x_1, t_1) - f(x_2, t_2)| \leqslant C(|x_1 - x_2|^2 + |t_1 - t_2|)^{\alpha/2}$ $\forall x_1, x_2, t_1, t_2$.

l'on remplace Δ par

$$\sum_{i,j} \frac{\partial}{\partial x_j}\left(a_{ij}\frac{\partial u}{\partial x_i}\right) + \sum_i a_i \frac{\partial u}{\partial x_i} + a_0 u$$

avec des coefficients **réguliers** telles que

$$\sum_{i,j} a_{ij}(x,t)\xi_i\xi_j \geqslant \nu|\xi|^2 \qquad \forall x, t, \qquad \forall \xi \in \mathbb{R}^N, \quad \nu > 0. \tag{46}$$

Pour le cas des coefficients **irréguliers** ($a_{ij} \in L^\infty(\Omega \times]0, T[)$ vérifiant (46)), un théorème difficile dû à Nash-Moser affirme qu'il existe $\alpha > 0$ tel que $u \in C^{\alpha, \alpha/2}(\bar{\Omega} \times [0, T])$; voir Ladyzhenskaya-Solonnikov-Uraltseva [1].

4) Exemples d'équations paraboliques

On rencontre des équations (et des systèmes) paraboliques **linéaires** ou **non linéaires** dans de très nombreux domaines : mécanique, physique, chimie, biologie, contrôle optimal, probabilités, etc. Signalons entre autres :

i) Le système de **Navier-Stokes**

$$\begin{cases} \dfrac{\partial u_i}{\partial t} - \Delta u_i + \displaystyle\sum_{j=1}^{N} u_j \frac{\partial u_i}{\partial x_j} = f_i + \frac{\partial p}{\partial x_i} & \text{sur } \Omega \times]0, T[, \ 1 \leqslant i \leqslant N \\ \operatorname{div} u = \displaystyle\sum_{i=1}^{N} \frac{\partial u_i}{\partial x_i} = 0 & \text{sur } \Omega \times]0, T[\\ u = 0 & \text{sur } \Gamma \times]0, T[\\ u(x, 0) = u_0(x) & \text{sur } \Omega, \end{cases}$$

qui joue un rôle fondamental en mécanique des fluides, voir Temam [1] et les références citées.

ii) Les systèmes de **réaction-diffusion.** Ce sont des équations (resp. des systèmes) paraboliques non linéaires de la forme

$$\begin{cases} \dfrac{\partial \vec{u}}{\partial t} - M\Delta \vec{u} = f(\vec{u}) & \text{sur } \Omega \times]0, T[\\ + \text{ Conditions aux limites et donnée initiale} \end{cases}$$

où $\vec{u}(x, t)$ est un vecteur à m composantes, M est une matrice diagonale $m \times m$ et $f : \mathbb{R}^m \to \mathbb{R}^m$ est une application non linéaire. Ces équations modélisent des phénomènes qui apparaissent dans des secteurs variés : chimie, biologie, neurophysiologie, épidémiologie, combustion, génétique des populations, etc. Voir Fife [1] et les nombreuses références citées.

iii) Les problèmes de **frontière libre.** Par exemple le **problème de Stefan** décrit l'évolution d'un mélange eau-glace ; voir l'exposé de Magenes [1] (qui contient de nombreuses références), Free Boundary problems [1] [2], Moving boundary problems [1] (et les références citées).

iv) Les équations de **diffusion** interviennent en **théorie des probabilités** (mouvement brownien, processus de Markov, processus de diffusion, équations différentielles stochastiques, etc.) ; voir Stroock-Varadhan [1].

v) Pour d'autres exemples de problèmes paraboliques non linéaires voir D. Henry [1], Bénilan-Crandall-Pazy [1], H. Brezis [2].

vi) Signalons enfin une utilisation originale de l'équation de la chaleur en théorie de l'indice de Atiyah-Singer, voir Gilkey [1].

5) Pour d'autres **propriétés liées au principe du maximum** voir Friedman [1], Protter-Weinberger [1], Sperb [1]. Par exemple on montre que si u est la solution de (1) (2) (3) avec $u_0 \geqslant 0$ et $u_0 \not\equiv 0$ alors $u(x, t) > 0$, $\forall x \in \Omega$, $\forall t > 0$. Lorsque $\Omega = \mathbb{R}^N$ cette propriété est évidente grâce à la formule (45) de représentation explicite.

Commentaires sur l'équation des ondes

6) Solutions faibles de l'équation des ondes

On peut établir l'existence et l'unicité d'une solution faible de l'équation des ondes (avec second membre f) dans un cadre abstrait très général. Soient V et H deux espaces de Hilbert tels que $V \subset H \subset V'$ (voir commentaire 1). Soit $T > 0$; pour chaque $t \in [0, T]$ on se donne une forme bilinéaire continue symétrique $a(t; u, v) : V \times V \to \mathbb{R}$ telle que

(i) la fonction $t \mapsto a(t; u, v)$ est de classe C^1, $\forall u, v \in V$

(ii) $a(t; v, v) \geqslant \alpha \|v\|^2 - C|v|^2$, $\forall t \in [0, T]$, $\forall v \in V$, $\alpha > 0$.

Théorème X.14 (J. L. Lions). – ***Étant donnés $f \in L^2(0, T; H)$, $u_0 \in V$, $v_0 \in H$ il existe une unique fonction u telle que***

$$u \in C([0, T]; V), \qquad \frac{du}{dt} \in C([0, T]; H), \qquad \frac{d^2u}{dt^2} \in L^2(0, T; V')$$

$$\left\langle \frac{d^2u}{dt^2}(t), v \right\rangle + a(t; u(t), v) = \langle f(t), v \rangle \quad p.p.\ t \in [0, T], \qquad \forall v \in V$$

$$u(0) = u_0, \qquad \frac{du}{dt}(0) = v_0.$$

Pour la démonstration du théorème X.14 voir Lions-Magenes [1].

Application. – $V = H_0^1(\Omega)$, $H = L^2(\Omega)$

$$a(t; u, v) = \int_\Omega \sum_{i,j} a_{ij}(x, t) \frac{\partial u}{\partial x_i} \frac{\partial v}{\partial x_j} dx + \int_\Omega a_0\, u\, v\, dx$$

avec (42) et

$$a_{ij}, \frac{\partial a_{ij}}{\partial t}, a_0, \frac{\partial a_0}{\partial t} \in L^\infty(\Omega \times]0, T[), \qquad a_{ij} = a_{ji}, \qquad \forall i, j.$$

On obtient alors une solution faible du problème

$$\begin{cases} \dfrac{\partial^2 u}{\partial t^2} - \displaystyle\sum_{i,j} \frac{\partial}{\partial x_j}\left(a_{ij} \frac{\partial u}{\partial x_i}\right) + a_0 u = f \quad \text{sur } \Omega \times]0, T[\\ (28)\ (29)\ (30). \end{cases}$$

Noter que **les hypothèses sur les données initiales** ($u_0 \in H_0^1(\Omega)$ et $v_0 \in L^2(\Omega)$) **sont ici plus faibles qu'au théorème X.7.** Moyennant des hypothèses supplémentaires sur f, u_0 et v_0

(régularité **et** conditions compatibilité) ainsi que sur les coefficients a_{ij}, a_0 on établit que u est plus régulière ; voir Lions-Magenes [1].

7) La théorie L^p pour l'équation des ondes est délicate et encore mal connue.

8) Principe du maximum

Certaines formes **très particulières** du principe du maximum sont valables ; voir Protter-Weinberger [1]. Par exemple, soit u la solution de (27) (28) (29) (30).

(i) Si $\Omega = \mathbb{R}$, $u_0 \geqslant 0$ et $v_0 \geqslant 0$, alors $u \geqslant 0$

(ii) Si $\Omega = \mathbb{R}^2$, $u_0 = 0$ et $v_0 \geqslant 0$, alors $u \geqslant 0$.

Le point (i) résulte de la formule (40) de représentation explicite. Une formule du même type, mais **plus compliquée,** est valable pour $\Omega = \mathbb{R}^N$; voir par exemple Mizohata [1], Folland [1], Weinberger [1], Courant-Hilbert [1], Mikhlin [1] et [EX]. On peut en déduire le point (ii).
Par contre on attire l'attention sur les points suivants (voir [EX]) :

(iii) Si $\Omega =]0, 1[$, $u_0 \geqslant 0$ et $v_0 = 0$ n'entraînent **pas** $u \geqslant 0$

(iv) Si $\Omega = \mathbb{R}^2$, $u_0 \geqslant 0$ et $v_0 = 0$ n'entraînent **pas** $u \geqslant 0$.

9) Domaine de dépendance. Propagation des ondes. Principe d'Huygens

Il existe une différence **fondamentale** entre l'équation de la chaleur et l'équation des ondes :

a) Pour **l'équation de la chaleur, l'effet d'une petite perturbation initiale est ressenti immédiatement partout,** c'est-à-dire $\forall x \in \Omega$, $\forall t > 0$. Par exemple on a vu que si $u_0 \geqslant 0$ et $u_0 \not\equiv 0$, alors $u(x, t) > 0$, $\forall x \in \Omega$, $\forall t > 0$. On dit que la **chaleur se propage avec une vitesse infinie** ([1]).

b) Pour l'équation des ondes on a un phénomène **entièrement différent.** Considérons, par exemple, le cas $\Omega = \mathbb{R}$. La formule explicite (40) montre que $u(\bar{x}, \bar{t})$ dépend **uniquement** des valeurs de u_0 et v_0 dans l'intervalle $[\bar{x} - \bar{t}, \bar{x} + \bar{t}]$

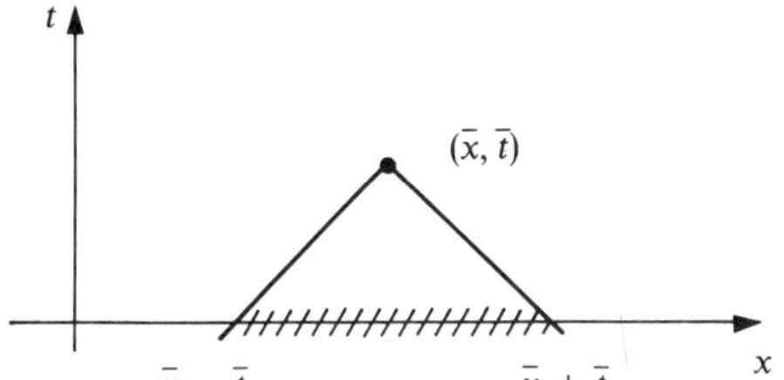

On dit que l'intervalle $[\bar{x} - \bar{t}, \bar{x} + \bar{t}]$ sur l'axe des x est le **domaine de dépendance** du point $(\bar{x}, \bar{t})$.

La même propriété est encore vraie pour $\Omega = \mathbb{R}^N$ (avec $N \geqslant 2$) : $u(\bar{x}, \bar{t})$ dépend seulement des valeurs prises par u_0 et v_0 dans la **boule** $\{x \in \mathbb{R}^N ;\ |x - \bar{x}| \leqslant \bar{t}\}$. Cette boule (dans l'hyperplan $\mathbb{R}^N \times \{0\}$) est appelée le **domaine de dépendance** du point $(\bar{x}, \bar{t})$;

([1]) Physiquement ceci n'est pas très réaliste ! Toutefois la formule de représentation (45) montre qu'une perturbation initiale localisée au voisinage de x_0 a des effets **très négligeables** au point (x, t) si t est petit et $|x - x_0|$ est grand.

géométriquement c'est l'intersection du cône

$$\{(x, t) \in \mathbb{R}^N \times \mathbb{R};\ |x - \bar{x}| \leqslant \bar{t} - t \quad \text{et} \quad t \leqslant \bar{t}\}$$

avec l'hyperplan $\mathbb{R}^N \times \{0\}$. Cette propriété peut s'interpréter physiquement comme suit : **les ondes se propagent avec une vitesse au plus égale à 1** (¹). Un signal localisé dans le domaine D à l'instant $t = 0$ (²) affecte le point $x \in \mathbb{R}^N$ **uniquement** à partir de l'instant $t \geqslant \operatorname{dist}(x, D)$ (pour $t < \operatorname{dist}(x, D)$ on a $u(x, t) = 0$).

Lorsque $N > 1$ est **impair** – par exemple $N = 3$ – on a une propriété encore plus frappante : $u(\bar{x}, \bar{t})$ dépend seulement des valeurs de u_0 et v_0 (³) sur la **sphère** $\{x \in \mathbb{R}^N;\ |x - \bar{x}| = \bar{t}\}$. C'est le **principe d'Huygens.** Physiquement, il exprime qu'un signal localisé dans le domaine D à l'instant $t = 0$ est observable au point $x \in \mathbb{R}^N$ uniquement pendant le laps de temps $[t_1, t_2]$ où $t_1 = \operatorname{Inf}_{y \in D} d(x, y)$ et $t_2 = \operatorname{Sup}_{y \in D} d(x, y)$. Après l'instant t_2 le signal a cessé d'avoir un effet au point x.

Au contraire, en dimension N **paire** (par exemple $N = 2$), l'effet du signal persiste pour tout $t > t_1$ (⁴).

Application musicale. Un auditeur placé dans $\mathbb{R}^3$ à une distance d d'un instrument de musique (⁵) entend à l'instant t uniquement la note jouée à l'instant $t - d$ et rien d'autre ! (⁶).

Pour plus de détails sur le principe d'Huygens le lecteur pourra consulter Courant-Hilbert [1], Folland [1], Garabedian [1], Mikhlin [1].

(¹) La vitesse 1 intervient à cause de la forme normalisée de l'équation des ondes. Certains lecteurs préféreront travailler avec l'équation $\frac{\partial^2 u}{\partial t^2} - c^2 \Delta u = 0$ pour faire jouer à la vitesse c un rôle privilégié.

(²) C'est-à-dire une donnée initiale u_0, v_0 à support dans D.

(³) Et de certaines de leurs dérivées.

(⁴) Cet effet s'amortit avec le temps, mais il ne disparaît jamais complètement.

(⁵) Supposé de dimension négligeable.

(⁶) Alors que dans $\mathbb{R}^2$ il entendrait une combinaison pondérée de toutes les notes jouées dans l'intervalle de temps $[0, t - d]$.

RÉFÉRENCES BIBLIOGRAPHIQUES

ADAMS R. : [1] *Sobolev spaces*, Acad. Press (1975).

AGMON S. : [1], *Lectures on elliptic boundary value problems*, Van Nostrand (1965).

AGMON S., DOUGLIS A., NIRENBERG L. : [1], Estimates near the boundary for solutions of elliptic partial differential equations satisfying general boundary value conditions I, *Comm. Pure Appl. Math.*, *12* (1959), p. 623-727.

AKHIEZER N., GLAZMAN I. : [1], *Theory of linear operators in Hilbert space*, Pitman (1980).

AUBIN J. P. : [1], *Mathematical methods of game and economic theory*, North Holland (1979).

[2], *Applied Functional Analysis*, Wiley (1979).

AUBIN Th. : [1], Problèmes isopérimétriques et espaces de Sobolev, *C.R. Acad. Sc. Paris*, *280* (1975), p. 279-281 et *J. Diff. Geom.*, *11* (1976), p. 573-598.

BAIOCCHI C., CAPELO A. : [1], *Disequazioni variazionali e quasi-variazionali. Applicazioni a problemi di frontiera libera*. Pitagora Editrice, Bologna (1978) (Traduction anglaise : Wiley (1984)).

BALAKRISHNAN A. : [1], *Applied Functional Analysis*, Springer (1976).

BAOUENDI M. S., GOULAOUIC C. : [1], Régularité et théorie spectrale pour une classe d'opérateurs elliptiques dégénérés, *Archive Rat. Mech. Anal.*, *34* (1969), p. 361-379.

BARBU V. : [1], *Nonlinear semigroups and differential equations in Banach spaces*, Noordhoff (1976).

BARBU V., PRECUPANU I. : [1], *Convexity and optimization in Banach spaces*, Noordhoff (1978).

BEAUZAMY B. : [1], *Introduction to Banach spaces and their geometry*. North-Holland (1983).

BENILAN Ph., CRANDALL M., PAZY A. : [1] *Non linear evolution equations governed by accretive operator* (à paraître).

BENSOUSSAN A., LIONS J. L. : [1], *Applications des inéquations variationnelles en contrôle stochastique*, Dunod (1978).

BERGER M. : [1], Geometry of the spectrum, in *Differential Geometry*, Chern-Osserman ed., *Proc. Symp. Pure Math.*, Vol. 27, Part 2, *Amer. Math. Soc.* (1975), p. 129-152.

BERGER M. : [1], *Nonlinearity and Functional Analysis*, Acad. Press (1977).

BERGH J., LÖFSTRÖM J. : [1], *Interpolation spaces : an introduction*. Springer (1976).

BERS L., JOHN F., SCHECHTER M. : [1], *Partial differential equations* (2e édition), Amer. Math. Soc. (1979).

BOMBIERI E. : [1], Variational problems and elliptic equations in *Mathematical developments arising from Hilbert problems*, F. Browder ed., *Proc. Symp. Pure Math.*, Vol. 28, Part. 2, Amer. Math. Soc. (1977), p. 525-536.

BOURBAKI N. : [1], *Espaces vectoriels topologiques* (2 volumes), Hermann (1967).

BRANDT A. : [1] Interior estimates for second order elliptic differential (or finite-difference) equations via the maximum principle, *Israel J. Math.*, *7* (1969), p. 95-121. [2] Interior Schauder estimates for parabolic differential (or difference) equations, *Israel J. Math.*, *7* (1969), p. 254-262.

BREZIS H. : [1] *Opérateurs maximaux monotones et semi-groupes de contractions dans les espaces de Hilbert*, North Holland (1973).

[2], Cours de 3e cycle sur les équations d'évolution non linéaires. Rédaction détaillée à paraître.

BREZIS H., CORON J. M., NIRENBERG L. : [1], Free vibrations for a nonlinear wave equation and a Theorem of P. Rabinowitz, *Comm. Pure Appl. Math.*, *33* (1980), p. 667-689.

BROWDER F. : [1], *Nonlinear operators and nonlinear equations of evolution*, *Proc. Symp. Pure Math.*, Vol. 18, Part 2, Amer. Math. Soc. (1976).

CHAE S. B. : [1], *Lebesgue Integration*, Dekker (1980).
CHOQUET G. : [1], *Cours d'Analyse. Topologie.* Masson (1964). [2], *Lectures on Analysis* (3 volumes), Benjamin (1969).
CHOQUET-BRUHAT Y., DEWITT-MORETTE C., DILLARD-BLEICK M. : [1], *Analysis, manifolds and physics*, North Holland (1977).
CIARLET Ph. : [1], *The finite element method for elliptic problems*, North Holland (2e édition, 1979).
CLARKE F., EKELAND I. : [1], Hamiltonian trajectories having prescribed minimal period, *Comm. Pure Appl. Math.*, *33* (1980), p. 103-116.
CODDINGTON E., LEVINSON N. : [1], *Theory of ordinary differential equations*, Mc Graw Hill (1955).
COURANT R., HILBERT D. : [1], *Methods of mathematical physics* (2 volumes), Interscience (1962).
DAMLAMIAN A. : [1], Application de la dualité non convexe à un problème non linéaire à frontière libre (équilibre d'un plasma confiné), C. R. Acad. Sc. Paris *286* (1978), p. 153-155.
DAVIES E. : [1], *One parameter semigroups*, Acad. Press (1980).
DELLACHERIE C., MEYER P.-A. : [1], *Probabilités et potentiel*, Hermann, Paris (1983).
DEVITO C. : [1], *Functional Analysis*, Acad. Press (1978).
DIESTEL J. : [1], *Geometry of Banach spaces : selected topics*, Springer (1975).
[2], *Sequences and series in Banach spaces*, Springer (1984).
DIEUDONNÉ J. : [1], *Fondements de l'Analyse moderne*, Gauthier Villars (1963).
[2], *Éléments d'Analyse*, Tome II, Gauthier Villars (1968).
[3], *History of Functional Analysis*, North Holland (1981).
DIXMIER J. : [1], *Topologie générale* PUF (1980).
DUBREIL P., DUBREIL-JACOTIN M. L. : [1], *Leçons d'Algèbre moderne*, Dunod (1961).
DUNFORD N., SCHWARTZ J. T. : [1], *Linear operators* (3 volumes), Interscience (1958).
DUVAUT G., LIONS J. L. : [1], *Les inéquations en mécanique et en physique*, Dunod (1972).
EDWARDS R. : [1], *Functional Analysis*, Holt-Rinehart-Winston (1965).
EKELAND I., TEMAM R. : [1], *Analyse convexe et problèmes variationnels*, Dunod-Gauthier Villars, Paris (1974).
ENFLO P. : [1], A conterexample to the approximation property in Banach spaces, Acta Math. *130* (1973), p. 309-317.
FIFE P. : [1], *Mathematical aspects of reacting and diffusing systems*, Lecture Notes in Biomathematics, n° 28, Springer (1979).
DE FIGUEIREDO D. G., KARLOVITZ L. : [1], On the radial projection in normed spaces, *Bull. Amer. Math. Soc.*, *73* (1967), p. 364-368.
FOLLAND G. : [1], *Introduction to partial differential equations*, Princeton Univ. Press (1976).
FREE BOUNDARY PROBLEMS : [1], Proc. Sem. held in Pavia (1979), Ist. Naz. Alta Mat. Roma. [2], Proc. Sem. held in Montecatini (1981), Pitman (à paraître).
FRIEDMAN A. : [1], *Partial differential equations of parabolic type*, Prentice Hall (1964).
[2], *Partial differential equations*, Holt-Rinehart-Winston (1969).
[3], *Foundations of modern Analysis*, Holt-Rinehart-Winston (1970).
GARABEDIAN P. : [1], *Partial differential equations*, Wiley (1964).
GERMAIN P. : [1], *Cours de Mécanique*, École Polytechnique (1982).
GILBARG D., TRUDINGER N. : [1], *Elliptic partial differential equations of second order*, Springer (1977).
GILKEY P. : [1], *The index Theorem and the heat equation*, Publish or Perish (1974).
GIUSTI E. : [1], *Minimal surfaces and functions of bounded variation*, Lecture Notes Australian Nat. Univ. Canberra (1977).
GOLDSTEIN J. : [1], *Semigroups of operators and applications*, Encycl. of Math. and its Applic. G. C. Rota, ed. Addison Wesley (à paraître).
GORDON C., WEBB L., WOLPERT S. : [1], One cannot hear the shape of a drum, *Bull. Amer. Math. Soc. 27* (1992), p. 134-138.
GOULAOUIC C. : [1], *Calcul différentiel et Analyse Fonctionnelle*, Cours de l'École Polytechnique (1981).
GRISVARD P. : [1], Équations différentielles abstraites, *Ann. Sc. ENS*, *2* (1969), p. 311-395.

GUICHARDET A. : [1], *Calcul Intégral*, Armand Colin (1969).

GURTIN M. : [1], *An Introduction to Continuum Mechanics*, Acad. Press (1981).

HARTMAN Ph. : [1], *Ordinary differential equations*, Wiley (1964).

HENRY D. : [1], *Geometric theory of semilinear parabolic equations*, Springer (1981).

HEWITT E., STROMBERG K. : [1], *Real and abstract analysis*, Springer (1965).

HOLMES R. : [1], *Geometric Functional Analysis and its applications*, Springer (1975).

HÖRMANDER L. : [1], *Linear partial differential operators*, Springer (1963).

HORVATH J. : [1], *Topological vector spaces and distributions*, Addison Wesley (1966).

HUET D. : [1], *Décomposition spectrale et opérateurs*, PUF (1976).

JAMES R. C. : [1], A non reflexive Banach space isometric with its second conjugate space, *Proc. Nat. Acad. Sc. USA*, *37* (1951), p. 174-177.

KAC M. : [1], Can one hear the shape of a drum? *Amer. Math. Monthly*, *73* (1966), p. 1-23.

KAKUTANI S. : [1], Some characterizations of Euclidean spaces, *Jap. J. Math.*, *16* (1939), p. 93-97.

KARLIN S. : [1], *Mathematical methods and theory in games, programming, and economics* (2 volumes), Addison-Wesley (1959).

KATO T. : [1], *Perturbation theory for linear operators*, Springer (1976).

KATZNELSON Y. : [1], *An introduction to harmonic analysis*, Dover Publications (1976).

KELLEY J., NAMIOKA I. : [1], *Linear topological spaces*, Springer (2e édition, 1976).

KINDERLEHRER D., STAMPACCHIA G. : [1], *An introduction to variational inequalities and their applications*, Acad. Press (1980).

KNERR B. : [1], Parabolic interior Schauder estimates by the maximum principle, *Archive Rat. Mech. Anal.*, *75* (1980), p. 51-58.

KOHN J. J., NIRENBERG L. : [1], Degenerate elliptic parabolic equations of second order, *Comm. Pure Appl. Math.*, *20* (1967), p. 797-872.

KOLMOGOROV A., FOMIN S. : [1], *Introductory real Analysis*, Prentice Hall (1970).

KÖTHE : [1], *Topological vector spaces* (2 volumes), Springer (1969, 1979).

KRASNOSELSKII M. : [1], *Topological methods in the theory of nonlinear integral equations*, Mc Millan (1964).

KREYSZIG E. : [1], *Introductory Functional Analysis with applications*, Wiley (1978).

LADYZHENSKAYA O., URALTSEVA N. : [1], *Linear and quasilinear elliptic equations*, Acad. Press (1968) (Traduction française, Dunod).

LADYZHENSKAYA O., SOLONNIKOV V., URALTSEVA N. : [1], *Linear and quasilinear equations of parabolic type*, Amer. Math. Soc. (1968).

LANG S. : [1], *Analyse réelle*, Inter Éditions Paris (1977).

LARSEN R. : [1], *Functional Analysis; an introduction*, Dekker (1973).

LIEB E. : [1], Sharp constants in the Hardy-Littlewood-Sobolev and related inequalities, Ann. Math. *118* (1983), p. 349-374.

LINDENSTRAUSS J., PAZY A., WEISS B. : [1], *Introduction to Functional Analysis*, Cours de l'Université de Jérusalem (1980) (en hébreu).

LINDENSTRAUSS J., TZAFRIRI L. : [1], On the complemented subspaces problem, *Israel J. Math.*, *9* (1971), p. 263-269.

[2], *Classical Banach spaces* (2 volumes), Springer (1973, 1979).

LIONS J. L. : [1], *Problèmes aux limites dans les équations aux dérivées partielles*, Presses de l'Univ. de Montreal (1965).

[2], *Contrôle optimal de systèmes gouvernés par des équations aux dérivées partielles*, Dunod (1968).

[3], *Quelques méthodes de résolution des problèmes aux limites non linéaires*, Dunod-Gauthier Villars (1969).

LIONS J. L., MAGENES E. : [1], *Problèmes aux limites non homogènes* (3 volumes), Dunod (1968).

MAGENES E. : [1], Topics in parabolic equations : some typical free boundary problems, in *Boundary value problems for linear evolution partial differential equations*, Garnir ed. Reidel (1977).

MALLIAVIN P. : [1], *Intégration et Probabilités. Analyse de Fourier et Analyse spectrale*, Masson (1982).

MARLE C. M. : [1] *Mesures et probabilités*, Hermann (1974).

MARTIN R. H. : [1], *Nonlinear operators and differential equations in Banach spaces*, Wiley (1976).

MIKHLIN S. : [1], *An advanced course of mathematical physics*, North Holland (1970).

MIRANDA C. : [1], *Partial differential equations of elliptic type*, Springer (1970).

MIZOHATA S. : [1], *The theory of partial differential equations*, Cambridge Univ. Press. (1973).

MORAWETZ C. : [1], L^p inequalities, *Bull. Amer. Math. Soc.*, *75* (1969), p. 1299-1302.

MOREAU J. J. : [1], *Fonctionnelles convexes*, Séminaire Leray, Collège de France (1966).
[2], Applications of convex analysis to the treatment of elastoplastic systems, in *Applications of methods of Functional Analysis to problems in Mechanics*, Symp. IUTAM/IMU, Germain-Nayrolles ed., Springer (1976).

MORREY C. : [1], *Multiple integrals in the calculus of variations*, Springer (1966).

MOULIN H., FOGELMAN F. : [1], *La convexité dans les mathématiques de la décision*, Hermann (1979).

MOVING BOUNDARY PROBLEMS, Proc. Symp. held at Gatlinburg, Wilson, Solomon, Boggs ed. Acad. Press (1978).

NEČAS J. : [1], *Les méthodes directes en théorie des équations elliptiques*, Masson (1967).

NEČAS J., HLAVAČEK L. : *Mathematical theory of elastic and elastoplastic bodies. An introduction.* Elsevier (1981).

NEVEU J. : [1], *Bases mathématiques du calcul des probabilités*, Masson (1964).

NIRENBERG L. : [1], On elliptic partial differential equations, *Ann. Sc. Norm. Sup. Pisa, 13* (1959), p. 116-162.
[2], *Topics in nonlinear Functional Analysis*, New York, Univ. Lecture notes (1974).
[3], Variational and topological methods in nonlinear problems, *Bull. Amer. Math. Soc. 4* (1981) p. 267-302.

OLEINIK O., RADKEVITCH E. : [1], *Second order equations with non negative characteristic form*, Plenum (1973).

OSSERMAN R. : [1], Isoperimetric inequalities and eigenvalues of the Laplacian, in *Proc. Int. Congress of Math.*, Helsinki (1978) et *Bull. Amer. Math. Soc.*, *84* (1978), p. 1182-1238.

PAZY A. : [1], *Semigroups of linear operators and applications to partial differential equations*, Lecture Notes Univ. of Maryland (1974).

PHELPS R. : [1], *Lectures on Choquet's Theorem*, Van Nostrand (1966).

PROTTER M., WEINBERGER H. : [1], *Maximum principles in differential equations*, Prentice Hall (1967).

RABINOWITZ P. : [1], Variational methods for nonlinear eigenvalue problems, in *Eigenvalues of Nonlinear Problems*, CIME Cremonese (1974).

RAVIART P. A., THOMAS J. M. : [1], *Introduction à l'Analyse numérique des équations aux dérivées partielles*, Masson (1983).

ROCKAFELLAR R. T. : [1], *Convex Analysis*, Princeton Univ. Press (1970).

REED M., SIMON B. : [1], *Methods of modern mathematical physics* (4 volumes), Acad. Press (1972-1979).

RUDIN W. : [1], *Functional Analysis*, Mc Graw Hill (1973). [2], *Real and complex Analysis*, Mc Graw Hill (2e édition, 1974). Édition française (1re édition, 1975), Masson.

SCHAEFER H. : [1], *Topological vector spaces*, Springer (2e édition, 1971).

SCHECHTER M. : [1], *Principles of Functional Analysis*, Acad. Press (1971).
[2], *Operator methods in Quantum mechanics*, North Holland (1981).

SCHWARTZ J. T. : [1], *Nonlinear Functional Analysis*, Gordon Breach (1969).

SCHWARTZ L. : [1], *Théorie des distributions*, Hermann (nouvelle édition 1973).
[2], *Topologie générale et Analyse Fonctionnelle*, Hermann (1970).
[3], *Analyse Hilbertienne*, Hermann (1979).
[4], *Geometry and Probability in Banach spaces*, *Bull. Amer. Math. Soc.*, *4* (1981), p. 135-141 et Lecture Notes, n° 852, Springer (1981).
[5], Fonctions mesurables et *-scalairement mesurables, propriété de Radon-Nikodym, Exposés 4, 5 et 6, Séminaire Maurey-Schwartz, École Polytechnique (1974-1975).

SERRIN J. : [1], The solvability of boundary value problems, in *Mathematical developments arising from Hilbert problems*, F. Browder ed. *Proc. Symp. Pure Math.*, vol. 28, Part. 2, Amer. Math. Soc. (1977), p. 507-525.

SINGER I. : [1], *Bases in Banach spaces I, II*. Springer (1970).

SINGER I. M. : [1], Eigenvalues of the Laplacian and invariants of manifolds in *Proc. Int. Congress of Math.* Vancouver (1974).

SPERB R. : [1], *Maximum principles and their applications*, Acad. Press (1981).

STAMPACCHIA G. : [1], *Equations elliptiques du second ordre à coefficients discontinus*, Presses Univ. Montreal (1966).

STEIN E. : [1], *Singular integrals and differentiability properties of functions*, Princeton Univ. Press (1970).

STEIN E., WEISS G. : [1], *Introduction to Fourier Analysis on Euclidean spaces*, Princeton Univ. Press (1971).

STOER J., WITZGALL C. : [1], *Convexity and optimization in finite dimensions*, Springer (1970).

STROOCK D., VARADHAN S. : [1], *Multidimensional diffusion processes*, Springer (1979).

TALENTI G. : [1], Best constants in Sobolev inequality, *Ann. Mat. Pura Appl.*, *110* (1976), p. 353-372.

TANABE H. : [1], *Equations of evolution*, Pitman (1979).

TAYLOR A., LAY D. : [1], *Introduction to Functional Analysis*, Wiley (1980).

TEMAM R. : [1], *Navier-Stokes equations*, North-Holland (2e edition, 1979).

TEMAM R., STRANG G. : [1], Duality and relaxation in the variational problems of plasticity, *J. de Mécanique*, *19* (1980), p. 493-528. [2], Functions of bounded deformation, *Archive Rat. Mech. Anal.*, *75* (1980), p. 7-21.

TREVES F. : [1], *Topological vector spaces, distributions and kernels*, Acad. Press (1967). [2], *Linear partial differential equations with constant coefficients*, Gordon Breach (1967). [3], *Locally convex spaces and linear partial differential equations*, Springer (1967). [4], *Basic linear partial differential equations*, Acad. Press (1975).

VOLPERT A. I. : [1], The spaces BV and quasilinear equations, *Mat. Sbornik USSR*, *2* (1967), p. 225-267.

WEINBERGER H. : [1], *A first course in partial differential equations*, Blaisdell (1965). [2], *Variational methods for eigenvalue approximation*, Reg. Conf. Appl. Math. SIAM (1974).

WHEEDEN R., ZYGMUND A. : [1], *Measure and Integral*, Dekker (1977).

YAU S. T. : [1], The role of partial differential equations in differential geometry, in *Proc. Int. Congress of Math.*, Helsinki (1978).

YOSIDA K. : [1], *Functional Analysis*, Springer (1965).

INDEX

MASSON, Éditeur,
120, Boulevard Saint-Germain
75280 Paris Cedex 06
Dépôt légal : janvier 1996

Imprimerie Nouvelle
45800 Saint-Jean-de-Braye
N° d'imprimeur : 29307
Dépôt légal : janvier 1996